新编五年制高等职业教育教材
XINBIAN WUNIANZHI GAODENGZHIYEJIAOYUJIAOCAI

U0241154

数学 （第4版）

（第2册）

SHUXUE

主　编　洪晓峰　张　伟

副主编　周文龙　吴邦昆　江万满

编　委（按姓氏笔画排序）

仲继东　朱兴伟　江万满

吴邦昆　张　伟　陈　傑

周文龙　洪晓峰　程堂宝

北京师范大学出版集团
BEIJING NORMAL UNIVERSITY PUBLISHING GROUP
安徽大学出版社

图书在版编目(CIP)数据

数学. 第 2 册/洪晓峰, 张伟主编. —4 版. —合肥:安徽大学出版社,2018.8
新编五年制高等职业教育教材
ISBN 978 - 7 - 5664 - 1707 - 7

Ⅰ. ①数… Ⅱ. ①洪…②张… Ⅲ. ①数学－高等职业教育－教材 Ⅳ. ①O1

中国版本图书馆 CIP 数据核字(2018)第 199997 号

数 学(第2册)(第4版)

洪晓峰 张 伟 主编

出版发行:北京师范大学出版集团
安 徽 大 学 出 版 社
(安徽省合肥市肥西路 3 号 邮编 230039)
www.bnupg.com.cn
www.ahupress.com.cn
印 刷:合肥远东印务有限责任公司
经 销:全国新华书店
开 本:184mm×260mm
印 张:16.25
字 数:306 千字
版 次:2018 年 8 月第 4 版
印 次:2018 年 8 月第 1 次印刷
定 价:42.00 元
ISBN 978-7-5664-1707-7

策划编辑:刘中飞 张明举 装帧设计:李 军
责任编辑:张明举 美术编辑:李 军
责任印制:赵明炎

编写说明

安徽省五年制高等职业教育《数学》教材自 2001 年（第 1 版）出版发行以来，得到了各级领导和专家以及教材使用学校的师生的肯定和支持. 根据教学的实际情况和要求，我们曾分别于 2003 年和 2007 年对教材进行了修订. 2011 年我们在充分听取各方意见和广泛吸取同类、同层次教材的长处的基础上，再次对这套教材进行修订，修订后的第 3 版教材共分 2 册. 第 1 册以初等数学为主，第 2 册以二次曲线、极坐标与参数方程、数列与数学归纳法、排列、组合、二项式定理以及一元函数微积分为主. 特别要说明的是第 3 版教材的修订，教材结构变动较大，教材的质量得到进一步提高. 在此衷心感谢为第 3 版教材的修订工作付出辛勤劳动的安徽机电职业技术学院夏国斌（第 3 版主编），安徽电气工程学校徐小伍，合肥铁路工程学校洪晓峰、葛文军，安徽化工学校周文龙、汪敏，安徽理工学校董安明，海军安庆市职业技术学校孙科，安徽省汽车工业学校章斌、徐黎，安徽省第一轻工业学校张永胜，安徽经济技术学院赵家成等老师. 当然，我们也更不会忘记为本套教材（第 1 版）的出版作出重要贡献的夏国斌、韩业岚、李立众、姜绳、梁继会、刘传宝、吴方庭、辛颖、程伟、高山、吴照春、王芳玉、刘莲娣、杨兴慎、陈红、潘晓安等老师.

为了让本套教材更贴近目前五年制高职数学教学的实际，在保持第 3 版原有结构的基础上，我们再次对教材进行修订. 本次修订对第 3 版的内容进行了部分增减和调整，修订后的第 4 版教材仍分 2 册，第 1 册内容包括：集合、充要条件、不等式，函数，任意角的三角函数，简化公式、加法定理、正弦型曲线，反三角函数、解斜三角形，平面向量，复数，空间图形，直线等. 第 2 册内容包括：二次曲线，坐标转换与参数方程，排列、组合、概率初步，数列，极限与连续，导数与微分，导数的应用，积分及其应用，简单的微分方程等. 修订后的第 4 版全套教材主要体现以下特色：

1.简明易学,使用方便.教材在内容的组织与编排方面,由浅入深、由易到难、由具体到抽象,适应学生的年龄特点和认知水平,力求紧密结合实际.为使教材更具弹性,更趋完善,能够适应更多专业的需要,我们安排了一定数量的选学内容("＊"号标记).在练习的安排上,采取多梯度安排练习题的方式,教材每节内容后均配有A(基础题)、B(提高题)两套课外习题,每章后还配有复习题和单元自测题,可供学生进行单元复习和自我检测.另外,本套教材中所有的习题、复习题及自测题都提供了参考答案,使用者可通过扫描二维码查阅.

2.紧密结合实际.注重从生活中的实际问题引入数学概念,利用数学知识解决实际问题.

3.体现时代特征.一方面,强调对计算器的使用,将相关知识点与计算器的使用相结合;另一方面,将一些教学内容与常用计算机软件有机结合起来,利用软件的强大功能,方便教师的教学,增强学生对数学的理解,提高教学效率.

4.拓宽视野.每章后附有阅读材料,内容涉及数学史及相关知识应用案例.

本套教材主要适用于五年制高等职业教育数学课程,同时也可以作为中等职业教育数学课程学习的辅助用书.教材必学部分的教学时数约为200学时.

本书是这套教材的第2册,由合肥铁路工程学校洪晓峰、皖北卫生职业学院张伟担任主编,参加本次教材修订的人员还有黄山职业技术学院江万满、合肥职业技术学院吴邦昆、合肥市经贸旅游学校陈傑、合肥工业学校程堂宝、淮北卫生学校仲继东、安徽医学高等专科学校朱兴伟、安徽化工学校周文龙.

在教材的编写、修订过程中,我们得到了安徽省教育厅有关部门、各有关学校及安徽大学出版社的大力支持和帮助,在此一并表示衷心的感谢!

限于编者的学识和水平,教材中出现的错误、疏漏和不完善之处在所难免,敬请使用本教材的师生和同行予以指正.

编　者

2018 年 7 月

目 录

第 13 章
数列

第 14 章
极限与连续

第 15 章
导数与微分

第 16 章

导数的应用

第 17 章

*积分及其应用

第 18 章
*简单的微分方程

第 10 章

二次曲线

在生产实际和科学研究中,我们经常会遇到各种形状的曲线.例如,机械传动中用到的齿轮外形是圆,油罐车上的油罐的横截面是椭圆,某些通风塔的通风筒的剖面是双曲线,物体平抛时运行的轨迹是抛物线等.本章将建立曲线与方程的概念,并讨论圆、椭圆、双曲线、抛物线等二次曲线的定义、方程、图像和性质.

10.1 圆

一、曲线与方程

我们首先来研究平面曲线和含有 x,y 的方程之间的关系.

如图 10-1 所示为以原点为圆心,半径为 5 的圆.容易看出,圆上任意一点 $M(x,y)$ 到圆心的距离都等于 5,于是点 $M(x,y)$ 所适合的条件可用方程

$$\sqrt{x^2+y^2}=5$$

或 $\qquad x^2+y^2=25$

来表示.容易检验,凡圆周上的点,它的坐标都满足这个方程;反之,满足这个方程的点都在这个圆上.

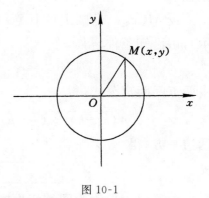

图 10-1

对于曲线与方程之间的对应关系,给出下面的定义.

定义 如果一条曲线与一个含 x,y 的二元方程 $F(x,y)=0$ 之间同时具有如下的对应关系:

（1）曲线上所有的点的坐标都满足这个方程；

（2）以这个方程的解为坐标的点，都在这条曲线上.

那么，这个方程称为这条**曲线的方程**，这条曲线称为这个**方程的曲线**（图像）.

方程中所含的 x,y 就是点的坐标 (x,y)，由于它们随着点的移动而改变，通常又被称为**流动坐标**.因此，曲线可以看成是满足一定条件的动点的轨迹.

上述曲线与方程之间的对应关系和第 9 章中直线与方程之间的对应关系是一致的.事实上，直线可以看成是曲线的特殊情况.通过建立曲线与方程之间的这种对应关系，我们可用代数的方法来研究几何问题.

例 1 判定 $A(3,-4)$ 和 $B(4,5)$ 两点是否在曲线 $x^2+y^2=25$ 上.

解 将点 $A(3,-4)$ 坐标代入所给方程，得

$$3^2+(-4)^2=25.$$

也就是说，点 A 的坐标满足所给方程，所以点 $A(3,-4)$ 在曲线 $x^2+y^2=25$ 上.

将点 $B(4,5)$ 的坐标代入所给方程，得

$$4^2+5^2\neq25.$$

也就是说，点 B 的坐标不满足所给方程，所以点 $B(4,5)$ 不在曲线 $x^2+y^2=25$ 上.

二、圆的方程

由平面几何知道，在平面上与一定点距离等于定长的动点的轨迹称为**圆**，这个定点称为**圆心**，定长称为**半径**.

下面来求以 $C(h,k)$ 为圆心，r 为半径的圆的方程.

设 $M(x,y)$ 是圆上的任意一点（如图 10-2 所示），由已知条件，得

$$|MC|=r.$$

由两点间距离公式，得

$$\sqrt{(x-h)^2+(y-k)^2}=r.$$

两边平方，得

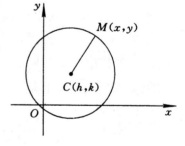

图 10-2

$$\boxed{(x-h)^2+(y-k)^2=r^2} \tag{10-1}$$

方程（10-1）称为**圆的标准方程**，它表示以 $C(h,k)$ 为圆心，r 为半径的圆.

当 $h=k=0$ 时，圆的方程就是

$$\boxed{x^2+y^2=r^2} \tag{10-2}$$

我们称方程（10-2）为以原点为圆心，r 为半径的圆的方程.

把圆的标准方程展开并移项,得

$$x^2+y^2-2hx-2ky+(h^2+k^2-r^2)=0.$$

不妨设 $-2h=D,-2k=E,h^2+k^2-r^2=F$,代入上式,得

$$\boxed{x^2+y^2+Dx+Ey+F=0} \qquad\qquad (10\text{-}3)$$

这个方程称为**圆的一般方程**.

由方程(10-3)我们看到,圆的方程是一个含有流动坐标 x 和 y 的二元二次方程,其特点为

(1)x^2 与 y^2 项的系数相等;

(2)不含 xy 项.

将方程(10-3)配方,得

$$\left(x+\frac{D}{2}\right)^2+\left(y+\frac{E}{2}\right)^2=\frac{D^2+E^2-4F}{4}.$$

当 $D^2+E^2-4F>0$ 时,方程表示以 $\left(-\dfrac{D}{2},-\dfrac{E}{2}\right)$ 为圆心,以 $\dfrac{1}{2}\sqrt{D^2+E^2-4F}$ 为半径的圆.

当 $D^2+E^2-4F=0$ 时,方程表示一个坐标为 $\left(-\dfrac{D}{2},-\dfrac{E}{2}\right)$ 的点,称为点圆.

当 $D^2+E^2-4F<0$ 时,在实平面内原方程的图形不存在,方程表示一个虚圆.

例 2 判定方程 $2x^2+2y^2+2x-2y-5=0$ 所表示的曲线形状.

解 原方程两边各除以 2,得

$$x^2+y^2+x-y-\frac{5}{2}=0.$$

将方程进行配方,得

$$\left(x+\frac{1}{2}\right)^2+\left(y-\frac{1}{2}\right)^2=3.$$

故原方程表示一个圆,圆心为 $\left(-\dfrac{1}{2},\dfrac{1}{2}\right)$,半径为 $\sqrt{3}$.

例 3 求以点 $C(3,-5)$ 为圆心,以 6 为半径的圆的方程,并确定点 $P_1(4,-3)$、$P_2(3,1)$、$P_3(-3,-4)$ 与这个圆的位置关系.

解 因为 $h=3$,$k=-5$,$r=6$,所以要求的圆的标准方程为

$$(x-3)^2+(y+5)^2=36.$$

因为 $|P_1C|=\sqrt{(4-3)^2+(-3+5)^2}=\sqrt{5}<6$,所以点 $P_1(4,-3)$ 在圆内;

因为 $|P_2C|=\sqrt{(3-3)^2+(1+5)^2}=6$,所以点 $P_2(3,1)$ 在圆周上;

因为 $|P_3C| = \sqrt{(-3-3)^2 + (-4+5)^2} = \sqrt{37} > 6$，所以点 $P_3(-3,-4)$ 在圆外.

例 4 根据下面所给的条件，分别求出圆的方程：

(1) 以点 $(-2,5)$ 为圆心，并且过点 $(3,-7)$；

(2) 设点 $A(4,3)$、$B(6,-1)$，以线段 AB 为直径；

(3) 以 $C(1,3)$ 为圆心，并且与直线 $3x - 4y - 16 = 0$ 相切.

解 (1) 由于点 $(-2,5)$ 与点 $(3,-7)$ 之间的距离就是该圆的半径 r，由两点间的距离公式得

$$r = \sqrt{(3+2)^2 + (-7-5)^2} = 13,$$

故所求的圆的方程为

$$(x+2)^2 + (y-5)^2 = 169.$$

(2) 设所求圆的圆心为点 C，由题意知点 C 为线段 AB 的中点，根据中点公式得点 C 的坐标为 $\left(\dfrac{4+6}{2}, \dfrac{3-1}{2}\right)$，即 $C(5,1)$. 半径 r 为线段 AB 的长度的一半，即

$$r = \frac{1}{2}|AB| = \frac{1}{2}\sqrt{(6-4)^2 + (-1-3)^2} = \sqrt{5}.$$

故所求的圆的方程为

$$(x-5)^2 + (y-1)^2 = 5.$$

(3) 因为圆 C 和直线 $3x - 4y - 16 = 0$ 相切，所以半径 r 等于圆心 C 到这条直线的距离，根据点到直线的距离公式，得

$$r = \frac{|3 \times 1 - 4 \times 3 - 16|}{\sqrt{3^2 + (-4)^2}} = 5.$$

因此，所求圆的方程是

$$(x-1)^2 + (y-3)^2 = 25.$$

例 5 一圆经过点 $B(-1,3)$，且与 x 轴相切于点 $A(2,0)$. 求这个圆的方程.

解 设这个圆的方程为 $(x-h)^2 + (y-k)^2 = r^2$，如图 10-3 所示，设圆心为 C，连接 AC.

因为 $\qquad\qquad AC \perp x$ 轴，

所以 $\qquad\qquad h = 2.$

又由于点 $A(2,0)$ 和 $B(-1,3)$ 都在圆上，所以

$$\begin{cases} (2-h)^2 + (0-k)^2 = r^2, \\ (-1-h)^2 + (3-k)^2 = r^2. \end{cases}$$

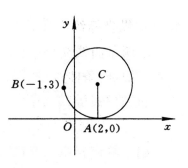

图 10-3

解这个方程组得

$$k = 3, \ r = 3.$$

即所求的方程为

$$(x-2)^2 + (y-3)^2 = 3^2$$

或

$$x^2 + y^2 - 4x - 6y + 4 = 0.$$

例6　某施工单位砌圆拱时,需要制作如图 10-4 所示的木模.设圆拱高为 1 m,跨度为 6 m,中间需要等距离地安装 5 根支撑柱子,求过点 A_3 的柱子长度(精确到 0.1 m).

解　以线段 AB 的中点为坐标原点,建立直角坐标系如图 10-4 所示.由题意知,$A(-3,0)$、$B(3,0)$、$C(0,1)$、$A_3(1,0)$,点 G 的横坐标为1,求过点 A_3 的柱子长度,相当于求点 G 的纵坐标.

设所求圆的一般方程为 $x^2 + y^2 + Dx + Ey + F = 0$,因点 A,B,C 在圆上,所以它们的坐标是方程的解.将点 $A(-3,0)$,$B(3,0)$,$C(0,1)$ 分别代入圆的一般方程,得三元一次方程组

$$\begin{cases} 9 - 3D + F = 0, \\ 9 + 3D + F = 0, \\ 1 + E + F = 0, \end{cases}$$

解得

$$\begin{cases} D = 0, \\ E = 8, \\ F = -9. \end{cases}$$

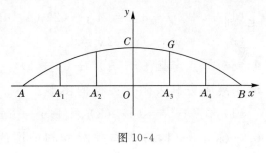

图 10-4

故所求圆的一般方程为

$$x^2 + y^2 + 8y - 9 = 0.$$

将 $x = 1$,代入方程求出 y 值(取正值),得

$$y = -4 + \sqrt{24} \approx 0.9 \ (\mathrm{m}).$$

点 G 的纵坐标约为 0.9,即过点 A_3 的柱子长度约为 0.9 m.

求两条曲线交点坐标,也就是解由两条曲线方程所组成的方程组.方程组有几组解,两条曲线就有几个交点,并且方程组的解就是交点坐标.方程组无解,两条曲线就没有交点.

例7　判断直线 $l: x - y + 2 = 0$ 与圆 $C: x^2 + y^2 = 2$ 的位置关系.

解　解方程组

$$\begin{cases} x^2 + y^2 = 2, & (1) \\ x - y + 2 = 0. & (2) \end{cases}$$

由（2）式得 $\qquad y = x + 2$，$\qquad$（3）

将（3）式代入（1）式，整理得

$$x^2 + 2x + 1 = 0.$$

解得 $x = -1$，将 $x = -1$ 代入（3）式得 $y = 1$．所以上述方程组有唯一一组解，其解为

$$\begin{cases} x = -1, \\ y = 1. \end{cases}$$

由此可知，直线 l 和圆 C 相切，切点坐标为 $(-1,1)$．

习题 10-1（A 组）

1. 判定点 $O(0,0)$、$A(-1,4)$ 和 $B(2,3)$ 是否在曲线 $y = x^2 - 3x$ 上．

2. 求以点 $C(2,-1)$ 为圆心，以 1 为半径的圆的标准方程，并画出图形．

3. 根据下列圆的方程，写出圆心坐标及半径．

(1) $x^2 + (y-3)^2 = 4$；　(2) $(x+1)^2 + y^2 = 2$；

(3) $x^2 + y^2 - 5x + 2y = 0$．

4. 判断原点与圆 $(x-1)^2 + (y+1)^2 = 3$ 的位置关系．

5. 下列各方程表示什么样的图形？

(1) $x^2 + y^2 = 0$；　(2) $x^2 + y^2 - 2x + 4y - 6 = 0$．

6. 求圆心为 $(1,2)$ 并与 x 轴相切的圆的方程．

7. 已知点 $A(-2,4)$ 和 $B(8,-2)$，求以线段 AB 为直径的圆的方程．

8. 求经过三点 $O(0,0)$、$A(1,1)$、$B(4,2)$ 的圆的方程，并求这个圆的圆心坐标和半径．

9. 判断直线 $x + y = 2$ 与圆 $x^2 + y^2 = 2$ 的位置关系．

扫一扫，获取参考答案

习题 10-1（B 组）

1. 求经过点 $(4,-2)$ 又与两坐标轴相切的圆的方程．

2. 判断两圆 $x^2 + y^2 = 9$ 和 $(x+1)^2 + (y-\sqrt{3})^2 = 25$ 的位置关系．

3. 过点 $P(1,-1)$ 作圆 $x^2 + y^2 - 2x - 2y + 1 = 0$ 的切线，求该切线方程．

4. 已知直线 $y = x + b$ 和圆 $x^2 + y^2 = 2$，问：当 b 为何值时，直线与圆有两个交点？

扫一扫，获取参考答案

10.2　椭　　圆

一、椭圆定义和标准方程

1. 椭圆的定义

如图 10-5 所示,在平板上固定两个图钉 F_1 及 F_2,把一个没有伸缩性且绳长大于 F_1 和 F_2 距离的线的两端固定在图钉上,并且用笔尖拉紧线移动一周,则笔尖画出的曲线就是一个椭圆.

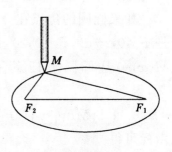

图 10-5

从上面画图过程可知,笔尖(即动点)在移动时,它到两个图钉(即定点)F_1 及 F_2 的距离之和始终保持不变.

定义　平面上与两定点 F_1,F_2 的距离之和(大于 $|F_1F_2|$)为常数的点的轨迹称为**椭圆**.两定点 F_1 和 F_2 称为**椭圆的焦点**.两焦点之间的距离 $|F_1F_2|$ 称为**椭圆的焦距**,用 $2c$ 表示;c 称为**半焦距**.

2. 椭圆的标准方程

以过两焦点 F_1,F_2 的直线作为 x 轴,线段 F_1F_2 的中点 O 为坐标原点,建立直角坐标系,如图 10-6 所示.

设 $M(x,y)$ 是椭圆上任意一点,椭圆的焦距为 $2c$ $(c>0)$,M 与 F_1 及 F_2 的距离之和为 $2a$ $(a>c>0)$,那么焦点 F_1 的坐标为 $(-c,0)$,F_2 的坐标为 $(c,0)$.

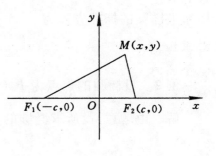

图 10-6

由椭圆的定义,得

$$|MF_1|+|MF_2|=2a.$$

根据两点间距离公式得

$$\sqrt{(x+c)^2+y^2}+\sqrt{(x-c)^2+y^2}=2a.$$

化简整理得

$$(a^2-c^2)x^2+a^2y^2=a^2(a^2-c^2).$$

由椭圆的定义知,$2a>2c>0$,$a>c>0$,$a^2-c^2>0$.设 $a^2-c^2=b^2$ $(b>0)$,得

$$b^2x^2+a^2y^2=a^2b^2.$$

两边同除以 $a^2 b^2$，得

$$\frac{x^2}{a^2}+\frac{y^2}{b^2}=1 \quad (a>b>0)$$ (10-4)

方程(10-4)称为**椭圆的标准方程**，它所表示的椭圆焦点在 x 轴上. 其中，$a^2=b^2+c^2$.

如果椭圆的焦点在 y 轴上，则焦点坐标是 $F_1(0,-c)$，$F_2(0,c)$，如图10-7所示，设 $M(x,y)$ 是椭圆上任意一点，由椭圆的定义，得

$$|MF_1|+|MF_2|=2a.$$

由此可得

$$\frac{x^2}{b^2}+\frac{y^2}{a^2}=1 \quad (a>b>0)$$ (10-5)

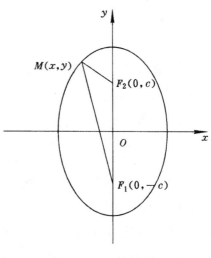

图 10-7

它也是**椭圆的标准方程**.

其中，a,b,c 之间的关系仍然是 $a^2=b^2+c^2$. 方程(10-4)与(10-5)的区别是前者的焦点在 x 轴上，后者的焦点在 y 轴上.

例1 设椭圆的焦点为 $F_1(4,0)$，$F_2(-4,0)$，$2a=10$，求椭圆的标准方程.

解 由题意，设所求椭圆的标准方程为 $\frac{x^2}{a^2}+\frac{y^2}{b^2}=1$，由已知条件，知 $c=4$，$a=5$，于是

$$b^2=a^2-c^2=25-16=9.$$

即所求椭圆的标准方程为

$$\frac{x^2}{25}+\frac{y^2}{9}=1.$$

例2 设椭圆的焦点为 $F_1(0,4)$，$F_2(0,-4)$ 且 $b=3$，求椭圆的标准方程.

解 由题意，设所求椭圆的标准方程为 $\frac{x^2}{b^2}+\frac{y^2}{a^2}=1$，由已知条件知

$$c=4, \quad b=3.$$

于是

$$a^2=b^2+c^2=16+9=25.$$

即所求椭圆的标准方程为

$$\frac{x^2}{9}+\frac{y^2}{25}=1.$$

二、椭圆的形状、画法和离心率

下面以椭圆的标准方程 $\dfrac{x^2}{a^2}+\dfrac{y^2}{b^2}=1$ 为例,讨论其形状、画法及离心率.

1. 范围

由椭圆的标准方程 $\dfrac{x^2}{a^2}+\dfrac{y^2}{b^2}=1$ 得

$$\frac{x^2}{a^2}\leqslant 1,\quad \frac{y^2}{b^2}\leqslant 1,$$

即 $\qquad x^2\leqslant a^2,\quad y^2\leqslant b^2.$

所以 $\qquad |x|\leqslant a,\quad |y|\leqslant b.$

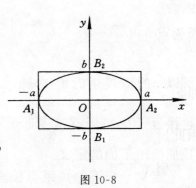

图 10-8

这说明此椭圆位于直线 $x=a$,$x=-a$,$y=b$ 和 $y=-b$ 所围成的矩形方框内,如图 10-8 所示.

2. 对称性

在椭圆的标准方程中,以 $-y$ 代替 y,$-x$ 代替 x,或同时以 $-x$,$-y$ 代替 x,y,方程都不变,故椭圆的图像关于 x 轴,y 轴和原点都对称.这时,坐标轴是椭圆的**对称轴**,原点是椭圆的**对称中心**.

以上讨论,也适用于一般曲线,现列表 10-1 如下:

表 10-1

条　　件	曲线的对称性
以 $-y$ 代替 y,方程不变	曲线关于 x 轴对称
以 $-x$ 代替 x,方程不变	曲线关于 y 轴对称
以 $-x$ 代替 x,同时以 $-y$ 代替 y,方程不变	曲线关于原点对称

3. 顶点

在标准方程 $\dfrac{x^2}{a^2}+\dfrac{y^2}{b^2}=1$ 中,令 $x=0$,则 $y=\pm b$,令 $y=0$,则 $x=\pm a$,所以椭圆与 x 轴的交点坐标是 $A_1(-a,0)$,$A_2(a,0)$,与 y 轴的交点坐标是 $B_1(0,-b)$,$B_2(0,b)$.四点 A_1,A_2,B_1,B_2 称为**椭圆的顶点**.线段 A_1A_2,B_1B_2 分别称为**椭圆的长轴和短轴**(如图 10-8 所示),其长度分别为 $2a$ 和 $2b$.a 和 b 分别称为**椭圆的长半轴长和短半轴长**.

4.离心率

如图 10-9 所示，$\dfrac{b}{a}$ 的值越接近于 0，椭圆就

越扁平；$\dfrac{b}{a}$ 的值越接近于 1，椭圆就越接于圆.

因为

$$\frac{b}{a}=\frac{\sqrt{a^2-c^2}}{a}=\sqrt{\frac{a^2-c^2}{a^2}}=\sqrt{1-\left(\frac{c}{a}\right)^2},$$

所以 $\dfrac{c}{a}$ 的值越接近于 1，椭圆就越扁平；$\dfrac{c}{a}$ 的值

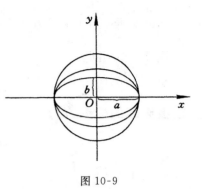

图 10-9

越接近于 0，椭圆就越接近于圆.可见，$\dfrac{c}{a}$ 的值可刻画出椭圆的扁平程度，由此

我们给出下面的定义.

定义 椭圆的焦距与长轴长之比，称为**椭圆的离心率**，通常用 e 表示，即

$$e=\frac{2c}{2a}=\frac{c}{a}.$$

因为 $0<c<a,0<e<1$，故椭圆的离心率是小于 1 的正数.

特别地，当 $a=b$ 时，椭圆的方程变成圆的方程.

例 3 求椭圆 $16x^2+25y^2=400$ 的长轴和短轴的长、顶点和焦点的坐标及

离心率.

解 将已知方程两边同除以 400，得

$$\frac{16x^2}{400}+\frac{25y^2}{400}=1.$$

化为标准方程，得

$$\frac{x^2}{5^2}+\frac{y^2}{4^2}=1.$$

对照标准方程知 $a=5,b=4,c=\sqrt{a^2-b^2}=3$.

所以长半轴的长 $a=5$，短半轴的长 $b=4$，长轴的长 $2a=10$，短轴的长 $2b=8$，焦

距 $2c=6$，半焦距 $c=3$，顶点坐标为 $A_1(-5,0),A_2(5,0),B_1(0,-4),B_2(0,4)$，

焦点坐标为 $F_1(-3,0),F_2(3,0)$，离心率 $e=\dfrac{c}{a}=0.6$.

5.椭圆的画法

椭圆的画法一般有以下步骤：

（1）将方程化为标准方程，如 $\dfrac{x^2}{a^2}+\dfrac{y^2}{b^2}=1$；

（2）作出由直线 $x=a,x=-a$，及 $y=b,y=-b$ 所围成的矩形；

（3）根据关系式 $y=\dfrac{b}{a}\sqrt{a^2-x^2}$，给出满足 $0\leqslant x\leqslant a$ 的 x 的几个值，算出对应的 y 值，用描点法作出椭圆在第一象限内的图形；

（4）利用椭圆的对称性，画出整个椭圆.

例4　画出椭圆 $x^2+4y^2=9$ 的图像.

解　椭圆的标准方程为

$$\frac{x^2}{3^2}+\frac{y^2}{\left(\dfrac{3}{2}\right)^2}=1.$$

作出由直线 $x=3$，$x=-3$，$y=\dfrac{3}{2}$，$y=-\dfrac{3}{2}$

围成的矩形.

由方程 $x^2+4y^2=9$ 解得

$$y=\pm\frac{1}{2}\sqrt{9-x^2}.$$

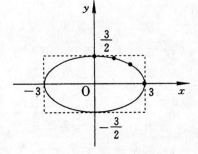

图 10-10

根据关系式 $y=\dfrac{1}{2}\sqrt{9-x^2}$，算出 x（$0\leqslant x\leqslant 3$）和 y 的几组对应值，列表如下：

x	0	1	2	3
y	1.5	1.4	1.1	0

先用描点法画出椭圆在第一象限内的图形，再利用对称性画出整个椭圆，如图 10-10 所示.

例5　设椭圆的焦距与长半轴之差为 2，离心率为 $\dfrac{3}{5}$，焦点在 x 轴上，求椭圆的标准方程.

解　由已知条件，有

$$\begin{cases} 2c-a=2,\\ \dfrac{c}{a}=\dfrac{3}{5}. \end{cases}$$

解这个方程组，得

$$a=10,\qquad c=6,$$

又由 $b^2=a^2-c^2$ 得

$$b^2=64,$$

故所求方程为

$$\frac{x^2}{100}+\frac{y^2}{64}=1.$$

习题 10-2（A 组）

1. 填空题：

   (1) 已知椭圆方程为 $\dfrac{x^2}{4}+y^2=1$，则长轴长为____，短轴长为____，离心率为____，顶点坐标为_____，焦点坐标为_____；

   (2) 已知椭圆方程为 $4x^2+16y^2=25$，则长轴长为____，短轴长为____，离心率为____，顶点坐标为____，焦点坐标为_____；

   (3) 中心在原点，焦点在 x 轴上，且过两点 $(\sqrt{2},1)$，$(0,\sqrt{2})$ 的椭圆标准方程为_____，离心率为_____；

   (4) 两半轴的和等于 8，焦距等于 8 的椭圆标准方程为_____；

   (5) 椭圆 $\dfrac{x^2}{k+8}+\dfrac{y^2}{9}=1$ 的离心率 $e=\dfrac{1}{2}$，则 k 的值为_____．

2. 平面内两定点距离等于 6，一动点 M 到这两个定点的距离的和等于 8．建立适当坐标系，求动点 M 的轨迹方程．

扫一扫，获取参考答案

习题 10-2（B 组）

1. 根据下列条件，求椭圆的标准方程．
   (1) 长轴长等于 12，焦距等于 8，焦点在 x 轴上；
   (2) 顶点 $A(0,\pm4)$，焦点 $F(0,\pm3)$；
   (3) 中心在原点，焦点在 x 轴上，半长轴为 2，且过点 $(1,-1)$．

2. 椭圆的中心在原点，一个顶点和一个焦点分别是直线 $x+3y-6=0$ 与两坐标轴的交点，求椭圆的标准方程，并作图．

3. 一直线经过椭圆 $9x^2+25y^2=225$ 的左焦点和圆 $x^2+y^2-2y-3=0$ 的圆心，求该直线的方程．

4. 一个圆的圆心在椭圆 $16x^2+25y^2=400$ 的右焦点上，并且通过椭圆在 y 轴上的顶点，求圆的方程．

5. 已知椭圆的中心在原点，焦点在 x 轴上，离心率等于 $\dfrac{1}{3}$，又知椭圆上有一点 M，它的横坐标等于右焦点的横坐标，而纵坐标等于 4，求椭圆的标准方程．

6. 椭圆的中心在原点，对称轴重合于坐标轴，长轴为短轴的二倍，并经过点 $A(3,0)$，求椭圆的标准方程．

扫一扫，获取参考答案

10.3 双 曲 线

一、双曲线的定义和标准方程

1. 双曲线的定义

如图 10-11 所示,取一条拉链,先拉开一部分,分成两支,将一支剪短,把长的一支的端点固定在 F_1 处,短的一支的端点固定在 F_2 处,把笔尖放在 M 处,笔尖随拉链的拉开或合上,就画成一支曲线;再把短的一支的端点固定在 F_1 处,把长的一支的端点固定在 F_2 处,同样画出另一支曲线.这两支曲线就是常见的双曲线,从这个作法中可以看到,笔尖(即动点 M)在移动时,它到两个定点 F_1 及 F_2 的距离的差始终保持不变.

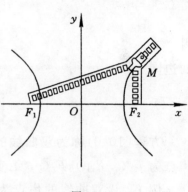

图 10-11

定义　平面上与两定点 F_1,F_2 的距离之差(小于 $|F_1F_2|$)的绝对值为常数的点的轨迹称为**双曲线**.两定点 F_1 和 F_2 称为**双曲线的焦点**;两焦点间的距离 $|F_1F_2|$ 称为**双曲线的焦距**,用 $2c$ 表示;c 称为**半焦距**.

2. 双曲线的标准方程

取过焦点 F_1,F_2 的直线为 x 轴,线段 F_1F_2 的垂直平分线为 y 轴,建立直角坐标系,如图 10-12 所示.设 $M(x,y)$ 是双曲线上的任意一点,双曲线的焦距为 $2c\ (c>0)$,点 M 与 F_1 和 F_2 的距离之差的绝对值为 $2a\ (a>0)$,则 F_1,F_2 的坐标分别为 $F_1(-c,0)$,$F_2(c,0)$.由双曲线的定义,得

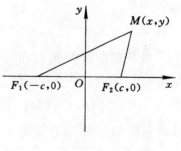

图 10-12

$$|MF_1|-|MF_2|=\pm 2a.$$

根据两点间距离公式,得

$$\sqrt{(x+c)^2+y^2}-\sqrt{(x-c)^2+y^2}=\pm 2a.$$

移项得

$$\sqrt{(x+c)^2+y^2}=\pm 2a+\sqrt{(x-c)^2+y^2}.$$

两边平方并整理化简得

$$\pm a\sqrt{(x-c)^2+y^2}=a^2-cx.$$

两边平方并整理得

$$(c^2-a^2)x^2-a^2y^2=a^2(c^2-a^2).$$

因为 $\triangle F_1MF_2$ 的两边之差小于第三边，所以

$$2a<2c,\quad a<c,\quad a^2<c^2,\quad c^2-a^2>0.$$

于是令

$$c^2-a^2=b^2\quad(b>0),$$

得

$$b^2x^2-a^2y^2=a^2b^2.$$

两边同除以 a^2b^2 得

$$\frac{x^2}{a^2}-\frac{y^2}{b^2}=1 \tag{10-6}$$

方程(10-6)称为**双曲线的标准方程**，它所表示的双曲线的焦点在 x 轴上，焦点为 $F_1(-c,0)$，$F_2(c,0)$．其中，$c^2=a^2+b^2$．

例1 设双曲线的焦点为 $F_1(5,0)$ 与 $F_2(-5,0)$，动点到两焦点的距离之差为 8，求双曲线的标准方程．

解 设所求双曲线的标方程为 $\frac{x^2}{a^2}-\frac{y^2}{b^2}=1$，由已知条件，知

$$2a=8,\quad a=4,\quad c=5.$$

于是

$$b^2=c^2-a^2=5^2-4^2=9,$$

即所求方程为

$$\frac{x^2}{16}-\frac{y^2}{9}=1.$$

如果双曲线的焦点在 y 轴上，焦点是 $F_1(0,-c)$，$F_2(0,c)$，设 $M(x,y)$ 是双曲线上的任意一点，由双曲线的定义，得

$$|MF_1|-|MF_2|=\pm2a.$$

可得它的另一标准方程为

$$\frac{y^2}{a^2}-\frac{x^2}{b^2}=1 \tag{10-7}$$

它也是**双曲线的标准方程**，如图 10-13 所示．其中 a,b,c 的关系仍是 $c^2=a^2+b^2$．方程(10-6)与(10-7)的区别是前者的焦点在 x 轴上，后者的焦点在 y 轴上．

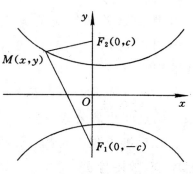

图 10-13

例2　设双曲线的焦距为 $2\sqrt{5}$，焦点在 y 轴上，且 $a=1$，求双曲线的标准方程.

解　由题设所求双曲线的标准方程为 $\dfrac{y^2}{a^2}-\dfrac{x^2}{b^2}=1$，依已知条件有

$$c=\sqrt{5}, \quad a=1.$$

于是　　　　　　　　　　$$b^2=c^2-a^2=5-1=4.$$

故所求双曲线的标准方程为

$$y^2-\frac{x^2}{4}=1.$$

二、双曲线的形状、画法和离心率

下面以双曲线的标准方程 $\dfrac{x^2}{a^2}-\dfrac{y^2}{b^2}=1$ 为例，讨论其形状、画法及离心率.

1. 范围

由标准方程 $\dfrac{x^2}{a^2}-\dfrac{y^2}{b^2}=1$ 知，双曲线上的任意点的坐标 (x,y)，都适合不等式 $\dfrac{x^2}{a^2}\geqslant 1$，即 $x^2\geqslant a^2$，于是有 $x\geqslant a$ 或 $x\leqslant -a$，这说明双曲线在两条直线 $x=a$ 和 $x=-a$ 的外侧，如图 10-14 所示.

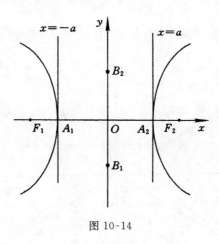

图 10-14

2. 对称性

在标准方程中，以 $-y$ 代替 y，$-x$ 代 x，或同时以 $-x$，$-y$ 代替 x,y，方程都不变，故图像关于 x 轴，y 轴和原点都对称. 这时，坐标轴是双曲线的**对称轴**，原点是双曲线的**对称中心**.

3. 顶点

在标准方程 $\dfrac{x^2}{a^2}-\dfrac{y^2}{b^2}=1$ 中，令 $y=0$，则 $x=\pm a$，所以双曲线与 x 轴的交点坐标是 $A_1(-a,0)$，$A_2(a,0)$ 两点；再令 $x=0$，得 $y^2=-b^2$，这个方程没有实数解，这说明双曲线与 y 轴不相交，但我们仍把 $B_1(0,-b)$，$B_2(0,b)$ 也画在 y 轴上．双曲线与对称轴的交点，称为**双曲线的顶点**．双曲线有两个顶点，分别为 $A_1(-a,0)$，$A_2(a,0)$．线段 A_1A_2 称为**双曲线的实轴**，它的长等于 $2a$；线段 B_1B_2 称为**双曲线的虚轴**，它的长等于 $2b$．

4. 渐近线

由双曲线的标准方程 $\dfrac{x^2}{a^2}-\dfrac{y^2}{b^2}=1$，可得

$$y=\pm\frac{b}{a}x\sqrt{1-\frac{a^2}{x^2}}.$$

由此可见，当 $|x|$ 无限增大时，$\dfrac{a^2}{x^2}$ 就无限减小，且趋近于零，$\sqrt{1-\dfrac{a^2}{x^2}}$ 就无限接近于 1，这时 y 将无限趋近于 $\pm\dfrac{b}{a}x$，从而双曲线上的点就无限接近于直线 $y=\pm\dfrac{b}{a}x$．为此，我们把直线 $y=\pm\dfrac{b}{a}x$ 称为双曲线 $\dfrac{x^2}{a^2}-\dfrac{y^2}{b^2}=1$ 的渐近线．

不难看出，双曲线的渐近线就是四条直线 $x=\pm a$，$y=\pm b$ 所围成的矩形的两条对角的直线，如图 10-15 所示．

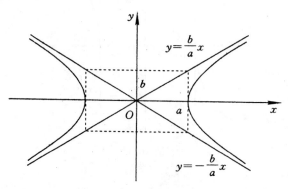

图 10-15

双曲线的渐近线 $y=\pm\dfrac{b}{a}x$ 又可写成下面的形式：

$$\frac{x}{a}-\frac{y}{b}=0 \quad \text{和} \quad \frac{x}{a}+\frac{y}{b}=0.$$

如果把它们与双曲线方程 $\dfrac{x^2}{a^2}-\dfrac{y^2}{b^2}=1$ 作比较就会发现,只要令方程 $\dfrac{x^2}{a^2}-\dfrac{y^2}{b^2}=1$ 的左边等于零,即

$$\frac{x^2}{a^2}-\frac{y^2}{b^2}=0.$$

分解因式,得

$$\left(\frac{x}{a}-\frac{y}{b}\right)\left(\frac{x}{a}+\frac{y}{b}\right)=0,$$

即

$$\frac{x}{a}-\frac{y}{b}=0 \quad 及 \quad \frac{x}{a}+\frac{y}{b}=0.$$

这就是双曲线 $\dfrac{x^2}{a^2}-\dfrac{y^2}{b^2}=1$ 的渐近线方程.

类似地,双曲线 $\dfrac{y^2}{a^2}-\dfrac{x^2}{b^2}=1$ 的渐近线方程为 $y=\pm\dfrac{a}{b}x$.

5. 离心率

当 $\dfrac{b}{a}$ 的值越大时,双曲线的"开口"就越大. 又因为

$$\frac{b}{a}=\frac{\sqrt{c^2-a^2}}{a}=\sqrt{\left(\frac{c}{a}\right)^2-1},$$

所以 $\dfrac{c}{a}$ 的值越大,双曲线的"开口"越大. 因此 $\dfrac{c}{a}$ 的值能刻画出双曲线"开口"的大小.

定义 双曲线焦距与实轴长之比,称为**双曲线的离心率**,通常用 e 表示,即

$$e=\frac{2c}{2a}=\frac{c}{a}.$$

因为 $c>a>0$,所以 $e>1$,即双曲线的离心率是大于 1 的数.

例 3 求双曲线 $4x^2-16y^2=64$ 的实轴和虚轴的长,焦点和顶点的坐标,离心率和渐近线方程.

解 将已知方程化为标准方程,得

$$\frac{x^2}{16}-\frac{y^2}{4}=1.$$

于是 $a=4,b=2,c=\sqrt{a^2+b^2}=2\sqrt{5}$,所以双曲线实轴和虚轴的长分别为 $2a=8,2b=4$,焦点为 $F_1(-2\sqrt{5},0),F_2(2\sqrt{5},0)$,顶点为 $A_1(-4,0),A_2(4,0)$,离心率 $e=\dfrac{c}{a}=\dfrac{\sqrt{5}}{2}$,渐近线方程为 $y=\pm\dfrac{1}{2}x$.

6. 双曲线的画法

双曲线的画法一般有以下步骤：

(1) 将方程化为标准形式，如 $\dfrac{x^2}{a^2} - \dfrac{y^2}{b^2} = 1$；

(2) 作出由直线 $x = a, x = -a$，及 $y = b, y = -b$ 所围成的矩形，画出它的两条对角线，两端延长即得渐近线；

(3) 根据关系式 $y = \dfrac{b}{a}\sqrt{x^2 - a^2}$，给出满足不等式 $x \geqslant a$ 的几个 x 值，算出对应的 y 值，用描点法作出双曲线在第一象限内的图形；

(4) 利用双曲线的对称性及其与渐近线的位置关系画出双曲线.

例 4 画出双曲线 $x^2 - 4y^2 = 16$ 的图像.

解 将方程

$$x^2 - 4y^2 = 16$$

化为标准方程

$$\dfrac{x^2}{16} - \dfrac{y^2}{4} = 1.$$

于是 $a = 4, b = 2$，即渐近线方程为 $y = \pm\dfrac{1}{2}x$.

作出由直线 $x = 4, x = -4$ 及 $y = 2, y = -2$ 所围成的矩形，画出它的两条对角线并延长，即得渐近线.

由标准方程解得 $y = \pm\dfrac{1}{2}\sqrt{x^2 - 16}$，根据关系式 $y = \dfrac{1}{2}\sqrt{x^2 - 16}$，算出 x（$x \geqslant 4$）和 y 的几组对应值，列表如下：

x	4	5	6	7
y	0	1.5	2.2	2.9

根据双曲线与其渐近线的关系可描出双曲线在第一象限内的图像. 再根据双曲线的对称性，画出整个双曲线的图像，如图 10-16 所示.

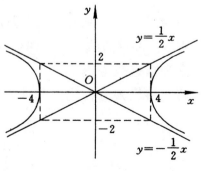

图 10-16

例 5 已知双曲线的焦点为 $(\pm 3, 0)$，渐近线方程为 $y = \pm\dfrac{\sqrt{2}}{4}x$，求双曲线的标准方程.

解　设所求双曲线的标准方程为 $\dfrac{x^2}{a^2}-\dfrac{y^2}{b^2}=1$，则由已知条件得

$$\begin{cases} c=3, \\ \dfrac{b}{a}=\dfrac{\sqrt{2}}{4}, \\ b^2=c^2-a^2. \end{cases}$$

解这个方程组得 $a^2=8$，$b^2=1$，故所求方程为 $\dfrac{x^2}{8}-y^2=1$.

三、等轴双曲线

在双曲线方程

$$\frac{x^2}{a^2}-\frac{y^2}{b^2}=1$$

中，如果 $a=b$，则方程变为

$$\boxed{x^2-y^2=a^2} \tag{10-8}$$

方程(10-8)所表示的双曲线，其实轴长与虚轴长相等，所以称为**等轴双曲线**.这时，因为 $a=b$，所以等轴双曲线的两条渐近线为

$$y=\pm x,$$

互相垂直，如图 10-17 所示.

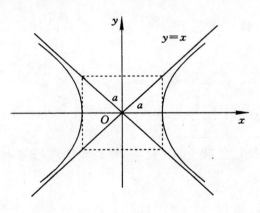

图 10-17

习题 10-3(A 组)

1. 填空题：

（1）已知双曲线 $\dfrac{x^2}{9}-y^2=1$，则实轴长为 ____，虚轴长为 ____，顶点坐标

为____，焦点坐标为____，离心率为____，渐近线方程为_____；

(2) 已知双曲线 $x^2 - \dfrac{y^2}{9} = -1$，则实轴长为_____，虚轴长为_____，顶点坐标为____，焦点坐标为_____，离心率为_____，渐近线方程为____；

(3) 已知双曲线 $4y^2 - 9x^2 = 36$，则实轴长为_____，虚轴长为_____，顶点坐标为_____，焦点坐标为_____，离心率为_____，渐近线方程为_____；

(4) 中心在原点，焦点在 y 轴上，且过点 $(4\sqrt{2}, 9)$，$(2, 3\sqrt{2})$ 的双曲线方程为_____，离心率为_____，渐近线方程为_____；

(5) 设曲线的方程为 $\dfrac{x^2}{|k|-2} + \dfrac{y^2}{5-k} = 1$，当曲线为双曲线时，$k$ 取值范围是_____，焦点在 x 轴上时，k 取值范围是_____，焦点在 y 轴上时，k 取值范围是_____.

2. 求满足下列条件的双曲线方程.

(1) 实轴等于 6，两焦点为 $(\pm 4, 0)$；

(2) 焦点在 y 轴上，虚轴等于 12，焦距为 16.

扫一扫，获取参考答案

习题 10-3（B 组）

1. 求满足下列条件的双曲线标准方程.

(1) 焦距等于 16，离心率等于 $\dfrac{4}{3}$；

(2) 实轴在 y 轴上，渐近线方程为 $y = \pm \dfrac{5}{3} x$，且过点 $(3\sqrt{3}, 10)$.

2. 求以双曲线 $\dfrac{x^2}{a^2} - \dfrac{y^2}{b^2} = 1$ 的焦点为顶点，顶点为焦点的椭圆方程.

3. 在双曲线 $\dfrac{x^2}{16} - \dfrac{y^2}{9} = 1$ 上求一点，使该点与左焦点的距离等于它与右焦点的距离的 2 倍.

4. 已知双曲线的焦点坐标为 $(\pm 4, 0)$，双曲线上的点到两焦点的距离的差的绝对值是 6，求双曲线的方程.

5. 求过点 $A(3, 1)$ 且实轴和虚轴都在坐标轴上的等轴双曲线方程.

6. 一动点到一定点 $F(3, 0)$ 的距离和它到一条定直线 $x = \dfrac{3}{4}$ 的距离之比为 2∶1，求动点的轨迹方程.

扫一扫，获取参考答案

10.4　抛　物　线

一、抛物线的定义和标准方程

如图 10-18 所示,在平板上作一条直线 l 及其直线外一定点 F,取一块直角三角板 ABC,使用它的直角边 BC 重合于直线 l,再取一条无伸缩性且与三角板的另一条直角边 AC 等长的线,一端固定在三角板的顶点 A 处,另一端固定在点 F 处,把笔尖放在 M 处,用笔尖沿着 AC 边把线拉紧,同时将三角板沿直线 l 上下滑动,于是笔尖就画出一条曲线,它就是抛物线.

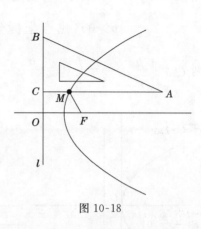

图 10-18

由上述过程可知,笔尖(即点 M)在移动时,它到定点 F 的距离始终等于它到定直线 l 的距离.

定义　平面上与一定点 F 和一定直线 l 的距离相等的点的轨迹称为**抛物线**,定点 F 称为抛物线的**焦点**,定直线 l 称为抛物线的**准线**.

取过焦点 F 且垂直于准线的直线为 x 轴,x 轴与直线 l 相交于点 K,以线段 KF 的垂直平分线为 y 轴,建立直角坐标系,如图 10-19 所示.设 $M(x,y)$ 是抛物线上的任意一点,$|KF|=p$,作 $MN\perp l$,垂足为 N,则焦点 F 的坐标为 $\left(\dfrac{p}{2},0\right)$,准线方程为 $x=-\dfrac{p}{2}$,点 N 的坐标为 $\left(-\dfrac{p}{2},y\right)$.由抛物线的定义,得

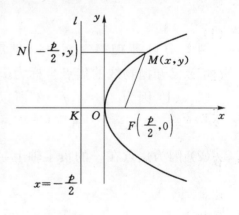

图 10-19

$$|MF|=|MN|.$$

根据两点间距离公式,得

$$\sqrt{\left(x-\frac{p}{2}\right)^2+y^2}=\sqrt{\left(x+\frac{p}{2}\right)^2}.$$

化简整理得

$$\boxed{y^2=2px \quad (p>0)}$$
$$(10\text{-}9)$$

方程(10-9)称为**抛物线的标准方程**,它所表示的抛物线的焦点在 x 轴的正半轴上,坐标是 $\left(\dfrac{p}{2},0\right)$,它的准线方程是 $x=-\dfrac{p}{2}$.

当我们以不同的方式建立直角坐标系时,还可得到抛物线其他形式的标准方程,如图 10-20 所示.它们的方程分别是 $y^2=-2px\ (p>0)$,$x^2=2py\ (p>0)$,$x^2=-2py\ (p>0)$,焦点坐标分别是 $\left(-\dfrac{p}{2},0\right)$,$\left(0,\dfrac{p}{2}\right)$,$\left(0,-\dfrac{p}{2}\right)$,准线方程分别是 $x=\dfrac{p}{2}$,$y=-\dfrac{p}{2}$,$y=\dfrac{p}{2}$.

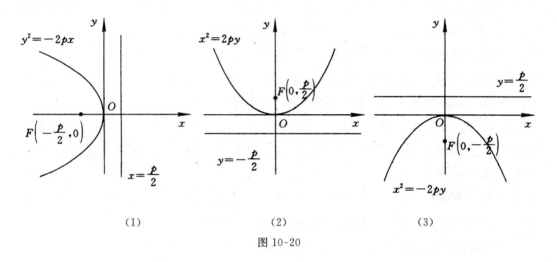

图 10-20

例 1 (1) 求抛物线 $y^2=4x$ 的焦点坐标和准线方程;

(2) 已知抛物线的焦点坐标为 $F(0,-2)$,求它的标准方程.

解 (1) 因为 $2p=4$,$p=2$,所以焦点坐标为 $(1,0)$,准线方程为
$$x=-1.$$

(2) 因为焦点在 y 的负半轴上,并且 $\dfrac{p}{2}=2$,所以 $p=4$,标准方程为
$$x^2=-8y.$$

二、抛物线的形状和画法

下面以抛物线的标准方程 $y^2=2px\ (p>0)$ 为例,讨论其形状和画法.

1. 范围

从上面方程可知,x 的取值范围是 $x\geqslant 0$,因为当 $x<0$ 时,y 无对应的实数值,这说明在 y 轴的左边没有抛物线的点.

22

2. 对称性

在方程(10-9)中,用$-y$代替y,方程不变,这说明抛物线关于x轴对称,因此,抛物线有一条对称轴:x轴.

3. 顶点

在标准方程中,令$x=0$得$y=0$,所以这条抛物线经过原点,抛物线和它的对称轴的交点,称为**抛物线的顶点**,抛物线$y^2=2px$的顶点在原点.

根据以上讨论可知,抛物线$y^2=2px$有如图10-19所示的形状,它的顶点在原点,对称轴重合于x轴,开口向右,整个图像在y轴的右侧.

类似(参见图10-20)可得:

抛物线$y^2=-2px$($p>0$)顶点在原点,对称轴重合于x轴,开口向左,整个图像在y轴的左侧;

抛物线$x^2=2py$($p>0$)顶点在原点,对称轴重合于y轴,开口向上,整个图像在x轴的上方;

抛物线$x^2=-2py$($p>0$)顶点在原点,对称轴重合于y轴,开口向下,整个图像在x轴的下方.

由上述讨论可知,画抛物线图像的一般步骤如下:

（1）将所给方程化为$y^2=\pm2px$或$x^2=\pm2py$的标准形式;

（2）根据方程中x和y的取值范围,判断抛物线的开口方向和对称轴;

（3）列表求值,描点作图.

例2　已知抛物线关于x轴对称,它的顶点在原点,并且经过点$M(2,-2)$,求它的标准方程并作图.

解　由题意,设所求的标准方程为
$$y^2=2px.$$
因为点M在抛物线上,所以
$$(-2)^2=2p\cdot2.$$
即
$$p=1,$$
故所求的抛物线方程为
$$y^2=2x.$$

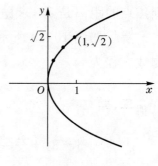

图10-21

将已知方程变形为$y=\pm\sqrt{2x}$,根据$y=\sqrt{2x}$在$x\geqslant0$的范围内算出几个点的坐标(x,y),如下表所示:

x	0	0.5	1	2	⋯
y	0	1	$\sqrt{2}$	2	⋯

先描点画出抛物线在第一象限内的图形,再利用其对称性,画出整个抛物线,如图 10-21 所示.

例 3 求以原点为顶点,对称轴重合于坐标轴,并且经过点 $M(-5,-10)$ 的抛物线的标准方程.

解 如图 10-22 所示,由题意知抛物线图像有两种可能,开口向左或开口向下.

(1)设抛物线的开口向左,其标准方程为 $y^2=-2px$,因为点 $M(-5,-10)$ 在抛物线上,所以有

$$(-10)^2=-2p(-5),$$

即

$$p=10.$$

因此所求的抛物线的标准方程为 $y^2=-20x$.

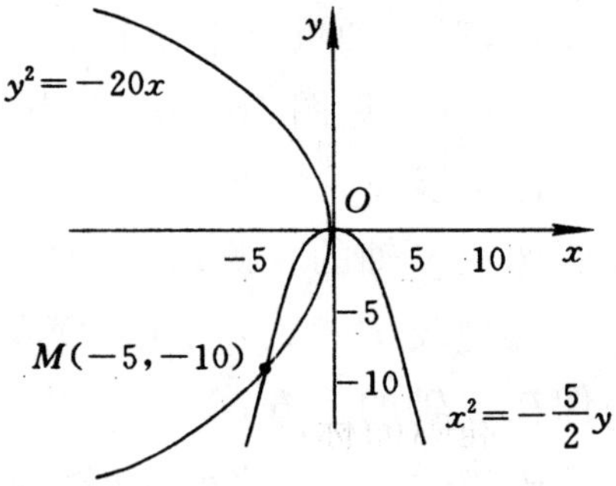

(2)设抛物线的开口向下,其标准方程为

$$x^2=-2py.$$

因为点 $M(-5,-10)$ 在抛物线上,所以有

$$(-5)^2=-2p(-10),$$

即

$$p=\frac{5}{4}.$$

因此所求的抛物线的标准方程为 $x^2=-\frac{5}{2}y$.

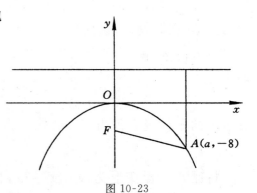

图 10-22

例 4 已知抛物线的顶点在原点,焦点在 y 轴上,抛物线上一点 $A(a,-8)$ 到焦点的距离是 10,求抛物线方程和 a 的值.

解 如图 10-23 所示,由题意可设抛物线方程为

$$x^2=-2py.$$

易得

$$|-8|+\frac{p}{2}=10,$$

即

$$p=4.$$

于是抛物线的方程为

$$x^2=-8y.$$

图 10-23

24

又点 A 在抛物线上,故

$$a^2 = -8(-8) = 64,$$

即

$$a = \pm 8.$$

习题 10-4(A组)

1. 填空题:

(1) 已知抛物线方程 $y^2 = 4x$,则对称轴方程为_____,焦点坐标为_____,准线方程为_____,开口方向是_____;

(2) 已知抛物线方程 $x^2 = -y$,则其对称轴方程为_____,焦点坐标为_____,准线方程为_____,开口方向是_____;

(3) 已知抛物线方程 $2y^2 + 5x = 0$,则其对称轴方程为_____,焦点坐标为_____,准线方程为_____,开口方向是_____;

(4) 抛物线顶点在原点,对称轴为 y 轴,且过点 $(1, -4)$,则抛物线方程为_____,焦点坐标为_____,准线方程为_____,开口方向是_____.

2. 根据下列条件,写出抛物线的标准方程.

(1) 焦点为 $F(4, 0)$;

(2) 准线方程为 $y = -\dfrac{1}{2}$;

(3) 开口向左,焦点到准线距离是 2.

扫一扫,获取参考答案

3. 抛物线 $y^2 = 2px$ ($p > 0$) 上一点 M 与焦点 F 的距离 $|MF| = 2p$,求点 M 的坐标.

习题 10-4(B组)

1. 已知一抛物线的焦点是直线 $4x - 3y - 12 = 0$ 与 Ox 轴的交点,求其标准方程.

2. 在抛物线 $y^2 = 4x$ 上求一点,使它到焦点的距离等于 10.

3. 已知某抛物线以原点为顶点,焦点在 y 轴正半轴上,第一、三象限角的平分线被抛物线截出的线段长为 $8\sqrt{2}$,求此抛物线的方程.

4. 已知某抛物线的顶点是双曲线 $16x^2 - 9y^2 = 144$ 的中心,而焦点是双曲线的左顶点,求此抛物线的方程.

5. 某校有一台电视接收器，其反射镜面是旋转抛物面，它能把平行的电磁波集中到焦点处，现已知镜面口径 $AB=60$ cm，深度 $OC=40$ cm，如图 10-24 所示，求焦点位置．

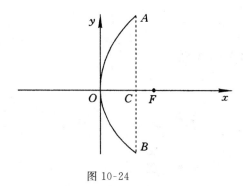

图 10-24

扫一扫，获取参考答案

复习题 10

1. 填空题：

(1) 动点到点 $A(-4,0)$ 和 $B(4,0)$ 的距离的平方差是 48 的轨迹方程是＿＿＿＿＿＿＿＿＿＿＿；

(2) 已知点 $A(4,9)$，$B(6,3)$，则以线段 AB 为直径的圆的方程是＿＿＿＿＿＿＿＿＿＿＿＿＿＿＿；

(3) 曲线 $x^2+y^2+2ax-4by=0$ 的中心坐标是＿＿＿＿＿＿＿；

(4) 如果椭圆的长轴长是短轴长的 2 倍，焦点在 x 轴上，又知椭圆经过点 $(4,2)$，那么椭圆的标准方程是＿＿＿＿＿＿＿＿；

(5) 如果双曲线的一个焦点是 $(0,4)$，一条渐近线方程是 $x+y=0$，则另一条渐近线方程是＿＿＿＿＿＿，双曲线的标准方程是＿＿＿＿＿＿＿＿；

(6) 顶点在原点，关于 y 轴对称，且过点 $A(-3,-4)$ 的抛物线标准方程是＿＿＿＿＿＿＿；

(7) 圆 $x^2+y^2=1$ 上的点到直线 $4x-3y+25=0$ 的距离的最小值是＿＿＿＿．

2. 选择题：

(1) 圆 $(x+a)^2+(y+b)^2=b^2(a\geqslant b)$，则这个圆应（　　　）；

    A. 与 x 轴相切　　　　　　　　　　B. 与 y 轴相切

    C. 经过原点　　　　　　　　　　　　D. 与两坐标轴相切

(2) 已知椭圆的长轴长是短轴长的 2 倍,则它的离心率 e 是( );

A. $\dfrac{3}{4}$ B. $\dfrac{\sqrt{3}}{2}$ C. $\dfrac{\sqrt{2}}{2}$ D. $\dfrac{1}{2}$

(3) 已知抛物线的焦点与圆 $x^2+y^2+6x=0$ 的圆心重合,则此抛物线的标准方程是( );

A. $y^2=12x$ B. $y^2=-12x$ C. $y^2=6x$ D. $y^2=-6x$

(4) 抛物线 $y=ax^2$ 的焦点坐标是( );

A. $\left(0,\dfrac{a}{4}\right)$ B. $\left(0,-\dfrac{a}{4}\right)$ C. $\left(0,\dfrac{1}{4a}\right)$ D. $\left(0,-\dfrac{1}{4a}\right)$

(5) 若曲线 $x^2+y^2\cos\alpha=1$ 中的 α 满足 $90°<\alpha<180°$,则曲线应为( );

A. 抛物线   B. 双曲线   C. 椭圆   D. 圆

(6) 当 $|x|\leqslant 2$ 时,方程 $y=\sqrt{4-x^2}$ 的图形是( );

A. 直线   B. 圆   C. 椭圆   D. 半圆弧

(7) 直线 $4x-3y+5=0$ 与圆 $x^2+y^2-4x-2y+m=0$ 无公共点的充要条件是( ).

A. $0<m<5$ B. $1<m<5$ C. $m>1$ D. $m<0$

3. 三角形的三边所在直线的方程分别是 $x-6=0$,$x+2y=0$ 和 $x-2y-8=0$,求三角形外接圆的方程.

4. 椭圆的一个焦点把长轴分为两段,分别等于 7 和 1,试求椭圆的标准方程.

5. 已知双曲线 $\dfrac{x^2}{225}-\dfrac{y^2}{64}=1$ 上的一点,它的横坐标等于 15,试求该点到两个焦点的距离.

6. 求椭圆的离心率,已知从它的焦点看它的短轴两端所成视角是 60°.

扫一扫,获取参考答案

7. 在抛物线 $y^2=4x$ 上求一点 P,使之到直线 $x-y+5=0$ 的距离最短.

8. 求直线 $y=x+2$ 被圆 $x^2+y^2=4$ 截得的线段长.

[阅读材料 10]

二次曲线的光学性质及其应用

当你把汽车的前灯开关从亮转到暗时,就有数学在起作用.具体地说,是抛物线原理在玩花招.前灯后面的反射镜的截面具有抛物线的形状,如图 10-25 所示.事实上,它们是抛物线环绕它的对称轴旋转形成的抛物面.明亮的光束是由位于抛物线反射镜焦点上的光源产生的.因此,光线沿着与抛物线的对称轴平行的方向射去.当光源改变了位置,它不再在焦点上时,光线的行进不再与轴平行,光只向上下射去,而向上射出的被屏蔽,只有向下射出的近光,所以此时灯光变暗.人们已经证明了抛物线的这个重要性质:从焦点发出的光线,经过抛物线上的一点反射后,反射光线平行于抛物线的轴,探照灯(如图 10-26 所示)也是利用这个原理设计的.

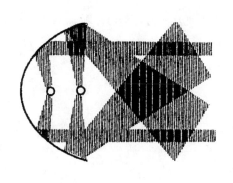

图 10-25

图 10-26

应用抛物线的这个性质,也可以使一束平行于抛物线的轴的光线,经过抛物面的反向集中于它的焦点.人们应用这个原理设计了一种加热水和食物的太阳灶,如图 10-27 所示.在这种太阳灶上装有一个旋转抛物面形状的反光镜,当它的轴与太阳光线平行时,太阳光线经过反射后集中于焦点处,这一点的温度就会很高.

图 10-27

反射式望远镜是把双曲线和抛物线组合起来,让进入镜筒的光线在聚焦过程中来回往返,因而镜筒的长度比光线实际走过的路程短得多.这样就能使仪器的体积缩小,重量减轻,既经济、又方便.所以,现在的激光雷达和无线电接收装置都喜欢采用这种反射系统.

椭圆和双曲线的光学性质与抛物线不同:从椭圆的一个焦点发出的光线,经过椭圆反射后,反射光线交于椭圆的另一个焦点上,如图 10-28 所示;从双曲线上的一个焦点发出的光线,经过双曲线反射后,反射光线是散开的,它们就好像是从另一个焦点射出的一样,如图 10-29 所示.椭圆、双曲线的光学性质也常被人们广泛地应用于各种设计中.

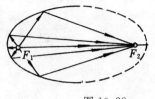

图 10-28

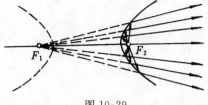

图 10-29

第10章单元自测

1. 填空题

(1) 如果点 $A(1, y_0)$ 在曲线 $x^2 - 3x + 2y - 6 = 0$ 上, 那么 $y_0 = $ _____;

(2) 已知直线 $y = x + m$ 与圆 $x^2 + y^2 = 2$ 相切, 则 m 的值为 _____;

(3) 圆心在 x 轴上, 半径是 5, 且与直线 $x = 8$ 相切的圆的方程是 _____;

(4) 椭圆中心在原点, 焦点在 x 轴上, 半长轴为 2, 过点 $(1, -1)$, 则此椭圆标准方程为 _____;

(5) 与双曲线 $\dfrac{x^2}{9} - \dfrac{y^2}{16} = 1$ 有共同的渐近线, 且经过点 $(-3, 2\sqrt{3})$ 的双曲线方程为 _____.

2. 选择题

(1) 方程 $2x^2 + 2y^2 - 4x + 4y + 6 = 0$ 所表示的曲线是(   );

A. 椭圆   B. 圆   C. 抛物线   D. 以上都不是

(2) 抛物线 $y = -ax^2 (a \neq 0)$ 的焦点坐标是(   );

A. $\left(0, \dfrac{1}{4a}\right)$ B. $\left(0, -\dfrac{1}{4a}\right)$ C. $\left(\dfrac{1}{4a}, 0\right)$ D. $\left(-\dfrac{1}{4a}, 0\right)$

(3) 两圆 $x^2 + y^2 = 4$ 与 $(x-4)^2 + (y+3)^2 = 9$ 的位置关系是(   );

A. 相交   B. 相外切   C. 相内切   D. 相离

(4) 已知曲线方程是 $2x^2 + 3xy + y^2 - 4x + 4 = 0$, 那么在这条曲线上的点是(   );

A. $(2, -1)$ B. $(-2, 1)$ C. $(-1, 2)$ D. $(1, -2)$

(5) 在抛物线 $x^2 = 8y$ 上, 且到焦点的距离为 4 的点的坐标为(   ).

A. $(4, 2)$

B. $(-4, 2)$

C. $(4, 2)$ 或 $(-4, 2)$

D. $(4\sqrt{2}, 4)$ 或 $(-4\sqrt{2}, 4)$

3. 解答题

(1) 求圆心在直线 $2x - y + 3 = 0$ 上, 且过两点 $A(6, 3)$, $B(-4, 7)$ 的圆的方程;

(2) 求经过点 $P(-2\sqrt{2}, 0)$ 与点 $Q(0, \sqrt{5})$ 的椭圆的标准方程;

(3) 求渐近线为 $y = \pm\dfrac{2}{3}x$, 且经过点 $M\left(\dfrac{9}{2}, -1\right)$ 的双曲线的标准方程;

(4) 一座抛物线形拱桥, 当拱顶离水面 2 米时, 水面宽 4 米, 问水面下降 1 米后水面的宽度是多少?

扫一扫, 获取参考答案

第 11 章

*坐标转换与参数方程

我们知道,同一个点在两个不同的直角坐标系中的坐标是不一样的,那么,这两个坐标是如何进行转换的呢? 对于平面曲线而言,有些曲线的方程较为复杂,能否让这些方程变得简单些呢? 而有些曲线的方程是无法用直角坐标系中的变量 x 和 y 来直接表示的,能不能将这些曲线用另一种形式的方程表示出来呢? 本章主要学习坐标轴的平移与旋转、极坐标方程及参数方程等知识. 通过本章的学习,可以为上述问题找到一个较为满意的解决方法.

11.1　坐标轴的平移与旋转

一、坐标轴的平移

在数控车床加工中,通常工件做旋转运动(主运动),而刀具与工件做相对运动(进给运动). 为了保证切削加工顺利进行,经常需要对坐标轴进行平移与旋转来变换坐标系. 不仅如此,一些较为复杂的曲线方程也要通过这样变换坐标系来进行化简.

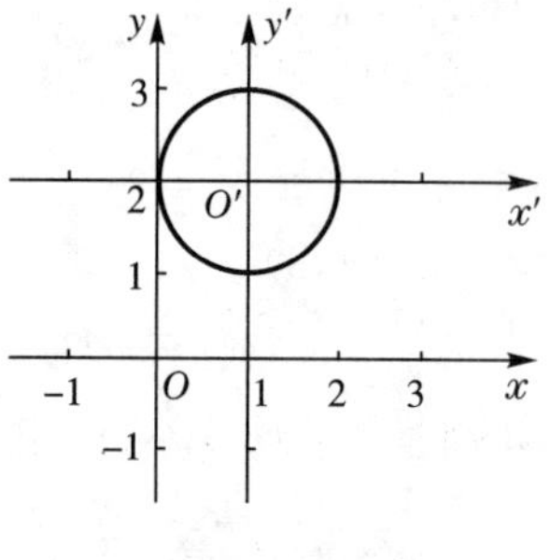

在如图 11-1 所示的坐标系 xOy 中,圆心为 $O'(1,2)$,半径为 1 的圆的方程是

$$(x-1)^2 + (y-2)^2 = 1.$$

图 11-1

如果不改变坐标轴的方向和单位长度,将坐标原点移至点 O' 处,得新坐标系 $x'O'y'$,那么在这个新坐标系中,圆心为 $O'(0,0)$,该圆的方程为

$$x'^2 + y'^2 = 1.$$

也就是说,对于同一点或者同一曲线,由于选取的坐标系不同,点的坐标或曲线的方程也不同.从上面的例子可以看出,把一个坐标系变换为另一个适当的坐标系,就可以使曲线的方程简化.我们把只改原点的位置,坐标轴的方向和长度单位都不改变的坐标系变换叫作**坐标轴的平移**.

下面我们来研究在坐标轴平移情况下,同一点在两个不同的坐标系中坐标之间的关系.

如图11-2所示,设 O' 在原坐标系 xOy 中的坐标为 (h,k),以 O' 为原点平移坐标轴,建立新坐标系 $x'O'y'$.平面内任意一点 M 在原坐标系 xOy 中的坐标为 (x,y),在新坐标系 $x'O'y'$ 中的坐标为 (x',y').根据平面向量的知识,有

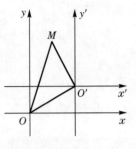

图 11-2

$$\overrightarrow{OO'}=(h,k)\,,\ \overrightarrow{OM}=(x,y)\,,\ \overrightarrow{O'M}=(x',y')\,,$$
$$\overrightarrow{OM}=\overrightarrow{OO'}+\overrightarrow{O'M}=(h,k)+(x',y')=(h+x',k+y')\,,$$

即

$$(x,y)=(h+x',k+y')\,.$$

因此,点 M 的原坐标、新坐标之间有下面的关系:

$$\begin{cases} x=x'+h, \\ y=y'+k, \end{cases} \text{或} \begin{cases} x'=x-h, \\ y'=y-k. \end{cases} \tag{11-1}$$

公式(11-1)也称作**平移公式**.

例1 平移坐标轴,把原点移到 $O'(3,-4)$,求点 $A(5,2)$ 在新坐标系 $x'O'y'$ 中的坐标.

解 由题意知,$h=3$,$k=-4$,$x=5$,$y=2$,由平移公式 $\begin{cases} x'=x-h, \\ y'=y-k, \end{cases}$ 得

$$x'=5-3=2\,,\ y'=2+4=6\,,$$

故点 A 在新坐标系 $x'O'y'$ 中的坐标为 $(2,6)$.

例2 平移坐标轴,把原点移到 $O'(2,-1)$,求曲线 $\dfrac{(x-2)^2}{9}+\dfrac{(y+1)^2}{4}=1$ 在新坐标系 $x'O'y'$ 中的方程.

解 设曲线上任意一点 M 的原坐标为 (x,y),新坐标为 (x',y'),由平移公式得

$$\begin{cases} x=x'+2, \\ y=y'-1. \end{cases}$$

将其代入原方程，得到曲线在新坐标系 $x'O'y'$ 中的方程为

$$\frac{x'^2}{9} + \frac{y'^2}{4} = 1.$$

例 3 利用坐标轴平移，化简圆 $x^2 + y^2 + 4x - 2y + 1 = 0$ 的方程，并画出新坐标系和圆.

解 将方程的左边配方，得

$$(x+2)^2 + (y-1)^2 = 4.$$

这是以点 $(-2, 1)$ 为圆心，2 为半径的圆. 以点 $Q'(-2, 1)$ 为新坐标系的原点，平移坐标轴，得新坐标系 $x'O'y'$，将平移公式 $\begin{cases} x = x' - 2 \\ y = y' + 1 \end{cases}$ 代入原方程，得圆在新坐标系 $x'O'y'$ 中的方程为

$$x'^2 + y'^2 = 4.$$

新坐标系 $x'O'y'$ 和圆如图 11-3 所示.

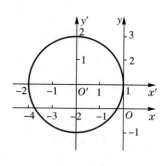

图 11-3

二、坐标轴的旋转

平移坐标轴时，同一点在两个不同的坐标系中的坐标之间的关系可以用平移公式来描述. 若将坐标轴进行旋转，同一点的坐标之间的关系又如何呢？

如果坐标轴的原点和单位长度都不变，只是坐标轴按同一方向绕原点旋转同一角度，这种坐标系的变换叫作**坐标轴的旋转**.

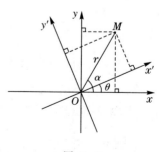

图 11-4

如图 11-4 所示，设坐标轴绕逆时针方向旋转，其旋转角为 θ，得新坐标系 $x'Oy'$. 在平面内任取一点 M，它在坐标系 xOy 和 $x'Oy'$ 中的坐标分别为 (x, y) 和 (x', y'). 则有

$x = r\cos\alpha$，$y = r\sin\alpha$，$x' = r\cos(\alpha - \theta)$，$y' = r\sin(\alpha - \theta)$，由于

$x' = r\cos\alpha\cos\theta + r\sin\alpha\sin\theta = x\cos\theta + y\sin\theta$，

$y' = r\sin\alpha\cos\theta - r\cos\alpha\sin\theta = y\cos\theta - x\sin\theta$，

由此得坐标轴旋转的坐标变换公式（简称为**旋转公式**）

$$\begin{cases} x' = x\cos\theta + y\sin\theta, \\ y' = -x\sin\theta + y\cos\theta, \end{cases} \text{或} \begin{cases} x = x'\cos\theta - y'\sin\theta, \\ y = x'\sin\theta + y'\cos\theta. \end{cases} \tag{11-2}$$

可以证明，对于任意角 θ 公式(11-2)仍成立.

例 4 把坐标轴按逆时针方向旋转 $\dfrac{\pi}{6}$,求点 $P(-1,\sqrt{3})$ 在新坐标系 $x'Oy'$ 中的坐标.

解 把 $\theta = \dfrac{\pi}{6}$,$x = -1$,$y = \sqrt{3}$,代入公式 $\begin{cases} x' = x\cos\theta + y\sin\theta, \\ y' = -x\sin\theta + y\cos\theta, \end{cases}$ 得

$$x' = -1 \cdot \cos\frac{\pi}{6} + \sqrt{3}\sin\frac{\pi}{6} = -\frac{\sqrt{3}}{2} + \sqrt{3}\times\frac{1}{2} = 0,$$

$$y' = -(-1) \cdot \sin\frac{\pi}{6} + \sqrt{3} \cdot \cos\frac{\pi}{6} = \frac{1}{2} + \sqrt{3}\times\frac{\sqrt{3}}{2} = 2.$$

故点 M 在新坐标系 $x'Oy'$ 中的坐标是 $(0,2)$.

例 5 设点 M 在坐标系 xOy 中的坐标为 $(-1,2)$.先平移坐标轴,将原点移至 $O'(1,2)$,得坐标系 $x'O'y'$,然后再将坐标轴绕点 O' 逆时针旋转 $60°$,得坐标系 $x''O'y''$.求点 M 在新坐标系 $x''O'y''$ 中的坐标.

解 由题意知,$h = 1$,$k = 2$,$x = -1$,$y = 2$,代入平移公式 $\begin{cases} x' = x - h, \\ y' = y - k \end{cases}$,得 $\begin{cases} x' = -2, \\ y' = 0 \end{cases}$.即点 M 在坐标系 $x'O'y'$ 中的坐标为 $(-2,0)$.

再把 $\theta = 60°$,$x' = -2$,$y' = 0$,代入旋转公式 $\begin{cases} x'' = x'\cos\theta + y'\sin\theta, \\ y'' = -x'\sin\theta + y'\cos\theta, \end{cases}$ 得

$$\begin{cases} x'' = -2 \cdot \cos 60° + 0 \cdot \sin 60° = -1, \\ y'' = -(-2)\sin 60° + 0 \cdot \cos 60° = \sqrt{3}. \end{cases}$$

故点 M 在坐标系 $x''O'y''$ 中的坐标为 $(-1,\sqrt{3})$.

*例 6 将坐标轴逆时针旋转 $\dfrac{\pi}{3}$,求曲线 $2x^2 - \sqrt{3}xy + y^2 = 10$ 在新坐标系 $x'Oy'$ 中的方程.

解 把 $\theta = \dfrac{\pi}{3}$ 代入公式 $\begin{cases} x = x'\cos\theta - y'\sin\theta, \\ y = x'\sin\theta + y'\cos\theta, \end{cases}$ 得

$$x = x'\cos\frac{\pi}{3} - y'\sin\frac{\pi}{3} = \frac{1}{2}x' - \frac{\sqrt{3}}{2}y',$$

$$y = x'\sin\frac{\pi}{3} + y'\cos\frac{\pi}{3} = \frac{\sqrt{3}}{2}x' + \frac{1}{2}y'.$$

代入原曲线方程,得曲线在新坐标系 $x'Oy'$ 中的方程为

$$2\left[\frac{1}{2}x' - \frac{\sqrt{3}}{2}y'\right]^2 - \sqrt{3}\left[\frac{1}{2}x' - \frac{\sqrt{3}}{2}y'\right]\left[\frac{\sqrt{3}}{2}x' + \frac{1}{2}y'\right] + \left[\frac{\sqrt{3}}{2}x' + \frac{1}{2}y'\right]^2 = 10,$$

化简,得标准方程

$$\frac{x'^2}{20} + \frac{y'^2}{4} = 1 ,$$

它的图像是一个椭圆.

习题 11-1(A 组)

1. 平移坐标轴,把原点移到 $O'(3,2)$. 求下列各点的新坐标,并画出新坐标轴和各点.

   (1) $A(2,-2)$；   (2) $B(4,0)$；   (3) $C(-2,3)$；   (4) $D(0,6)$.

2. 设旋转角 $\theta = \frac{\pi}{6}$,求点 $M(2,-1)$ 在新坐标系 $x'Oy'$ 中的坐标,并画出新坐标轴和点.

3. 平移坐标轴,把原点移到 $O'(-2,3)$,求曲线 $x^2 + y^2 + 4x - 6y + 12 = 0$ 在新坐标系 $x'O'y'$ 中的方程,并画出新坐标系和图形.

4. 利用坐标轴平移,化简下列各方程,并指出新坐标系原点在原坐标系中的坐标.

   (1) $\dfrac{(x+1)^2}{4} + \dfrac{(y-2)^2}{9} = 1$；

   (2) $y = x^2 - 6x + 5$.

扫一扫,获取参考答案

习题 11-1(B 组)

1. 设点 A 在下列新坐标系中的坐标为 $(0,-1)$,求点 A 在原坐标系 xOy 中的坐标.

   (1) 平移坐标轴,把原点移到 $O'(-3,2)$,得新坐标系 $x'O'y'$；

   (2) 坐标轴逆时针旋转 $30°$,得新坐标系 $x'Oy'$.

2. 平移坐标轴,将原点移至 $O'(-1,1)$,得坐标系 $x'O'y'$,再将坐标轴逆时针旋转 $\frac{\pi}{4}$,得坐标系 $x''O'y''$.

   (1) 求原坐标系 xOy 中的点 $(1,2)$ 在新坐标系 $x''O'y''$ 中的坐标；

   (2) 求原坐标系 xOy 中的直线 $y = x + 5$ 在新坐标系 $x''O'y''$ 中的方程.

3. 将坐标轴旋转 $-\frac{\pi}{3}$,求曲线 $x^2 - 2\sqrt{3}xy + 3y^2 = 8$ 在新坐标系 $x'Oy'$ 中的方程.

扫一扫,获取参考答案

11.2 极坐标方程

一、极坐标的概念

有时在一些实际问题中用直角坐标系并不是很方便如,炮兵确定射击目标时需要知道目标的方向和距离.像这种用方向和距离来确定平面内点的位置的坐标系就是极坐标系.本节讨论极坐标系的概念和曲线的极坐标方程.

1. 平面上点的极坐标

定义 在平面上取一定点 O,从 O 引一条射线 Ox,再取定一个单位长度并规定角的正方向(通常取逆时针方向),如图 11-5 所示,这样就建立了一个坐标系,称为**极坐标系**.O 称为**极点**,射线 Ox 称为**极轴**.

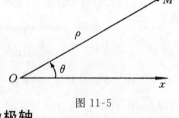

图 11-5

对于平面内任意一点 M,用 ρ 表示线段 OM 的长度,θ 表示从 Ox 到 OM 的角度,ρ 称为点 M 的**极径**,θ 称为 M 的**极角**,有序数对(ρ,θ)就称为点 M 的**极坐标**,可表示为$M(\rho,\theta)$.当点 M 是极点时,它的极坐标是 $\rho=0,\theta$ 可取任意值.

如图 11-6 所示,在极坐标系中,A,B,C,D,E,F,G 各点的极坐标分别是 $(4,0),\left(2,\dfrac{\pi}{4}\right),\left(3,\dfrac{\pi}{2}\right),\left(1,\dfrac{5\pi}{6}\right),(3.5,\pi),\left(6,\dfrac{4\pi}{3}\right),\left(5,\dfrac{5\pi}{3}\right)$.

建立极坐标系后,给定 ρ 和 θ,就可以在平面内确定唯一一点 M;反过来,给定平面内一点,也可以找到它的极坐标(ρ,θ),但和直角坐标系不同的是,平面内一个点的极坐标可以有无数种表示法,这是因为一个角加上 $2k\pi\ (k\in\mathbf{Z})$ 后都是和原角终边相同的角.比如,$\left(6,\dfrac{\pi}{6}\right),\left(6,\dfrac{\pi}{6}+2\pi\right),\left(6,\dfrac{\pi}{6}-2\pi\right)$等,都是同一点的极坐标.

图 11-6

一般地,如果(ρ,θ)是一点的极坐标,那么$(\rho,\theta+2k\pi)$都可以作为它的极坐标.但如果限定 $\rho>0,0\leqslant\theta<2\pi$,那么除极点外,平面内的点可用唯一的极坐标$(\rho,\theta)$表示;同时,极坐标$(\rho,\theta)$表示的点也是唯一确定的.

以后,除非特别说明一般认为 $\rho\geqslant0$.

2. 极坐标和直角坐标的互化

平面内的同一点可以用极坐标表示，也可以用直角坐标表示，为了方便研究问题，有时需要把它们进行互化.

如图 11-7 所示，把直角坐标系的原点作为极点，x 轴的正半轴作为极轴，并在两种坐标系中取相同的单位长度.

设 M 是平面上任意一点，它的直角坐标是 (x,y)，极坐标是 (ρ,θ)，显然

$$\boxed{\begin{aligned} x &= \rho\cos\theta \\ y &= \rho\sin\theta \end{aligned}} \qquad (11\text{-}3)$$

利用公式 (11-3)，可以把 M 点的极坐标化为直角坐标.

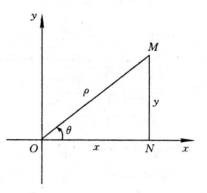

图 11-7

例1 设 M 点的极坐标为 $\left(5, -\dfrac{\pi}{4}\right)$，求它的直角坐标.

解 由公式 (11-3)，可得

$$x = 5\cos\left(-\frac{\pi}{4}\right) = \frac{5}{2}\sqrt{2},$$

$$y = 5\sin\left(-\frac{\pi}{4}\right) = 5 \cdot \left(-\frac{\sqrt{2}}{2}\right) = -\frac{5}{2}\sqrt{2}.$$

于是得 M 点的直角坐标为 $\left(\dfrac{5}{2}\sqrt{2}, -\dfrac{5}{2}\sqrt{2}\right)$.

我们也可以把 M 点的直角坐标化为极坐标，由公式 (11-3) 可得

$$\boxed{\begin{aligned} \rho^2 &= x^2 + y^2 \\ \tan\theta &= \frac{y}{x} \quad (x \neq 0) \end{aligned}} \qquad (11\text{-}4)$$

角 θ 与点 (x,y) 在同一个象限.

例2 设 M 点的直角坐标为 $(1,-1)$，求它的极坐标.

解 由公式 (11-4)，可得

$$\rho = \sqrt{1^2 + (-1)^2} = \sqrt{2},$$

$$\tan\theta = \frac{-1}{1} = -1.$$

因为点 $M(1,-1)$ 在第四象限，而 $\theta = \dfrac{7\pi}{4}$ 也在第四象限且 $\tan\dfrac{7\pi}{4} =$

$\tan\left(2\pi-\dfrac{\pi}{4}\right)=-\tan\dfrac{\pi}{4}=-1$，于是所求点的极坐标为 $\left(\sqrt{2},\dfrac{7\pi}{4}\right)$.

说明：把直角坐标转化的极坐标时，一般只要取 $\theta\in[0,2\pi)$ 就可以了.

二、曲线的极坐标方程

1. 曲线的极坐标方程的概念

在极坐标系中，曲线可以用含有 ρ,θ 的方程 $\psi(\rho,\theta)=0$ 来表示，这种方程称为曲线的**极坐标方程**. 利用点的直角坐标与极坐标间的关系，可将曲线的直角坐标方程与极坐标方程进行互化.

例 3 将等轴双曲线 $x^2-y^2=a^2(a\neq0)$ 化为极坐标方程.

解 由公式(11-3)，将 $x=\rho\cos\theta,y=\rho\sin\theta$ 代入方程，得

$$\rho^2\cos^2\theta-\rho^2\sin^2\theta=a^2,$$
$$\rho^2(\cos^2\theta-\sin^2\theta)=a^2,$$
$$\rho^2\cos2\theta=a^2,$$

即

$$\rho^2=\frac{a^2}{\cos2\theta}.$$

这就是所给等轴双曲线的极坐标方程.

例 4 将 $\rho=2a\sin\theta\ (a>0)$ 化为直角坐标方程.

解 将方程 $\rho=2a\sin\theta$ 的两端乘以 ρ，得

$$\rho^2=2a\rho\sin\theta.$$

由 $\rho^2=x^2+y^2,\rho\sin\theta=y$ 得

$$x^2+y^2=2ay,$$

即

$$x^2+(y-a)^2=a^2.$$

显然它是一个以 $(0,a)$ 为圆心，a 为半径的圆.

例 5 将 $\rho=\dfrac{4}{1+\cos\theta}$ 化为直角坐标方程.

解 由 $\rho=\dfrac{4}{1+\cos\theta}$ 变形得

$$\rho+\rho\cos\theta=4,$$

由 $\rho=\sqrt{x^2+y^2},\rho\cos\theta=x$，得

$$\sqrt{x^2+y^2}+x=4.$$
$$\sqrt{x^2+y^2}=4-x,$$

两边平方

$$x^2 + y^2 = 16 - 8x + x^2.$$

化简整理

$$y^2 = -8(x-2).$$

显然它是一条抛物线.

2. 极坐标方程的建立

求曲线的极坐标方程的方法和步骤,和求直角坐标方程类似,就是把曲线看作适合某种条件的点的集合或轨迹,将已知条件用曲线上点的极坐标 ρ, θ 的关系式 $\psi(\rho, \theta) = 0$ 表示出来,就得到曲线的极坐标方程.

例 6 求从极点出发,倾斜角是 $\dfrac{\pi}{4}$ 的射线的极坐标方程.

解 设 $M(\rho, \theta)$ 为射线上任意一点,如图 11-8 所示,则射线上点的集合 $P = \left\{ (\rho, \theta) \,\middle|\, \theta = \dfrac{\pi}{4}, \rho \in \mathbf{R} \right\}$.

将已知条件用坐标表示,得

$$\theta = \frac{\pi}{4}.$$

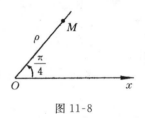

图 11-8

这就是所求的射线的极坐标方程,方程中不含 ρ,说明射线上点的极坐标中的 ρ 无论取何正值,θ 对应的值都是 $\dfrac{\pi}{4}$.

例 7 求圆心是 $C(a, 0)$,半径是 a 的圆的极坐标方程.

解 由已知条件,圆心在极轴上,圆经过极点 O. 设圆和极轴的另一个交点是 A,如图 11-9 所示,则 $|OA| = 2a$.

设 $M(\rho, \theta)$ 是圆上任意一点,则 $\triangle OMA$ 是直角三角形,则可得

$$|OM| = |OA| \cos\theta.$$

用极坐标表示已知条件可得方程

$$\rho = 2a\cos\theta.$$

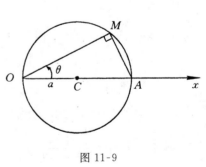

图 11-9

这就是所求圆的极坐标方程.

3. 等速螺线

定义 当一个动点沿着一条射线做等速运动,而射线又绕着它的端点作等角速旋转时,这个动点的轨迹称为**等速螺线**(或阿基米德螺线).

下面我们来建立等速螺线的极坐标方程.

如图 11-10 所示,以射线 l 的端点为极点 O,射线的初始位置为极轴 Ox,建立极坐标系.

设曲线上动点 M 的坐标为 (ρ,θ),动点在初始位置 M_0 的坐标为 $(\rho_0,0)$,M 在 l 上运动的速度为 v,l 绕 O 转动的角速度为 ω.

图 11-10

可以看出,经过时刻 t,M 点的极径为

$$\rho=\rho_0+vt, \tag{1}$$

极角为

$$\theta=\omega t. \tag{2}$$

由(2)式,得

$$t=\frac{\theta}{\omega}. \tag{3}$$

将(3)式代入(1)式,得

$$\rho=\rho_0+\frac{v}{\omega}\theta. \tag{4}$$

令 $\dfrac{v}{\omega}=a$,代入(4)式得

$$\rho=\rho_0+a\theta \quad (a,\rho_0 \text{为常量,且} a\neq 0).$$

这就是等速螺线的极坐标方程.

在生产实际中,等速螺线的应用较广.例如,机械传动上常用的等速凸轮,它的轮廓线就是等速螺线;又如,机床上加工零件用的夹具三爪卡盘,卡盘上的平面螺纹也是等速螺线.

例 8 由于某种需要,设计一个凸轮,轮廓线如图 11-11 所示。要求如下:

(1)凸轮依顺时针方向绕点 O 转动,开始时从动杆接触点为 A,$|OA|=4$ cm.

(2)当从动杆接触轮廓线 ABC 时,它被推向右方做等速直线运动,凸轮旋转角度为 $\frac{11}{8}\pi$ 时,有最大推程 14 cm,即 $|OC|=18$ cm;

(3)当从动杆接触轮廓线 CDA 时,它向左等速退回原位.

求曲线 ABC 和 CDA 的方程.

解 取极坐标系,如图 11-11 所示.

(1)由于曲线 ABC 是等速螺线,设它的极坐标方程为

$$\rho=\rho_0+a\theta. \tag{1}$$

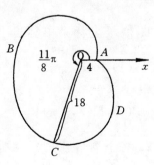

图 11-11

因为点 $A(4,0)$ 和点 $C\left(18,\dfrac{11}{8}\pi\right)$ 都在曲线上，所以

$$\begin{cases} 4=\rho_0, \\ 18=\rho_0+a\cdot\dfrac{11}{8}\pi. \end{cases}$$

解这个方程组，得

$$\rho_0=4, \quad a=\dfrac{112}{11\pi}.$$

代入方程（1），得到曲线 ABC 的极坐标方程为

$$\rho=4+\dfrac{112}{11\pi}\theta \quad\left(0\leqslant\theta\leqslant\dfrac{11}{8}\pi\right).$$

（2）由于曲线 CDA 也是等速螺线，设它的极坐标方程为

$$\rho=\rho_1+a_1\theta.$$

因为点 $C\left(18,\dfrac{11}{8}\pi\right)$ 和点 $A(4,2\pi)$ 都在曲线上，所以

$$\begin{cases} 18=\rho_1+a_1\cdot\dfrac{11}{8}\pi, \\ 4=\rho_1+a_1\cdot2\pi. \end{cases}$$

解这个方程组，得

$$\rho_1=48.8, \quad a_1=-\dfrac{22.4}{\pi}.$$

因此，CDA 这段曲线的极坐标方程是

$$\rho=48.8-\dfrac{22.4}{\pi}\theta \quad\left(\dfrac{11}{8}\pi\leqslant\theta\leqslant2\pi\right).$$

习题 11-2（A 组）

1. 在极坐标系中标出下列各点．

(1) $A\left(3,\dfrac{2}{3}\pi\right)$; (2) $B\left(1,\dfrac{\pi}{2}\right)$; (3) $C(0,\pi)$;

(4) $D\left(3,\dfrac{5}{3}\pi\right)$; (5) $E(1,\pi)$; (6) $F\left(2,\dfrac{5}{4}\pi\right)$.

2. 将下列各点的极坐标化为直角坐标．

(1) $A\left(6,\dfrac{\pi}{6}\right)$; (2) $B(5,0)$; (3) $C(0,\pi)$; (4) $D\left(2,\dfrac{\pi}{2}\right)$.

3. 将下列各点的直角坐标化为极坐标.

(1) $A(-5,0)$;　　(2) $B(0,-2)$;　(3) $C(1,1)$;　　(4) $D(-3,3)$;

(5) $E(-1,-\sqrt{3})$;　(6) $F(\sqrt{3},-1)$.

4. 将下列极坐标方程化为直角坐标方程.

(1) $\rho\sin\left(\theta+\dfrac{\pi}{4}\right)=\sqrt{2}$;

(2) $\rho=-5\cos\theta$.

扫一扫，获取参考答案

5. 把下列直角坐标方程化为极坐标方程.

(1) $x^2+y^2=9$;　　　(2) $4xy=9$;

(3) $x^2+y^2-6y=0$;　(4) $x^2-y^2=16$.

习题 11-2（B 组）

1. 试求过点 $A(4,0)$，并与极轴成直角的直线的极坐标方程.

2. 求经过点 $A\left(3,\dfrac{\pi}{2}\right)$，并与极轴平行的直线的极坐标方程.

3. 求圆心在点 $B\left(5,\dfrac{\pi}{2}\right)$，半径为 5 的圆的极坐标方程.

扫一扫，获取参考答案

11.3　参数方程

我们知道，对于平面上的一条曲线，在直角坐标系中可以用含有流动坐标 x 和 y 的方程来表示，在极坐标系中可以用含有流动坐标 ρ 和 θ 的方程来表示. 但在实际问题中，有些曲线用这两种方程直接来表示比较困难，而用 x 和 y（或 ρ 和 θ）分别与另一变量 t 的一组关系式来表示就比较方便，这就是本节所要讨论的参数方程.

一、参数方程的概念

先看下面的例子.

设炮弹的发射角为 α，发射的初速度为 v_0，求弹道曲线的方程（不计空气阻力）.

弹道曲线是炮弹飞行的轨迹，它上面的各个点都表示炮弹发射后某个时刻的位置. 当这个时刻确定后，炮弹的位置也就确定了. 取炮口为原点，水平方向为 x 轴，建立直角坐标系如图 11-12 所示，设炮弹发射后的位置在点 $M(x,y)$，

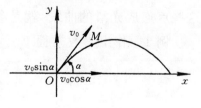

图 11-12

因为炮弹在水平方向是以 $v_0\cos\alpha$ 为速度的匀速直线运动．在竖直方向是以 $v_0\sin\alpha$ 为初速度的竖直上抛运动，根据匀速直线运动和竖直上抛运动的位移公式，得

$$\begin{cases} x = v_0\cos\alpha \cdot t, \\ y = v_0\sin\alpha \cdot t - \dfrac{1}{2}gt^2. \end{cases} \tag{1}$$

其中 g 是重力加速度（$9.8\,\text{m/s}^2$）。

　　当 t 取某一个允许值时，由方程组（1）就可以确定当时炮弹所在位置，也就是说，当 t 确定时，点 $M(x,y)$ 的位置也就随着确定了．这样建立 t 与 x,y 之间的关系不仅方便，而且还可以反映变量的实际意义．如方程组（1）中的两个方程就分别反映出炮弹飞行的水平距离、高度与时间的关系．

　　一般地，在取定的直角坐标系中，如果曲线上任意一点的坐标 x,y 都是某个变量 t 的方程

$$\begin{cases} x = x(t), \\ y = y(t). \end{cases} \tag{2}$$

并且对于 t 的每一允许值，由方程组（2）所确定的点 $M(x,y)$ 都在这条曲线上，那么方程组（2）就称为这条曲线的**参数方程**，联系 x,y 之间关系的变量 t 称为**参数**，参数方程中的参数可以是有物理、几何意义的变量，也可以是没有明显意义的变量．同样在极坐标系中的参数方程可表示为 $\begin{cases} \rho = \rho(t) \\ \theta = \theta(t). \end{cases}$

　　相对于参数方程来说，前面学过的直接给出曲线上点的坐标关系的方程，称为曲线的普通方程．

二、参数方程的作图

　　在所给曲线的参数方程

$$\begin{cases} x = x(t) \\ y = y(t) \end{cases}$$

中，先给出参数 t 的值，求出 x 和 y 的对应值，这样就确定了曲线上某些点．将这些点连成光滑的曲线，就是参数方程的图像．

　　例 1 作出参数方程

$$\begin{cases} x = t^2 \\ y = 2t \end{cases}$$

的图像．

解 这里,t 可以取一切实数,将 t,x 和 y 的对应值列表如下:

t	...	-3	-2	-1	0	1	2	3	...
x	...	9	4	1	0	1	4	9	...
y	...	-6	-4	-2	0	2	4	6	...

描点作图时,可以不管表里第一行 t 的数值,只需根据 x 和 y 的值,就可以确定点的位置,如图 11-13 所示为所给参数方程的图像.

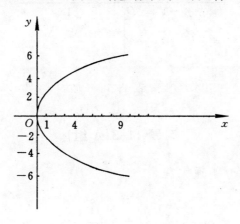

图 11-13

三、化曲线的参数方程为普通方程

参数方程和普通方程是曲线方程的不同形式,它们都是表示曲线上点坐标之间的关系.一般情况下,我们可以通过消去参数方程中的参数,得出直接表示 x,y 或 ρ,θ 之间关系的普通方程.

例 2 把参数方程

$$\begin{cases} x = \sin t & (1) \\ y = \cos^2 t & (2) \end{cases}$$

化为普通方程,并说明它表示什么曲线.

解 将(1)式两边平方,得

$$x^2 = \sin^2 t,$$

即

$$x^2 = 1 - \cos^2 t. \qquad (3)$$

再将(2)式代入(3)式,得普通方程

$$x^2 = 1 - y,$$

即

$$y = -x^2 + 1.$$

显然,它的图像是抛物线,顶点在 $(0,1)$,对称轴为 y 轴,开口向下.由于

$y=\cos^2 t$恒为正值或零,故参数方程的图像仅为 x 轴的上方的实线部分,如图 11-14 所示.

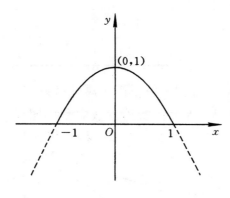

图 11-14

习题 11-3(A 组)

1. 将下列参数方程化为普通方程.

(1) $\begin{cases} x=3-2t \\ y=-1-4t \end{cases}$;

(2) $\begin{cases} x=3\cos t \\ y=5\sin t \end{cases}$;

(3) $\begin{cases} x=2+3\cos t \\ y=3\sin t-1 \end{cases}$;

(4) $\begin{cases} x=t+\dfrac{1}{t} \\ y=t-\dfrac{1}{t} \end{cases}$.

2. 作出参数方程 $\begin{cases} x=t^2 \\ y=4t \end{cases}$ 的图像.

扫一扫,获取参考答案

习题 11-3(B 组)

1. 设 $x=\cos t$(t 为参数),将方程 $x^2+y^2=1$ 化为参数方程.

2. 以初速 $v_0=20\ \text{m/s}$,并与水平面成 $45°$ 角的方向投掷手榴弹,若不计空气阻力,求手榴弹运动轨迹的参数方程和投掷的距离(以时刻 t 为参数).

3. 求直线 $\begin{cases} x=-1+t \\ y=1-t \end{cases}$ 与双曲线 $4x^2-y^2=12$ 的交点.

扫一扫,获取参考答案

复习题11

1. 选择题：

(1) 平移坐标轴，将坐标原点移至 $O'(-2,1)$，则直线 $y=3x-2$ 在新坐标系 $x'O'y'$ 中的方程为（　　）；

A. $y'=3x'-7$ 　　　　　　　　B. $y'=3x'-9$

C. $y'=3x'-11$ 　　　　　　　D. $y'=3x'-13$

(2) 平移坐标轴后，圆 $x^2+y^2+4x-4y-1=0$ 在新坐标系中的方程为 $x'^2+y'^2=9$，则新坐标系原点 O' 在原坐标系中的坐标为（　　）；

A. $(2,-2)$ 　　　B. $(-2,2)$ 　　　C. $(-4,4)$ 　　　D. $(4,-4)$

(3) 将坐标轴旋转 $60°$ 后，点 $(2,-1)$ 在新坐标系中的坐标为（　　）；

A. $\left(1-\dfrac{\sqrt{3}}{2},-\dfrac{1}{2}-\sqrt{3}\right)$ 　　　　　B. $\left(1+\dfrac{\sqrt{3}}{2},-\dfrac{1}{2}+\sqrt{3}\right)$

C. $\left(\sqrt{3}-\dfrac{1}{2},-\sqrt{3}-1\right)$ 　　　　　D. $\left(\sqrt{3}+\dfrac{1}{2},-\sqrt{3}-1\right)$

(4) 下列的有序数对中，前一个是极坐标系下的数对，后一个是直角坐标系下的数对，表示同一个点的一组数对是（　　）；

A. $\left(4,\dfrac{11}{6}\pi\right)$ 和 $(2\sqrt{3},-2)$ 　　　　　B. $\left(4,\dfrac{\pi}{6}\right)$ 和 $(-2\sqrt{3},2)$

C. $\left(4,\dfrac{\pi}{6}\right)$ 和 $(-2\sqrt{3},-2)$ 　　　　　D. $\left(4,\dfrac{11}{6}\pi\right)$ 和 $(2\sqrt{3},2)$

(5) 参数方程 $\begin{cases} x=2\cos t \\ y=4\sin t \end{cases}$（$t$ 是参数）表示的曲线是（　　）.

A. 圆 　　　　　B. 椭圆 　　　　　C. 双曲线 　　　　　D. 抛物线

2. 填空题：

(1) 平移坐标轴，将原点移到 $O'(-1,2)$，点 A 的新坐标为 $(-4,0)$，则它的原坐标为 _____.

(2) 将坐标轴旋转 $-\dfrac{\pi}{2}$，则椭圆 $x^2+\dfrac{y^2}{2}=1$ 在新坐标系 $x'Oy'$ 中的方程为 _____.

(3) 化简参数方程 $\begin{cases} x=5\cos\theta+2 \\ y=2\sin\theta-3 \end{cases}$ 为普通方程，其普通方程为 _____.

(4) 极坐标方程为 $\rho=\dfrac{1}{\cos\varphi}$ 的曲线上，极角为 $\dfrac{\pi}{6}$ 的点的极坐标为 _____.

（5）中心为 $O'(-2,1)$，长半轴长为 10，焦距为 12，焦点在平行于 x 轴的直线上的椭圆方程为 _____ .

3. 将坐标轴旋转 $30°$，再平移坐标轴，将坐标原点移至 $O'(-1,1)$，求原坐标系中点 $(1,2)$ 在新坐标系中的坐标.

4. 把下列极坐标方程化为直角坐标方程.

   （1）$\rho = \dfrac{5}{\sin\theta}$;   （2）$\rho = \dfrac{6}{\rho - 2\cos\theta}$.

5. 把下列直角坐标方程化为极坐标方程.

   （1）$x^2 + y^2 = 16$;   （2）$xy = a$;   （3）$x^2 + y^2 + 2y = 0$.

6. 求下列各图形的极坐标方程.

   （1）经过点 $A\left(3, \dfrac{\pi}{3}\right)$ 且平行于极轴的直线；

   （2）经过点 $A\left(2, \dfrac{\pi}{4}\right)$ 且垂直于极轴的直线；

   （3）圆心在点 $A(5, \pi)$ 且半径等于 5 的圆.

7. 设 t 和 θ 是参数，化下列各参数方程为普通方程，并说明它表示什么曲线.

   （1）$\begin{cases} x = t, \\ y = t^2 + 2; \end{cases}$ （2）$\begin{cases} x = 2\cos\theta, \\ y = 2\sin\theta. \end{cases}$

8. 已知弹道曲线的参数方程为

$$\begin{cases} x = v_0 t\cos\alpha, \\ y = v_0 t\sin\alpha - \dfrac{1}{2}gt^2. \end{cases}$$

扫一扫，获取参考答案

   （1）求炮弹从发射到落回地面所需的时间；

   （2）求炮弹到达的最大高度.

 [阅读材料 11]

几种常见的参数方程

   机械加工和数控编程常遇到的除了直线和椭圆外，还有一些齿轮轮廓曲线，如圆的渐开线、摆线等.下面我们就来讨论一些常见的参数方程.

1. 直线

   如图 11-15 所示，已知直线 l 过点 $M_0(a, b)$，倾斜角为 θ.设点 $M_0(a, b)$ 到

直线上任意一点 $M(x,y)$ 的位移 t 为参数,则有

$$x = OB = OA + AB = a + t\cos\theta,$$
$$y = BM = BC + CM = AM_0 + CM = b + t\sin\theta.$$

因此,直线 l 的参数方程为

$$\begin{cases} x = a + t\cos\theta, \\ y = b + t\sin\theta, \end{cases} \text{其中 } t \text{ 为参数.}$$

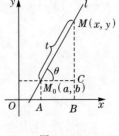

图 11-15

2. 椭圆

如图 11-16 所示,已知椭圆的中心在原点,长轴为 $2a$,短轴为 $2b$. 以原点为圆心,分别以 a 和 b 为半径画两圆,直线 OA 与两圆的交点分别为 A 和 B. 设以 x 正半轴为始边,以角 θ 为参数.则 $OA = a$,$OB = b$,

$$x = OD = OA\cos\theta = a\cos\theta,$$
$$y = DM = CB = OB\sin\theta = b\sin\theta.$$

因此,椭圆的参数方程为

$$\begin{cases} x = a\cos\theta, \\ y = b\sin\theta. \end{cases}$$

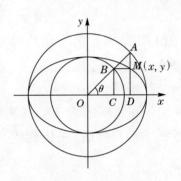

图 11-16

特别地,若取 $a = b = r$,则得到圆的参数方程

$$\begin{cases} x = r\cos\theta, \\ y = r\sin\theta. \end{cases}$$

3. 圆的渐开线

如图 11-17 所示,把一条没有弹性的细绳绕在一个定圆上,拉开绳子的一端并拉直,使绳子与圆周始终相切,绳子端点的轨迹就是一条曲线,这条曲线叫作**圆的渐开线**,这个定圆叫作**渐开线的基圆**.

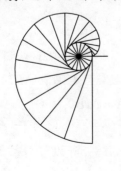

图 11-17

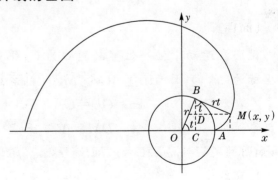

图 11-18

如图 11-18 所示，设基圆的半径为 r，点 $M(x, y)$ 是圆的渐开线上的任意一点，圆心角 t（单位：弧度）为参数. 由定义知，线段 BM 长度等于弧 AB 的长度，即 $|BM| = rt$. 故有

$$x = OE = OC + CE = OC + DM = r\cos t + rt\sin t = r(\cos t + t\sin t)，$$

$$y = EM = CD = CB - DB = r\sin t - rt\cos t = r(\sin t - t\cos t)。$$

因此，圆的渐开线的参数方程为

$$\begin{cases} x = r(\cos t + t\sin t)， \\ y = r(\sin t - t\cos t)， \end{cases} \quad \text{其中 } t \text{ 为参数.}$$

注意：圆的渐开线广泛应用于齿轮的啮合，齿轮的受力总是沿着与基圆相切的方向.

4. 摆线

如图 11-19 所示，一个定圆在一条定直线上作无滑动滚动时，圆周上一点的轨迹叫作**摆线**（或**旋轮线**）.

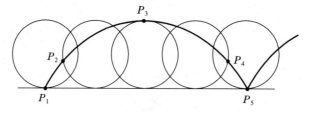

图 11-19

设已知动圆的半径为 r，取动圆滚动所沿的直线为 x 轴，圆上定点 M 落在直线上的位置为坐标原点，建立直角坐标系，如图 11-20 所示.

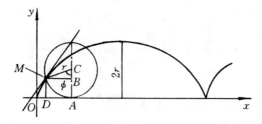

图 11-20

设圆在运动中任一位置时圆心为 C，并与 x 轴相切于 A 点，圆上的定点 M 的坐标为 (x, y)，作 $MB \perp AC$，$\angle MCB = \varphi$ 为参数，于是得点 M 的坐标为

$$x = OD = OA - DA = OA - MB，$$

$$y = DM = AC - BC.$$

因为 $OA = \overset{\frown}{AM} = r\varphi，AC = r，MB = r\sin\varphi，BC = r\cos\varphi$，所以

$$\begin{cases} x = r(\varphi - \sin\varphi)， \\ y = r(1 - \cos\varphi). \end{cases}$$

这就是摆线的参数方程,参数 φ 是圆的半径所转过的角度,称为滚动角,当参数 φ 从 0 变化到 2π 时,M 就描绘出摆线的一拱,如图 11-20 所示,拱高为 $2r$,拱宽为 $2\pi r$.

我们把上述问题稍加改变一下:一个人在他的自行车的一根辐条上安装了一颗发光的小电珠,夜晚当他骑车行进时,这颗发光的小电珠在黑夜中描绘出一条什么样的曲线呢?

将这个问题变成数学问题就是:一个圆沿着一条直线作无滑动的滚动时,求圆所在的平面内与动圆固定地连结在一起的圆内的一定点 M 的轨迹方程.这个轨迹称为短幅摆线,我们可以同上得到它的参数方程

$$\begin{cases} x = r\varphi - a\sin\varphi, \\ y = r - a\cos\varphi. \end{cases}$$

其中,φ 为参数,r 为动圆的半径,a 为圆内定点 M 与圆心的距离,且 $a < r$,如图 11-21 所示.

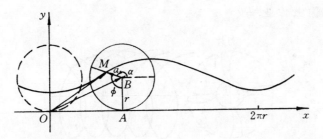

图 11-21

类似地,一个圆在一个直线上无滑动地滚动时,圆所在平面内与动圆固定地连结在一起的圆外一定点 M 的轨迹称为长幅摆线,它的参数方程是

$$\begin{cases} x = r\varphi - a\sin\varphi, \\ y = r - a\cos\varphi. \end{cases}$$

其中,φ 为参数,r 为动圆的半径,a 为圆外定点 M 与圆心的距离,且 $a > r$,如图 11-22 所示.长幅摆线自己绕成的许多小圈叫作绕扣.

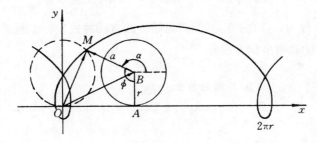

图 11-22

短幅摆线和长幅摆线统称变幅摆线,它们是当动圆沿着直线无滑动地滚动时动圆所在平面内与动圆固定地连结在一起,但不在圆周上的一定点 M 运动的轨迹.当 M 在圆内时其轨迹为短幅摆线,M 在圆外时其轨迹为长幅摆线.变幅摆线的参数方程为

$$\begin{cases} x = r\varphi - a\sin\varphi, \\ y = r - a\cos\varphi, \end{cases} \quad 其中 \varphi 为参数.$$

当 $a<r$ 时是短幅摆线,当 $a>r$ 时是长幅摆线,当 $a=r$ 时则变为普通的摆线.

长幅摆线在农业机械中常常用到.卧式旋耕机的每把刀片画出的就是一条长幅摆线,而且它的绕扣部分很大,其工作原理如图 11-23 所示.调整旋转轴的高度,可以使刀片在绕扣最宽的地方切入土中,翻松绕扣下半截的泥土后再露出地面,四把刀片画出的四条长幅摆线顺次排开,绕扣部分互相衔接,因此不致发生漏耕现象.试想,如果刀片的轨迹不是长幅摆线而是普通摆线或短幅摆线,还能进行翻土作业吗?

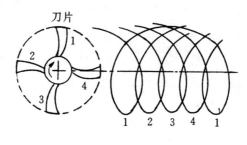

图 11-23

第 11 章单元自测

1. 填空题

(1) 平移坐标轴,把原点移到 $O'(3,-2)$,则点 $(-2,3)$ 在新坐标系的坐标为 _____ ;

(2) 点 $\left(5, -\dfrac{5}{3}\pi\right)$ 的直角坐标为 _____ ,点 $(1,-1)$ 的极坐标为 _____ ;

(3) 经过直角坐标为 $(0,b)$ 的点,且倾斜角是 α 的直线的极坐标方程是 _____ ;

(4) $\rho = -4\sin\theta$ 的直角坐标方程是 _____ ;

(5) 参数方程 $\begin{cases} x = \sqrt{3}\cos^2\theta \\ y = \sin^2\theta \end{cases}$ 的普通方程是 _____ .

2. 选择题

(1) 与 (ρ,θ) 表示同一点的坐标是(   );

A. $(\rho, \pi+\theta)$ B. $(-\rho, -\theta)$ C. $(-\rho, \theta)$ D. $(\rho, 2\pi+\theta)$

（2）极坐标方程 $\rho(\sin\theta+\cos\theta)=2$ 表示的曲线是（   ）；

     A. 圆   B. 椭圆   C. 直线   D. 双曲线

（3）如图 11-24 所示，曲线的极坐标方程是（   ）；

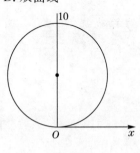

     A. $\rho=5\cos\theta$ B. $\rho=5\sin\theta$

     C. $\rho=10\sin\theta$ D. $\rho=10\cos\theta$

（4）参数方程 $\begin{cases} x=t+\dfrac{2}{t} \\ y=t-\dfrac{2}{t} \end{cases}$ 表示的曲线是（   ）；

图 11-24

     A. 抛物线   B. 圆   C. 椭圆   D. 双曲线

（5）椭圆 $\begin{cases} x=2\cos\theta \\ y=5\sin\theta \end{cases}$ 的焦距等于（   ）；

     A. $\sqrt{21}$ B. $2\sqrt{21}$ C. $\sqrt{29}$ D. $2\sqrt{29}$

（6）参数方程 $\begin{cases} x=t^2+\dfrac{1}{t^2} \\ y=t-\dfrac{1}{t} \end{cases}$ 的普通方程是（   ）.

     A. $y^2=2x$ B. $y^2=x-2$ C. $y^2=x-4$ D. $x^2+y^2=4$

3. 将坐标轴旋转 $\dfrac{\pi}{4}$，求曲线 $xy=1$ 在新坐标系 $x'oy'$ 中的方程.

4. 将下列极坐标方程化为直角坐标方程.

   （1）$\rho^2=\dfrac{2}{\sin2\theta}$；   （2）$\rho\sin\left(\theta-\dfrac{\pi}{4}\right)=\sqrt{2}$.

5. 将下列参数方程化为普通方程.

   （1）$\begin{cases} x=3t, \\ y=2t^2; \end{cases}$ （2）$\begin{cases} x=3\sin\theta, \\ y=2\tan\theta. \end{cases}$

6. 求圆心在 $\left(2,\dfrac{\pi}{4}\right)$，半径为 2 的圆的极坐标方程.

扫一扫，获取参考答案

第 12 章

排列、组合与概率初步

排列、组合及概率在日常生活中有着广泛的应用,同时排列、组合也是学习概率统计等数学知识的基础.本章将介绍排列、组合的概念、计算公式及概率的初步知识.

12.1　两个基本原理

我们先看下面的例子:

从甲地直达乙地,可以乘火车,也可以乘汽车,还可以乘轮船.一天中,火车有 4 班次,汽车有 5 班次,轮船有 3 班次,如图 12-1 所示.那么,一天中乘坐这些交通工具从甲地直达乙地共有多少种不同的走法?

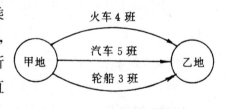

图 12-1

因为一天中乘火车有 4 种走法,乘汽车有 5 种走法,乘轮船有 3 种走法.每一种走法都可以从甲地到乙地,因此,一天中乘坐这些交通工具从甲地直达乙地共有

$$4+5+3=12$$

种不同的走法.

一般地,有如下的原理:

分类计数原理　做一件事情完成它有 n 类办法,在第一类办法中有 m_1 种不同的方法;在第二类办法中有 m_2 种不同的方法;…;在第 n 类办法中有 m_n 种不同的方法,那么,完成这件事共有

$$N=m_1+m_2+\cdots+m_n$$

种不同的方法.

例1 在读书活动中,一个学生要从 2 本科技书、2 本政治书、3 本文艺书里任选一本,共有多少种不同的选法.

解 由题意可知,该学生取书的方法有三类,一类是从 2 本科技书中选一本,有 2 种不同的选法;另一类是从 2 本政治书中选一本,有 2 种不同的选法;还有一类是从 3 本文艺书中任选一本,有 3 种不同的选法.根据分类计数原理共有

$$2+2+3=7$$

种不同的选法.

我们再看下面的例子:

某人从学校经过甲地到达乙地,如图 12-2 所示,学校到甲地有 3 种不同的走法,甲地到乙地有 2 种不同的走法.问从学校到乙地共有多少种不同的走法?

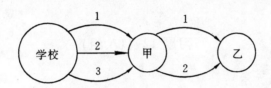

图 12-2

这里,从学校到甲地有 3 种不同的走法,按这 3 种走法中每一种走法到达甲地后,再从甲地到乙地又有 2 种不同的走法.因此,从学校经过甲地到乙地共有

$$3\times2=6$$

种不同的走法.

一般地,有如下的原理.

分步计数原理 做一件事情,完成它需要分 n 个步骤,做第一步骤有 m_1 种不同的方法;做第二步骤有 m_2 种不同的方法;…;做第 n 步骤有 m_n 种不同的方法.那么完成这件事共有

$$N=m_1\times m_2\times\cdots\times m_n$$

种不同的方法.

例2 由数字 $1,2,3,4,5$ 可以组成多少个三位数(各位上的数字允许重复)?

解 要组成一个三位数可以分成三个步骤完成:第一步确定百位上的数字,从 5 个数字中任选一个数字,共有 5 种选法;第二步骤确定十位上的数字,由于数字允许重复,仍有 5 种选法;同理第三步骤确定个位上的数字也有 5 种选法.根据分步计数原理,得到组成的三位数的个数是

$$N=5\times5\times5=5^3=125.$$

例3 一个口袋内装有 5 个小球,另一口袋装有 4 个小球,所有小球的颜色都不相同.

(1) 从两个口袋中任取一个小球,有多少种取法?

(2) 从两个口袋中各取一个小球,有多少种取法?

解 (1) 从两个口袋中任取一个小球,有两类办法:第一类办法是从装有 5 个小球的口袋中任取一个,共有 5 种办法;第二类办法是从装有 4 个小球的口袋中任取一个,共有 4 种办法.根据分类计数原理,得到不同的取法的种数是 $N=m_1+m_2=5+4=9$.

(2) 从两个口袋中各取一个小球,可以分成两个步骤完成:第一步在装有 5 个小球的口袋中取一个,有 5 种取法;第二步从装有 4 个小球的口袋中取一个,有 4 种取法,根据分步计数原理,得到不同的取法种数是 $N=m_1\times m_2=5\times4=20$.

习题 12-1(A 组)

1. 填空(如图 12-3 所示):

   (1) $A \rightarrow F \rightarrow E$ 有 _____ 种方法;

   (2) $A \rightarrow C$ 有 _____ 种方法;

   (3) $A \rightarrow E$ 有 _____ 种方法;

   (4) $A \rightarrow B \rightarrow C \rightarrow D$ 有 _____ 种方法;

   (5) $A \rightarrow D$ 有 _____ 种方法.

2. 乘积 $(a_1+a_2+a_3)(b_1+b_2+b_3+b_4)(c_1+c_2+c_3+c_4)$ 展开后共有多少项?

3. 书架上层放有 6 本不同的数学书,下层放有 4 本不同的语文书.

   (1) 从中任取一本,有多少种不同的取法?

   (2) 从中任取数学书和语文书各一本,有多少种不同的取法?

4. 有红、黄、绿三种颜色的信号弹,按不同的颜色顺序向天空连发三枪,一共可发出多少种不同的信号?

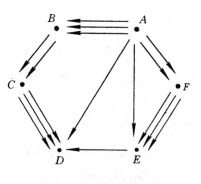

图 12-3

扫一扫,获取参考答案

习题 12-1(B 组)

1. 填空题:

   (1) 某多功能活动室中有不同的照明灯 8 盏,不同的装饰灯 12 盏.如果只开一盏灯,有 _____ 种方法;如果两类灯各开一盏,有 _____ 种方法.

(2) 某班级有 4 个小组，分别有 m_1, m_2, m_3, m_4 名同学．现从中任选一人参加校学生会工作，有_____种不同的选法；如果从每个组各选出一人参加班委会工作，有_____种不同的选法．

(3) 设计某杂志封面，其图案可从 6 种不同的画稿中任取一种，其文字可从 5 种不同的字体中任取 1 种，则此封面共有不同的设计方案_____种．

2. 同时抛掷 3 枚可辨的硬币，问可能出现的不同的结果共有多少种？

3. 有四个不同兵种，他们在冬季和夏季的军服各不相同，问共需要准备多少种不同的军服．

扫一扫，获取参考答案

4. 有 8 个不同的零件，每次取一个，连续取三次．
   (1) 每次取出不放回，有几种取法；
   (2) 每次取出再放回，有几种取法．

12.2 排　列

一、排列

我们先看下面的两个例子．

(1) 北京——上海——广州三个民航站之间的直达航线，需要准备多少种不同的飞机票？

这个问题就是从北京、上海、广州三个民航站中，每次取出两个站，按照起点站在前，终点站在后的顺序排列，求一共有多少种不同的排法．

完成上述排列可分为以下两个步骤：

① 先在三个站中任选一个作为起点站，共有 3 种方法；

② 在选定一个起点站后，再在剩下的两个站中选取一个作为终点站，共有 2 种方法．

根据分步计数原理，完成上述排法共有 $3 \times 2 = 6$ 种，也就是说，需要准备以下 6 种不同的飞机票．

北京—上海，北京—广州，上海—广州，上海—北京，广州—北京，广州—上海．

(2) 从分别写有数字 7，8，9 的三张卡片中，抽取两张，可以组成多少个不同的两位数？

上述两位数的组成可分为两个步骤：

① 先在 7，8，9 三个数字中任选一个，作为十位数字，共有 3 种选法；

② 在确定十位数字后，再在剩下的两个数字中，任选一个作为个位数字，共有 2 种选法．

根据分步计数原理,组成上述两位数的方法共有 $3 \times 2 = 6$ 种,也就是说,可以组成以下 6 个不同的两位数.

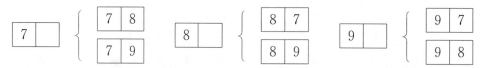

若我们把被选取的对象称为元素,则上面的两个问题,都可以归结为同一个问题,就是从 3 个不同的元素中,任取 2 个,然后按照一定的顺序排成一列,求一共有多少种不同的排法?

推广到一般,有下面的定义.

定义 从 n 个不同元素中,任取 m $(m \leqslant n)$ 个元素,按照一定的顺序排成一列,称为从 n 个不同元素中取出 m 个元素的一个**排列**.

从排列的定义可知,如果两个排列相同,不仅这两个排列的元素必须完全相同,而且排列的顺序也必定完全相同.如果所取的元素不完全相同,它们就是两个不同的排列,如问题(1)中的飞机票"北京—上海"和"北京—广州",问题(2)中的两位数"78"和"87".虽然它们的元素相同,但排列次序不同,也是两个不同的排列.

当 $m < n$ 时,所得的排列称为**选排列**.

当 $m = n$ 时,所得的排列称为**全排列**.

二、排列种数的计算公式

从 n 个不同的元素中每次取出 m 个不同的元素进行排列,所有不同的排列个数,称为从 n 个不同的元素中每次取出 m 个不同元素的**排列种数**,记为 P_n^m.当 $m = n$ 时,**全排列种数** P_n^n,也可简记为 P_n.

例如,从 8 个不同的元素中,每次取出 3 个的排列种数表示为 P_8^3,又如上面两个例子中的排列种数均为 P_3^2.

下面我们来研究排列种数的计算公式.

先看一个例子:若从 $1,2,3,4$ 这四个数字中选出三个数字排列组成一个没重复数字的三位数,则其排列数为 P_4^3.我们知道这个三位数由个位、十位和百位组成.第一先从这四个数字中任选一个放在百位,则有 4 种选法;第二再从剩下的三个数字中任选一个放在十位上,则有 3 种选法;第三从剩下的两个数字中任选一个放在个位上,则有 2 种选法.根据分步计数原理,共有 $4 \times 3 \times 2$ 种选法.也就是说 $P_4^3 = 4 \times 3 \times 2$.

现在推广到一般情况.

假定有排好顺序的 m 个空位. 如图 12-4 所示,从 n 个不同元素 $a_1, a_2, \cdots, a_n$ 中任选 m 个去填空,一个空位填一个元素,每一种填法就得到一个排列;反过来,任一排列总可以由一种填法得到. 因此,所有不同的填法种数就是排列种数 P_n^m.

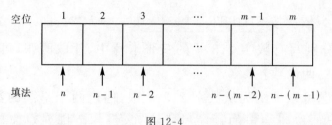

图 12-4

完成这件事可以这样考虑:第一个空位可以从 n 个不同元素中任选一个填入,共有 n 种填法;第二个空位只能从剩下的 $n-1$ 个元素中任选一个填入,共有 $n-1$ 种填法;依次类推,第 m 个空位可以从余下的 $[n-(m-1)]$ 个元素中任选一个填入,共有 $n-m+1$ 种填法. 根据分步计数原理,便可得到排列种数的计算公式为

$$P_n^m = n(n-1)(n-2)\cdots(n-m+1) \tag{12-1}$$

也就是说,从 n 个不同的元素中每次取出 m 个元素的排列种数 P_n^m 等于从 n 开始的 m 个连续递减的自然数的乘积. 例如,$P_8^3 = 8 \times 7 \times 6 = 336$.

当 $m = n$ 时,全排列种数

$$P_n = n(n-1)\cdots(n-n+1) = n(n-1)\cdots 3 \cdot 2 \cdot 1.$$

为了以后方便,我们把连乘积 $n(n-1)\cdots 3 \cdot 2 \cdot 1$ 简记作 $n!$,读作"n 阶乘". 因此,全排列种数的计算公式为

$$P_n = n(n-1)\cdots 3 \cdot 2 \cdot 1 = n! \tag{12-2}$$

也就是说,n 个不同元素的全排列种数 P_n 等于自然数 1 到 n 的连乘积. 例如,$P_6 = 6! = 6 \times 5 \times 4 \times 3 \times 2 \times 1 = 720$,$P_8 = 8! = 8 \times 7 \times 6 \times 5 \times 4 \times 3 \times 2 \times 1 = 40320$.

为了以后使用方便,我们规定:$0! = 1$.

排列种数公式还可以写成

$$P_n^m = \frac{n!}{(n-m)!} \tag{12-3}$$

下面我们通过例1介绍使用计算器求 P_n^m 和 $n!$ 的操作过程.

例 1 利用 CASIO fx-82ES PLUS 型计算器计算：

(1) P_6^3 ； (2) 4!.

解 (1) 输入6，依次按 $\boxed{\text{SHIFT}}$ 、$\boxed{\text{nPr}}$ 键，然后输入3，按 $\boxed{=}$ 键，显示120，即 $P_6^3 = 120$.

(2) 输入4，依次按 $\boxed{\text{SHIFT}}$ 、$\boxed{x!}$ 、$\boxed{=}$ 键，显示24，即 4!=24.

例 2 从分别写有数字 2,3,4 的三张卡片中，任取两张，可以组成多少个没有重复数字的两位数？

解 此问题可以理解为从数字 2,3,4 中，任取两个不同的数字，在十位和个位这两个位置，按照一定的顺序排成一列，每一个排列对应一个两位数，有多少个不同的排列就有多少个不同的两位数，其排列方式有

$$P_3^2 = 3 \times 2 = 6（种），$$

即总共可以组成 6 个没有重复数字的两位数.

试一试：写出例 2 中 6 个不同的两位数.

例 3 5 名同学排成一排照相，有多少种不同的排法？

解 所有 5 名同学排成一排就是一个全排列，其不同的排法有

$$P_5 = 5! = 5 \times 4 \times 3 \times 2 \times 1 = 120（种）.$$

例 4 某段铁路上有 20 个车站，共需准备多少种普通客票？

解 因为每一张车票对应着两个车站的一个排列，因此，需要准备的车票种数，就是从 20 个车站中任取 2 个的排列种数，即

$$P_{20}^2 = 20 \times 19 = 380（种）.$$

例 5 从五种不同颜色的旗子中任取一面、两面或三面，按不同次序挂在旗杆上表示信号，一共可以组成几种不同的信号？

解 用一面旗子表示信号，共有 P_5^1 种；用两面旗子表示信号，共有 P_5^2 种；用三面旗子表示信号，共有 P_5^3 种.根据分类计数原理，所求信号种数是

$$P_5^1 + P_5^2 + P_5^3 = 5 + 5 \times 4 + 5 \times 4 \times 3 = 85（种）.$$

例 6 用 0 到 9 这十个数字，可以组成多少个没有重复数字的三位数？

解法一 由于百位上的数字不能是0，所以不能直接用 P_{10}^3 计算.解决这个问题可以分成两个步骤去考虑：先排百位上的数字，再排十位和个位上的数字.

百位上的数字只能从除 0 以外的 1 到 9 这几个数字中任选一个，有 P_9^1 种；十位和个数上的数字，可以从剩下的九个数字中任选两个，有 P_9^2.如图 12-5 所示，根据分步计数原理，所求的三位数个数是

$$P_9^1 P_9^2 = 9 \times 9 \times 8 = 648.$$

解法二　从 0 到 9 这十个数字中任取三个数字的排列种数,减去以 0 为首位的排列种数,就是用这十个数字组成没有重复数字的三位数的个数.

从 0 到 9 这十个数字中任取三个数字的排列种数是 P_{10}^3,其中以 0 为首位的排列种数是 P_9^2,因此,所求三位数的个数是

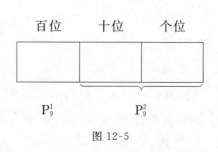

图 12-5

$$P_{10}^3 - P_9^2 = 10 \times 9 \times 8 - 9 \times 8 = 648.$$

解法三　如图 12-6 所示,符合条件的三位数可以分为三类:

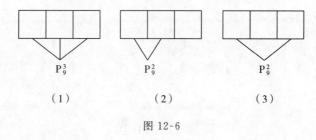

图 12-6

每一位数字都不是 0 的三位数有 P_9^3 个;个位数字是 0 的三位数有 P_9^2 个;十位数字是 0 的三位数有 P_9^2 个.

根据分类计数原理,符合条件的三位数个数是

$$P_9^3 + P_9^2 + P_9^2 = 648.$$

三、重复排列

上面讨论的从 n 个不同的元素中所取的 m 个元素是不相同的,即元素没有重复出现,但在很多问题中,会遇到元素重复出现的情形.例如上例中的三位数若去掉没有重复数字条件,则 112,113,333,…,也都是符合条件的三位数.又如,从 0 到 9 这十个数字中任取七个数字组成电话号码,如 3411111,3822334,…,都是允许重复选取数字的排列.

元素可以重复选取的排列称为**重复排列**.

例 7　以 3412 为前四个数字的八位数字电话号码有多少个?

解　符合题意的电话号码的形式为"3412××××",它们的后四个数字由 0 到 9 十个数字组成,由于数字可以重复,因此,电话号码的后四个数字中的每一个数字都有 10 种取法.根据分步计数原理,符合题意的电话号码的个数是

$$10 \times 10 \times 10 \times 10 = 10^4 = 10000.$$

习题 12-2（A 组）

1. 填空：

    (1) $0! = $ _____；   (2) $4! = $ _____；   (3) $P_6^3 = $ _____．

2. 写出从四个元素 a, b, c, d 中任取两个元素的所有排列．

3. 已知 $\dfrac{P_n^7 - P_n^5}{P_n^5} = 89$，求 n．

4. 一条道路沿线共有 30 个车站，需要准备多少种车票？

5. 有 3 名运动员报名参加 2 项比赛，每人限报一项且每项限报一人，共有多少种不同的报名法？

6. 6 名同学排成一排照相，有多少种排法？

7. 用 $1, 2, 3, 4, 5$ 这五个数字，可以组成多少个没有重复数字的四位数？

扫一扫，获取参考答案

习题 12-2（B 组）

1. 用 $0, 1, 2, 3, 4$ 这五个数字，可以组成多少个没有重复数字的三位数？

2. 已知 $P_{2n}^3 = 2P_n^4$，求 n．

3. 把三封信投入四个邮筒内（可多封信放入一个邮筒），共有多少种投法？

4. 某零件加工需经过五个工种．

   (1) 共有多少种加工顺序？

   (2) 其中一个工种必须最先开始，有多少种不同的加工顺序？

   (3) 其中一个工种不能排在最后，有多少种不同的加工顺序？

扫一扫，获取参考答案

12.3　组　　合

一、组合

我们先看下面的例子．

（1）在北京—上海—广州三个民航站之间的直达航线上，有多少种不同的票价？

这个问题与上节中求飞机票的种数问题不同．飞机票的种数与起点站和终点站的顺序有关,但飞机票的票价与起点站和终点站的顺序无关,只与起点站和终点站之间的距离有关.例如从北京到广州和从广州到北京的距离是一样的,所以飞机票的票价是一样的.因此当三个站的距离两两不等时,票价的种数只有票的种数的一半,即 $\frac{1}{2}P_3^2 = 3$ 种不同的飞机票价,它们是

①　北京 ⟷ 上海　②　上海 ⟷ 广州　③　广州 ⟷ 北京

(2) 有三张分别写有数字 $7,8,9$ 的卡片,每次任取两张,将数字相加,可以得到多少个不同的和数?

这个问题与上节求两位数的问题不同,和数只与卡片上数字的大小有关,与它们的顺序无关.因此,和数的个数只有两位数个数的一半,即有 $\frac{1}{2}P_3^2 = 3$ 种不同的和数,它们是

$$7+8=15, 7+9=16, 8+9=17.$$

因此,上节中两个例子,是从三个不同元素中任取两个,然后按照一定的顺序排列,求一共有多少种不同的排法,这是排列问题;而本节的这两个例子,是从三个不同的元素中任取两个并成一组,不考虑元素的顺序,求一共有多少个不同的组,这就是本节要研究的组合问题.

定义　从 n 个不同元素中,任取 $m\,(m \leqslant n)$ 个元素,并成一组,称为从 n 个不同元素中取出 m 个元素的一个**组合**.

由排列和组合的定义可知,排列与组合的根本差异在于所取出的 m 个元素是否与顺序有关.例如,对取出的 a,b 两个元素,如果考虑顺序,则 ab 和 ba 是两种不同的排列;如果不考虑顺序,则它们是同一种组合.

二、组合种数的计算公式

从 n 个不同元素中取出 m 个元素的所有组合的个数,称为从 n 个不同元素中取出 m 个元素的**组合种数**,用符号 C_n^m 表示.

例如,从 8 个不同元素中取出 5 个元素的组合种数表示为 C_8^5;从 7 个不同的元素中取出 4 个元素的组合种数表示为 C_7^4.

下面我们从研究组合种数 C_n^m 与排列种数 P_n^m 的关系入手,找出组合种数的计算公式.

例如,从 4 个不同元素 a,b,c,d 中取出 3 个元素的排列与组合的关系如下表所示.

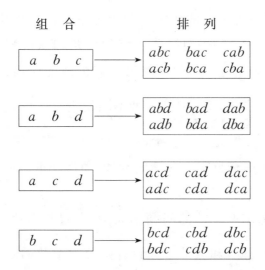

从表中可以看出，对于每一个组合都有 6 个不同的排列，因此，求从 4 个不同元素中取出 3 个元素的排列种数为 P_4^3，可以按以下两步来考虑：

（1）从 4 个不同元素中取出 3 个元素作组合，有 C_4^3 个；

（2）对每一个组合中的 3 个不同元素作全排列，各有 P_3 个.

根据分步计数原理，得

$$P_4^3 = C_4^3 \cdot P_3.$$

因此，

$$C_4^3 = \frac{P_4^3}{P_3}.$$

一般地，求从 n 个不同元素中取出 m 个元素的排列种数 P_n^m，可以按以下两步来考虑：

（1）先求出从这 n 个不同的元素中取出 m 个元素的组合种数 C_n^m；

（2）求每一个组合中 m 个元素的全排列种数 P_m.

根据分步计数原理，得

$$P_n^m = C_n^m \cdot P_m.$$

从而

$$C_n^m = \frac{P_n^m}{P_m} = \frac{n(n-1)\cdots(n-m+1)}{m!} \qquad (12\text{-}4)$$

这就是组合种数的计算公式，这里 m、$n \in \mathbf{N}^*$，并且 $m \leqslant n$.

因为

$$P_n^m = \frac{n!}{(n-m)!},$$

所以,上面的组合种数公式还可以写成

$$C_n^m = \frac{n!}{m!(n-m)!} \tag{12-5}$$

例1 计算 C_{10}^4 及 C_7^3.

解 $C_{10}^4 = \dfrac{10 \times 9 \times 8 \times 7}{4 \times 3 \times 2 \times 1} = 210$,

$C_7^3 = \dfrac{7 \times 6 \times 5}{3 \times 2 \times 1} = 35$.

例2 利用 CASIO fx-82ES PLUS 型计算器计算 C_6^3.

解 输入 6,依次按 $\boxed{\text{SHIFT}}$、$\boxed{\text{nCr}}$ 键,然后输入 3,按 $\boxed{=}$ 键,显示 20,即

$$C_6^3 = 20.$$

三、组合种数的性质

性质1 $C_n^m = C_n^{n-m}$

这个性质可以根据组合的定义得出,从 n 个不同元素中取出 m 个元素后,剩下 $n-m$ 个元素,也就是说,从 n 个不同元素中取出 m 个元素的每一个组合,都对应着从 n 个不同元素中取出 $n-m$ 个元素的唯一的一个组合;反过来也是一样.因此,从 n 个不同元素中取出 m 个元素的组合种数 C_n^m,等于从 n 个不同元素中取出 $n-m$ 个元素的组合种数 C_n^{n-m},即

$$C_n^m = C_n^{n-m}.$$

当 $m > \dfrac{n}{2}$ 时,利用上面的性质,计算起来比较方便,例如

$$C_{200}^{198} = C_{200}^2 = \frac{200 \times 199}{2 \times 1} = 19900.$$

注意:为了使这个公式在 $n=m$ 时也成立,我们规定

$$C_n^0 = 1.$$

性质2 $C_n^m + C_n^{m-1} = C_{n+1}^m$

这个性质可以根据组合的定义与分类计数原理得出.从 $a_1, a_2, \cdots, a_{n+1}$ 这 $n+1$ 个不同元素中取出 m 个的组合种数是 C_{n+1}^m,这些组合可以分成两类,一类含有 a_1,一类不含有 a_1.含有 a_1 的组合是从 $a_2, a_3, \cdots, a_{n+1}$ 这 n 个元素中取出 $m-1$ 个元素与 a_1 组成的,共有 C_n^{m-1} 个;不含 a_1 的组合是从 $a_2, a_3, \cdots, a_{n+1}$ 这 n 个元素中取出 m 个元素组成的,共有 C_n^m 个.根据分类计数原理,得

$$C_n^m + C_n^{m-1} = C_{n+1}^m.$$

例 3　求证：$C_5^5 + C_6^5 + C_7^5 = C_8^6$.

证　根据性质 2，得

$$C_5^5 + C_6^5 + C_7^5 = C_6^6 + C_6^5 + C_7^5 = C_7^6 + C_7^5 = C_8^6.$$

例 4　平面内有 9 个点，任何三点不在同一直线上，以每 3 点为顶点画一个三角形，一共可画多少个三角形？

解　以平面内 9 个点中的每 3 个点为顶点画三角形，可画三角形的个数，就是从 9 个不同的元素中取出 3 个元素的组合种数，即

$$C_9^3 = \frac{9 \times 8 \times 7}{3 \times 2 \times 1} = 84.$$

例 5　在产品检验时，常从产品中抽出一部分进行检查，现在从 100 件产品中任意抽出 3 件.

（1）一共有多少种不同的抽法？

（2）如果 100 件产品中有 2 件次品，抽出的 3 件中恰好有 1 件是次品的抽法有多少种？

（3）如果 100 件产品中有 2 件次品，抽出的 3 件中至少有 1 件是次品的抽法有多少种？

解　（1）所求的不同抽法种数，就是从 100 件产品中取出 3 件的组合种数：

$$C_{100}^3 = \frac{100 \times 99 \times 98}{3 \times 2 \times 1} = 161700.$$

（2）从 2 件次品中抽出 1 件次品的抽法有 C_2^1 种，从 98 件合格品中抽出 2 件合格品的抽法有 C_{98}^2，因此抽出的 3 件中恰好有 1 件是次品的抽法的种数是

$$C_2^1 \cdot C_{98}^2 = 2 \times 4753 = 9506.$$

（3）从 100 件产品中抽出 3 个，一共有 C_{100}^3 种抽法，在这些抽法里，除掉抽出的 3 件全部是合格品的抽法 C_{98}^3 种，剩下的便是抽出的 3 件中至少有 1 件是次品的抽法的种数，即

$$C_{100}^3 - C_{98}^3 = 161700 - 152096 = 9604.$$

例 6　从 0，2，4，6 中取出 3 个数字，从 1，3，5，7 中取出两个数字，共能组成多少个没有重复数字且大于 65000 的五位数？

解　根据约束条件"大于 65000 的五位数"，可知这样的五位数只有 7××××、65×××、67××× 三种类型.

（1）能组成 7×××× 型的五位数的个数是

$$N_1 = (C_4^3 C_3^1) \cdot P_4.$$

（2）能组成 65××× 型的五位数的个数是

$$N_2 = (C_3^2 C_3^1) \cdot P_3.$$

（3）能组成 $67\times\times\times$ 型的五位数的个数是

$$N_3 = (C_3^2 C_3^1) \cdot P_3.$$

根据分类计数原理，符合题意的五位数是

$$N = N_1 + N_2 + N_3 = 396.$$

习题 12-3（A 组）

1. 写出从五个元素 a,b,c,d,e 中任取两个元素的所有组合.

2. 计算：

(1) C_6^2；　　(2) C_8^3；　　(3) C_{100}^{97}；　　(4) $C_7^3 - C_6^2$.

3. 从 $3,5,7,11$ 这四个质数中任取两个相乘，可以得到多少个不相等的积？

4. 由 5 个不同元素组成的一个集合，可以有多少个不同的真子集？

5. 圆周上有 6 个点，以任意三个点为顶点画圆的内接三角形，一共可以画多少个三角形？

扫一扫，获取参考答案

习题 12-3（B 组）

1. 已知 10 件产品中有 3 件是次品，从中任取 4 件.

(1) 没有一件是次品，共有几种取法？

(2) 恰好有一件是次品，共有几种取法？

(3) 至少有一件是次品，共有几种取法？

(4) 最多有一件是次品，共有几种取法？

2. 已知 $C_{n+1}^{n-1} - C_n^{n-2} + C_{n-1}^{n-3} = 16$，求 n 的值.

3. 一旅店现有空房三间，分别为 3 人间，2 人间和 1 人间，若有 6 位客人要入住. 问共有多少种不同的安排方法？

扫一扫，获取参考答案

12.4　随机事件

一、随机现象与随机试验

在生产实践和日常生活中，我们常遇到两类不同的现象：确定性现象和随机现象.

所谓确定性现象，是指在一定条件下，必然会发生某一种结果的现象. 例如，在标准大气压下，纯水加热到 $100\ ℃$ 必然沸腾.

随机现象是指在一定条件下具有多种可能结果，但究竟发生哪一种结果事先不能肯定的现象．例如，投掷一枚质地均匀的硬币，如果规定某一面为正面，则正面可能向上，也可能向下；某战士进行一次射击，可能中靶，也可能不中靶．

随机现象的特点：一方面，事先不能预知其发生的结果，具有偶然性；另一方面，在相同的条件下进行大量的重复试验，会呈现某种规律性．这种规律性叫作**统计规律性**．例如，在相同的条件下，多次重复掷一枚质地均匀的硬币，就会发现"正面朝上"出现的频率"接近"$\frac{1}{2}$，且随着实验次数的增加，这种"接近"的程度更高．

我们把对随机现象的一次观察叫作一次**随机试验**（简称**试验**）．随机试验有以下特点：

（1）试验可以在相同条件下重复进行；

（2）每次试验可能出现的结果不止一个，但所有可能的结果都是确定的；

（3）每次试验的结果都是事先不能确定的．

二、随机事件

在一定的条件下，对随机现象进行试验的每一种可能的结果叫作**随机事件**（简称**事件**），通常用大写字母 A，B，C，$\cdots$ 来表示．例如，某战士进行一次射击是一次试验，可能出现的结果，如"不中""命中 1 环""命中 2 环""命中 10 环""至少命中 5 环"等，都是事件．

在描述一个事件时，通常采用加大括号的方式．例如，掷一枚质地均匀的硬币，用 A 表示出现"正面向上"的事件，则

$$A = \{正面向上\}.$$

在一定的条件下，必然发生的事件叫作**必然事件**，记为 Ω．例如，在标准大气下，把纯水加热到 $100\,^\circ\!C$，则事件"水沸腾"为必然事件．

在一定的条件下，不可能发生的事件称为**不可能事件**，记为 $\varnothing$．例如，在只有 2 件次品的 100 件产品中任取 3 件，则事件"全是次品"是不可能事件．

为了讨论方便，我们将必然事件和不可能事件也看作随机事件．

在试验和观察中不能再分的最简单的随机事件叫作**基本事件**．可以用基本事件来描绘的随机事件叫作**复合事件**．例如，掷一个骰子，事件 $A = \{$出现的点数小于 $3\}$，$A_1 = \{$出现的点数为 $1\}$，$A_2 = \{$出现的点数为 $2\}$，$A_3 = \{$出现的点数为 $3\}$，$A_4 = \{$出现的点数为 $4\}$，$A_5 = \{$出现的点数为 $5\}$，$A_6 =$

{出现的点数为 6 }. 在这里 A_1，A_2，A_3，A_4，A_5，A_6 都是基本事件. 由于"出现的点数小于 3"包括"出现的点数为 1"和"出现的点数为 2"两种情况. 事件 A 可以用事件 A_1 和 A_2 来进行描绘. 即事件 A 总是伴随着事件 A_1 或事件 A_2 的发生而发生. 所以，事件 A 是复合事件.

三、事件间的关系及运算

1. 事件间的关系

如果事件 B 发生必然导致事件 A 发生，则称**事件 A 包含事件** B，记作 $B \subseteq A$ 或 $A \supseteq B$，如图 12-7 所示. 如果 $A \subseteq B$，同时 $B \subseteq A$，则称**事件 A 和事件 B 相等**，记为 $A = B$.

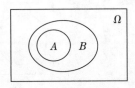

图 12-7

例 1　抽查一批产品，设事件 $A = \{$最多有一件是不合格品$\}$，$B = \{$没有不合格产品$\}$，$C = \{$有一件不合格产品$\}$，试写出上述事件之间的包含关系.

解　由于事件 B 或事件 C 发生都能导致事件 A 发生，所以有 $B \subseteq A, C \subseteq A$.

2. 事件的运算

(1) 并. 在试验中，事件 A 与事件 B 至少有一个发生的事件称为**事件 A 与事件 B 的并**，记作 $A \cup B$，如图 12-8 所示.

n 个事件 A_1，A_2，A_3，$\cdots$，A_n 在试验中至少有一个发生的事件称为该 n **个事件的并**，记作 $C = A_1 \cup A_2 \cup A_3 \cup \cdots \cup A_n$.

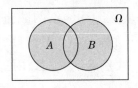

图 12-8

例 2　若袋中有大小、形状相同的 2 个白球和 3 个红球，随机取出 2 个，设 $A = \{$恰有 1 个白球$\}$，$B = \{$2 个都是白球$\}$，则

$$A \cup B = \{至少有 1 个白球\}.$$

(2) 交. 在试验中，事件 A 与事件 B 同时发生的事件称为**事件 A 与事件 B 的交**，记作 $A \cap B$（或 AB），如图 12-9 所示.

n 个事件 A_1，A_2，A_3，$\cdots$，A_n 在试验中同时发生的事件称为该 n **个事件的交**，记作 $C = A_1 A_2 A_3 \cdots A_n$.

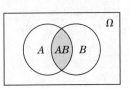

图 12-9

例3 如果某零件的验收标准为长度、直径都合格，设事件 $A=\{$零件直径合格$\}$，$B=\{$零件长度合格$\}$，$C=\{$零件合格$\}$，则

$$C = AB \text{（或 } C = A \bigcap B\text{）}.$$

在一次试验中，若事件 A 与 B 不能同时发生，则称为**事件 A 与 B 互不相容**，或称**事件 A 与 B 互斥**，记作 $A \bigcap B = \varnothing$（或 $AB = \varnothing$），如图 12-10 所示.

在一次试验中，如果 n 个事件 A_1，A_2，A_3，$\cdots$，A_n 中的任何两个事件都不能同时发生，则称**事件 A_1，A_2，A_3，$\cdots$，A_n 为两两互不相容**.

在例1中，$B=\{$没有不合格产品$\}$ 和 $C=\{$有一件不合格产品$\}$ 是互不相容的.

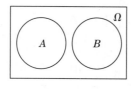
图 12-10

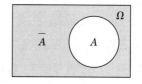
图 12-11

（3）逆. 若事件 A 与 B 满足 $AB = \varnothing$ 且 $A \bigcup B = \Omega$，则称 A 与 B **互逆**，或称 A 与 B **互为对立事件**. 通常用 $\overline{A}$ 表示 A 的逆事件，如图 12-11 所示.

例4 指出下列各事件的逆事件：

（1）在掷一枚硬币的试验中，$A=\{$正面朝上$\}$；

（2）在含有 3 个次品、97 个正品的 100 个产品中抽取 5 个产品，$B=\{$至少有一个次品$\}$；

（3）甲、乙两队进行乒乓球比赛，$C=\{$甲胜$\}$.

解 （1）$\overline{A}=\{$反面向上$\}$；（2）$\overline{B}=\{$全是正品$\}$；（3）$\overline{C}=\{$乙胜$\}$.

例5 甲、乙、丙三人同时进行射击，设 A、B、C 三个事件为 $A=\{$甲中靶$\}$，$B=\{$乙中靶$\}$，$C=\{$丙中靶$\}$，试用事件 A、B、C 的关系来表示下列事件：

（1）三人都中靶； （2）至少有一人中靶； （3）最多有两人中靶.

解 （1）$\{$三人都中靶$\}=ABC$；（2）$\{$至少有一人中靶$\}=A \bigcup B \bigcup C$；

（3）"最多有两人中靶"，表示有两人中靶、有一人中靶或都不中靶，所以，

$\{$最多有两人中靶$\}=\overline{A}BC \bigcup A\overline{B}C \bigcup AB\overline{C} \bigcup A\overline{B}\,\overline{C} \bigcup \overline{A}B\overline{C} \bigcup \overline{A}\,\overline{B}C \bigcup \overline{A}\,\overline{B}\,\overline{C}$.

这个问题也可以这样来考虑，"最多有两人中靶"是"三人都中靶"的逆事件，所以 $\{$最多有两人中靶$\}=\overline{ABC}$.

习题 12-4(A 组)

1. 指出下列事件哪些是必然事件？哪些是不可能事件？哪些是随机事件？

（1）$A=\{$一副 52 张扑克牌中随机抽出一张是黑桃$\}$；

(2) $B = \{$没有水分,水稻种子发芽$\}$;

(3) $C = \{$掷一个骰子,出现的点数小于7$\}$;

(4) $D = \{$明天下雨$\}$.

2. 掷一个骰子,观察出现的点数,指出下列事件中的基本事件和复合事件.

(1) $A = \{$点数是1$\}$; (2) $B = \{$点数是3$\}$;

(3) $C = \{$点数是5$\}$; (4) $D = \{$点数是奇数$\}$.

3. 从1,2,3三个数中,任选2个数组成集合,写出全体基本事件.

4. 指出下列各组事件之间的包含关系.

(1)$A = \{$击中飞机$\}$,$B = \{$击落飞机$\}$;

(2)$C = \{$某圆柱形产品的长度合格$\}$,

$D = \{$某圆柱形产品合格$\}$.

扫一扫,获取参考答案

习题 12-4(B组)

1. 掷一个骰子,观察出现的点数,设事件 $A = \{$不超过3点$\}$,$B = \{6$点$\}$,$C = \{$不小于4点$\}$,$D = \{$不超过5点$\}$,$E = \{4$点$\}$.试问:哪些事件是互逆事件? 哪些事件是互不相容事件?

2. 从含有5件正品和4件次品的产品中任抽取两件产品,每次取一件,取后不放回,连续取两次.设 $A = \{$抽出的第一件是正品$\}$,$B = \{$抽出的第二件是正品$\}$,试用 A、B 的并、交、逆表示下列事件.

(1)$\{$抽出的两件都是正品$\}$;

(2)$\{$抽出的两件至少有一件是正品$\}$;

(3)$\{$第一件是正品,第二件是次品$\}$;

(4)$\{$抽出的两件都是次品$\}$.

扫一扫,获取参考答案

12.5 频率与概率

随机事件在一次试验中发生与否是随机的,但随机性中含有规律性.认识了这种随机性中的规律性,我们就能比较准确地预测随机事件发生的可能性大小.为了找到某事件发生的规律性,我们先对事件发生的频率进行研究.

一、频率的概念

在 n 次重复试验中,事件 A 发生的次数 m 叫作事件 A 发生的**频数**,事

件 A 的频数在试验的总次数中所占的比例 $\dfrac{m}{n}$ 叫作事件 A 发生的**频率**，记为 $f_n(A)$，即

$$f_n(A) = \frac{m}{n}.$$

在抛掷一枚硬币的试验中，观察事件 $A = \{$出现正面向上$\}$ 发生的频率. 当试验的次数较少时，很难找到什么规律，但是，如果试验次数增多，情况就不同了. 前人抛掷硬币试验的一些结果如表 12-1 所示.

表 12-1

实验者	抛掷次数(n)	出现正面的次数(m)	A 发生的频率(m/n)
蒲丰	4040	2048	0.5069
皮尔逊	12000	6019	0.5016
皮尔逊	24000	12012	0.5005
维尼	30000	14994	0.4998

从表 12-1 中可以看出，当抛掷次数 n 很大时，事件 A 发生的频率总落在 0.5 附近. 这说明事件 A 发生的频率具有相对稳定性，常数 0.5 就是事件 A 发生的频率的稳定值. 可以用它来描述事件 A 发生的可能性大小，从而认识事件 A 发生的规律.

二、概率的统计定义

一般地，当试验次数充分大时，如果事件 A 发生的频率 $\dfrac{m}{n}$ 总稳定在某个常数附近摆动，那么就把这个常数叫作**事件 A 发生的概率**，记作 $P(A)$.

因为在 n 次重复试验中，事件 A 发生的次数 m 总是满足 $0 \leqslant m \leqslant n$，所以 $0 \leqslant \dfrac{m}{n} \leqslant 1$. 由此得出事件的概率具有下列性质：

(1) 对于必然事件 Ω，$P(\Omega) = 1$；

(2) 对于不可能事件 $\varnothing$，$P(\varnothing) = 0$；

(3) $0 \leqslant P(A) \leqslant 1$；

(4) 若 $A \cap B = \varnothing$，则 $P(A \cup B) = P(A) + P(B)$（概率加法公式）.

我们通常是通过频率的计算来估计概率，并利用事件 A 的概率 $P(A)$ 来描述试验中事件 A 发生的可能性.

例1 连续抽检了某车间一周内的产品,结果如表 12-2 所示(精确到 0.001).

表 12-2

星期	星期一	星期二	星期三	星期四	星期五	星期六	星期日
生产产品总数(n)	60	150	600	900	1200	1800	2400
次品数(m)	7	19	52	100	109	169	248
频率($\frac{m}{n}$)	0.117	0.127	0.087	0.111		0.094	0.103

求:(1) 星期五该厂生产的产品是次品的频率为多少?

(2) 本周内,该厂生产的产品是次品的概率约为多少?

解 (1) 星期五该厂生产的产品是次品的频率为

$$\frac{m}{n} = \frac{109}{1200} \approx 0.091.$$

(2) 从表 12-2 中可以看出,生产产品是次品的频率稳定在 0.100 左右.所以,本周内生产的产品是次品的概率约为 0.100.

例2 在某次射击比赛中,小明命中的环数大于等于 9 环的概率为 0.2,大于等于 8 环小于 9 环的概率为 0.4,大于等于 7 环小于 8 环的概率为 0.3,命中 7 环以下的概率为 0.1.求小明在这次比赛中,命中的环数大于等于 8 环的概率为多少?

解 设 $A = \{$命中的环数大于等于 9 环$\}$,$B = \{$命中的环数大于等于 8 环小于 9 环$\}$,则

$$A \bigcup B = \{命中的环数大于等于 8 环\}.$$

由题意知,$P(A) = 0.2$,$P(B) = 0.4$.因为 $A \bigcap B = \varnothing$,所以,由概率加法公式得

$$P(A \bigcup B) = P(A) + P(B) = 0.2 + 0.4 = 0.6.$$

即小明在这次比赛中,命中的环数大于等于 8 环的概率为 0.6.

三、概率的古典定义

我们从频率的稳定性引出了概率的统计定义,用频率来估算事件的概率,提供了找出事件概率近似值的一般方法.频率的计算,必须通过大量的重复试验才能得到稳定的常数,这是比较困难的.但在某些特殊情况下,对事件及其相互关系进行分析对比,就可以直接计算出它的概率.

一般地,如果随机试验具有如下的特征:(1) 全部基本事件的个数是有限的;(2) 每一个基本事件发生的可能性是相等的.则称这类随机试验模型为**古典概型**.

例如,抛掷一枚质地均匀的硬币,全部基本事件有两个,"正面向上"或"反

面向上". 在一次试验中, 每个基本事件发生的可能性大小是相等的, 都是 $\frac{1}{2}$. 它就是属于古典概型.

古典概型求概率的问题可以转化成计数问题. 在古典概型中, 若基本事件的总数为 n, 事件 A 包含的基本事件个数为 m, 则事件 A 发生的概率为

$$P(A) = \frac{m}{n}.$$

例3 抛掷一颗骰子, 求下列事件的概率:

(1) 出现的点数是 5； (2) 出现的点数是奇数；

(3) 出现的点数大于 1 且小于等于 5.

解 这是古典概型问题. 抛掷一颗骰子出现的点数分别为 1、2、3、4、5、6, 是其相应的六个基本事件, 而这些基本事件发生的可能性是相等的. 基本事件总数 $n = 6$.

设 $A = \{$ 出现的点数是 5 $\}$, $B = \{$ 出现的点数是奇数 $\}$, $C = \{$ 出现的点数大于 1 且小于等于 5 $\}$, 这些事件包含的基本事件个数分别为 $m_A = 1$, $m_B = 3$, $m_C = 4$. 则

(1) $P(A) = \frac{m_A}{n} = \frac{1}{6}$； (2) $P(B) = \frac{m_B}{n} = \frac{3}{6} = \frac{1}{2}$；

(3) $P(C) = \frac{m_C}{n} = \frac{4}{6} = \frac{2}{3}$.

想一想：连续两次抛掷一枚质地均匀的硬币, 问基本事件有哪些? 每个基本事件发生的可能性各有多大? 只出现一次正面向上的概率是多少?

特别地, 若事件 A 与事件 B 是互逆事件, 则 $A \cup B$ 为必然事件, 且 $A \cap B$ 为不可能事件. 由 $P(A \cup B) = 1$ 及概率加法公式得

$$P(B) = 1 - P(A).$$

也就是 $P(\overline{A}) = 1 - P(A)$.

利用上述公式, 可以简化概率的计算.

例4 如果从不包括大小王的 52 张扑克牌中随机抽取一张, 那么取得红心的概率是 $\frac{1}{4}$, 取得方块的概率是 $\frac{1}{4}$. 问：

(1) 取得红色牌的概率是多少?

(2) 取得黑色牌的概率是多少?

解 设 $A = \{$ 抽取一张是红心 $\}$, $B = \{$ 抽取一张是方块 $\}$, $C = \{$ 抽取一张是红色牌 $\}$, 则 $\overline{C} = \{$ 抽取一张是黑色牌 $\}$,

$$C = A \cup B.$$

(1) 由题意知，$P(A) = \dfrac{1}{4}$，$P(B) = \dfrac{1}{4}$. 因为 $A \bigcap B = \varnothing$，所以，由概率加法公式得

$$P(C) = P(A \bigcup B) = P(A) + P(B) = \dfrac{1}{4} + \dfrac{1}{4} = \dfrac{1}{2}.$$

(2) $P(\overline{C}) = 1 - P(C) = 1 - \dfrac{1}{2} = \dfrac{1}{2}.$

例 5　从含有两件正品 a、b 和一件次品 c 的三件产品中每次任取一件，每次取出后不放回，连续取两次，求取出的两件恰好有一件次品的概率.

解　每次取后不放回地连续取两次，基本事件是从三件产品中取两个的排列. 它们分别是

$$(a, b)，(b, a)，(a, c)，(c, a)，(b, c)，(c, b)，$$

其中括号内左边的字母表示第一次取出的，右边的字母表示第二次取出的. 基本事件总数为 $n = 6$. 由于每一件产品被取到的机会是均等的，因此这些基本事件的出现是等可能的.

设 $A = \{$取出的两件恰好有一件次品$\}$，则 A 由以下 4 个基本事件组成：

$$(a, c)，(c, a)，(b, c)，(c, b).$$

故 $m_A = 4$，所以

$$P(A) = \dfrac{m_A}{n} = \dfrac{4}{6} = \dfrac{2}{3}.$$

习题 12-5（A 组）

1. 一个骰子掷一次得到 2 点的概率是 $\dfrac{1}{6}$，下列说法对吗？说说你的理由.

(1) 这说明一个骰子掷 6 次会出现一次 2 点；

(2) 这说明一个骰子掷 60000 次，大约有 10000 次出现 2 点.

2. 某市工商局要了解经营人员对工商执法人员的满意程度. 进行了 5 次"问卷调查"，结果如表 12-3 所示.

表 12-3

被调查人数 n	500	502	504	496	510
满意人数 m	375	376	378	372	384
满意频率 $\dfrac{m}{n}$					

(1) 计算表中的各个频率；

(2) 经营人员对工商局执法人员满意的概率是多少？（保留两位小数）

3. 在 10 张奖券中,有 1 张一等奖,2 张二等奖,从中抽取 1 张,求中奖的概率.

4. 在数学考试中,小明的成绩在 90 分及以上的概率是 0.18,分数大于等于 60 且小于 90 的概率是 0.75,问小明考试及格(分数大于等于 60)的概率是多少？不及格的概率是多少？

扫一扫,获取参考答案

5. 如果某人在某种比赛(这种比赛不会出现"和"的情况)中获胜的概率是 0.3,那么他输的概率是多少？

习题 12-5(B 组)

1. 抛掷两颗骰子,求：

(1) 出现两个 4 点的概率； (2) 出现点数之和为 7 的概率；

(3) 最容易出现的点数和是多少？

扫一扫,获取参考答案

2. 从含有两件正品和一件次品的三件产品中任取两件,求取出的两件恰好有一件次品的概率.

复习题 12

1. 选择题：

(1) 假期中 8 位同学相互写一封信,总共要写(　　)封信；

　　　A. 16　　　　　　B. 28　　　　　　C. 48　　　　　　D. 56

(2) 假期中 8 位同学通过电话互致问候,总共要打(　　)个电话；

　　　A. 16　　　　　　B. 28　　　　　　C. 48　　　　　　D. 56

(3) 一个口袋内装有大小和形状都相同的一个黄球和一个红球."从中任意摸出一个球是红球"的事件是(　　)；

　　　A. 必然事件　　　　　　　　　B. 不可能事件

　　　C. 随机事件　　　　　　　　　D. 不能确定是哪一类

(4) 下列说法正确的是(　　)；

　　　A. 任何事件的概率都是大于 0 且小于 1 的

　　　B. 频率是客观存在的,与试验次数无关

　　　C. 概率是随机的,在试验前不能确定

　　　D. 随着试验次数的增加,频率一般会越来越接近概率

(5) 掷一枚骰子,则掷得奇数点的概率是(　　).

　　　A. $\dfrac{1}{6}$　　　　　B. $\dfrac{1}{2}$　　　　　C. $\dfrac{1}{3}$　　　　　D. $\dfrac{1}{4}$

2. 填空题：

(1) 从甲地到乙地，可以乘火车、汽车或飞机，如果已知每天火车有 7 个班次，汽车有 20 个班次，飞机有 2 个班次. 则每天从甲地到乙地不同的走法应根据_____计数原理计算，共有_____种不同的走法班；

(2) 从甲地到乙地，每天有火车 26 个班次，从乙地到丙地每天有火车 8 个班次，则乘火车从甲地出发经乙地停留后再到丙地，不同的走法应根据_____计数原理计算，共有_____种不同的走法；

(3) 用 2,3,5,7 这四个数字，可以组成_____个没有重复数字的三位数；

(4) 从 4 名女同学、6 名男同学中任选 3 名参加演讲比赛，如果至少有一名女同学参加，则有_____种不同的选法；

(5) 我国西部一个地区的年降水量在下列区间(如表 12-4 所示)内的概率如下：

表 12-4

年降水量/mm	[100, 150)	[150, 200)	[200, 250)	[250, 300]
概率	0.21	0.16	0.13	0.12

则年降水量在 [200,300] (mm)范围内的概率是_____.

3. 从 5 本不同的书中选 3 本送给 3 位同学，每人各 1 本，共有多少种不同的送法？

4. 学校开设了 6 门任意选修课，要求每个学生从中选修 3 门，共有多少种不同的选法？

5. 5 名同学排成一排照相，求：

(1) 甲不站在中间有多少种不同的排法？

(2) 甲不站在两边有多少种不同的排法？

6. 从 10 名学生中抽 3 人组成一个课外学习小组，并在这 3 人的小组中指定 1 人担任组长，问共有多少种不同的分配方法？

7. 一个口袋内装有相同的 3 个红球和 2 个黄球，每次取出一个，取后不放回，连续取两次，求取出的两球恰好是一红、一黄的概率.

8. 从 1,2,3,4 这四个数中任取两个数，求：

(1) 取出的两个数中一个是奇数、一个是偶数的概率是多少？

(2) 取出的两个数之和为偶数的概率是多少？

9. 某人在打靶时，若"命中 10 环"的概率是 0.20，"命中 9 环"的概率为 0.45，求"至少命中 9 环"的概率及"命中 9 环以下"的概率.

扫一扫，获取参考答案

[阅读材料 12]

生活中的概率问题

概率知识与我们的实际生活息息相关.无论是股市涨跌,还是发生某类事故,但凡捉摸不定、需要用"运气"来解释的事件,都可用概率模型进行定量分析.不确定性在给人们带来麻烦的同时,也常常是解决问题的有效手段甚至唯一手段.

我们经常听到这样的议论,"天气预报说昨天降水概率是90%,结果昨天连一点雨都没有下,天气预报也太不准确了".学了概率之后,你肯定会对这样的议论作出正确的评价.

再例如,假定有甲、乙两个乒乓球运动员参加比赛,已知甲的实力强于乙.现有两个备选的竞赛规则,"3局2胜制""5局3胜制".试问哪一种竞赛规则对甲有利? 我们可以通过计算概率知道,"5局3胜制"规则对甲有利.

继股票之后,彩票也成了城乡居民经济生活中的一个热点.然而彩票中奖的概率是很低的.有笑话说全世界的数学家都不会去买彩票,因为他们知道,在买彩票的路上被汽车撞死的概率远高于中大奖的概率.所以,购买彩票者应怀有平常心,不能把它当成纯粹的投资,更不能把它当成发财之路.作为一名学生,我们要学好自己的专业知识,为以后进入社会做准备,而不是妄想买彩票,一夜成为百万富翁.

在日常生活中,我们每天都能看到许多新闻报道和广告.某减肥药的广告称,其减肥的有效率为75%,见到这样的广告你会怎么想? 你会提出下面的问题吗? 这个数据是如何得到的? 该药在多少人身上做过试验? 假定该药仅在4个人身上做过试验,得到有效率为75%的结论肯定是不可信的.

生活中有些事件发生的可能性很小,我们称之为**小概率事件**,一般认为概率值小于0.05的事件为小概率事件.对小概率事件,人们往往不太重视.关于小概率事件,有两个结论可用于指导我们的生活.第一个称为实际推断原理,即小概率事件在一次试验中是几乎不发生的.如果出现概率很小的事件在一次试验中竟然发生了,那我们有理由怀疑假设前提的正确性.第二,从概率论观点看,即使是极小概率的事件,如果重复很多次,也会有很大概率发生.

概率应用得最多的还是日常生活中的决策.我们要经常面对各方面的长期、中期和短期的决策,未来是不可知的,没有人能知道我们的决策一定会造成什么的结果,我们只能根据常识和经验,估计每个决策造成的可能结果及其可能性大小,进而选择最可能出现我们期望的结果的决策.由于我们的生活及我们所处的社会十分复杂,我们的决策大多数时候是比较短视的,长远的结果与我们的预期可能距离很大.为使我们的决策具有较大的概率使长远的结果靠近较合理、较佳的预期,这就需要应用概率知识.概率能使我们成为生活中的庄家,每次"赌"虽然是随机的,我们也可能"输",但长期"赌"下来,我们一定"赢"得多.

第12章单元自测

1. 选择题

(1) 由数字 1,2,3,4 和 5 组成没有重复数字的 4 位数的个数是( );

    A. C_5^4 B. P_5^4 C. 4^5 D. 5^4

(2) 由数字 0,1,2,3 和 4 组成没有重复数字的 5 位数的个数是( );

    A. P_5 B. $4P_4$ C. $4P_3$ D. 5^4-4^4

(3) 6 个队参加排球单循环赛,赛法有( )种;

    A. C_6^2 B. P_6^2 C. $2C_6^2$ D. $C_6^2C_4^2C_2^2$

(4) 100 件产品中 96 件是合格品,4 件是次品,从中任意抽取 5 件,恰好有 2 件次品的抽法有( )种;

    A. P_4^2 B. $C_4^2C_{96}^3$ C. $P_4^2C_{96}^3$ D. $C_4^2P_{96}^3$

(5) 由数字 0,1,2,3,4 和 5 组成两端是奇数的没有重复数字的六位数的个数有( ).

    A. $P_3(P_4-P_3)$ B. $P_3^2P_4$ C. P_6-2P_5 D. $C_3^2P_4$

2. 7 本不同的书摆在书架上的上下两层,上层 4 本,下层 3 本,问有多少种不同摆法?

3. 已知 10 件产品中有 4 件次品,任意抽出 4 件,问:

(1) 没有一件是次品,有多少种不同的抽法?

(2) 恰好有 1 件是次品,有多少种不同的抽法?

(3) 至少有 1 件是次品,有多少种不同的抽法?

(4) 最多有 1 件是次品,有多少种不同的抽法?

4. 战士 10 人,分成 5 人为一组巡逻队,(1)只需要一队出发,(2)两队同时出发巡逻,问各有多少种组成方法?

5. 某批产品进行了 6 次质量检查,其结果如表 12-5 所示.

表 12-5

抽取的产品数 n	50	100	200	500	1000	2000
合格数 m	45	92	194	470	954	1902
合格频率 $\dfrac{m}{n}$						

（1）计算表中的合格品的频率；

（2）从这批产品中抽取一个为合格品的概率是多少？（保留两位小数）

6. 某面试考场设有50张考签,编号为1,2,…,50.应试时,考生任抽一张考签答题.求：

（1）抽到10号考签的概率； （2）抽到前5号考签的概率.

7. 从含有4件次品的10件产品中任意抽出4件产品,问抽出4件中至少有1件是次品的概率是多少？

扫一扫，获取参考答案

第 13 章

数 列

在日常生活和生产实践中,我们会经常遇到与数列有关的问题.本章将首先介绍数列的概念,然后分别讨论等差数列和等比数列的有关计算及简单应用.

13.1 数列的概念

一、数列的定义

我们先看下面的例子.

（1）如图 13-1 所示为堆放的钢管,共堆放了 6 层,自上而下各层的钢管数依次为

$$4,5,6,7,8,9.$$

（2）正偶数 $2n$（$n \in \mathbf{N}^*$）,当 n 依次取 $1,2,3,\cdots$ 时,排成的一列数为

$$2,4,6,8,10,\cdots$$

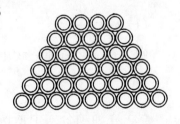

图 13-1

（3）自然数的倒数 $\dfrac{1}{n}$（$n \in \mathbf{N}^*$）,当 n 依次取 $1,2,3,\cdots$ 时,排成的一列数为

$$1,\frac{1}{2},\frac{1}{3},\frac{1}{4},\frac{1}{5},\cdots$$

（4）-1 的正整数幂 $(-1)^n$（$n \in \mathbf{N}^*$）,当 n 依次取 $1,2,3,\cdots$ 时,排成的一列数为

$$-1,1,-1,1,-1,\cdots$$

（5）无穷多个 1 排成的一列数为

$$1,1,1,1,1,\cdots$$

上述例子中均是按一定次序排列的一列数,由此,我们给出数列的定义.

定义 按照一定次序排成的一列数 $a_1, a_2, a_3, \cdots, a_n, \cdots$ 称为**数列**，简记为 $\{a_n\}$.

数列 $\{a_n\}$ 中的每一个数都称为数列的项. a_1 称为第 1 项，也称首项；a_2 称为第 2 项；依次下去，a_n 称为第 n 项，又称为通项. 如果 a_n 能用 n 的解析式表示，那么这个解析式就称为**数列的通项公式**.

例如，数列 (1) 的通项公式是 $a_n = n + 3$ $(1 \leqslant n \leqslant 6)$，数列 (3) 的通项公式是 $a_n = \dfrac{1}{n}$. 如果已知一个数列的通项公式，那么只要依次用 $1, 2, 3, \cdots$ 去代替公式中的 n，就可以求出这个数列的各项.

由数列的定义可知，如果知道数列的通项公式，那么对于每一个 $n \in D$ $(D \subseteq \mathbf{N}^*)$，按照通项公式总有唯一确定的数 a_n 与之对应. 因此，数列的通项是以正整数集的子集为其定义域的函数，简称为整标函数，记作

$$a_n = f(n) \quad (n \in D, \ D \subseteq \mathbf{N}^*).$$

即数列可以看成是定义域比较特殊的函数. 它的图形在平面直角坐标系中是一群散点. 例如数列 $a_n = n + 3$ 的图形，如图 13-2 所示.

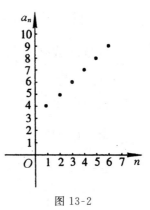

图 13-2

例 1 根据下面数列 $\{a_n\}$ 的通项公式，写出它的前 5 项.

(1) $a_n = \dfrac{n}{n+1}$；　　　(2) $a_n = \dfrac{(-1)^n}{n}$.

解 (1) 在通项公式中依次取 $n = 1, 2, 3, 4, 5$，得到数列 $\{a_n\}$ 的前 5 项为

$$\frac{1}{2}, \frac{2}{3}, \frac{3}{4}, \frac{4}{5}, \frac{5}{6};$$

(2) 在通项公式中依次取 $n = 1, 2, 3, 4, 5$，得到数列 $\{a_n\}$ 的前 5 项为

$$-1, \frac{1}{2}, -\frac{1}{3}, \frac{1}{4}, -\frac{1}{5}.$$

例 2 写出数列的一个通项公式，使它的前 4 项分别是下列各数：

(1) $1, 3, 5, 7$；　　　(2) $-\dfrac{1}{1 \cdot 2}, \dfrac{1}{2 \cdot 3}, -\dfrac{1}{3 \cdot 4}, \dfrac{1}{4 \cdot 5}$.

解 (1) 数列的前 4 项都是项数的 2 倍减去 1，所以通项公式是

$$a_n = 2n - 1;$$

(2) 数列的前 4 项的绝对值都等于项数与项数加上 1 的积的倒数，且奇数项为负，偶数项为正，所以通项公式是

$$a_n = \frac{(-1)^n}{n(n+1)}.$$

注意：并不是所有的数列都有通项公式．例如，$\sqrt{2}$的不足近似值按从小到大排成的一列数 $1,1.4,1.41,1.414,\cdots$ 这个数列就没有通项公式，但它的每一项都是确定的．另外，只根据数列的前几项得到数列的通项公式可能不是唯一的．例如，$a_n = (-1)^n$ 和 $a_n = \cos n\pi$ 都可以看作数列 $-1,1,-1,1,\cdots$ 的通项公式．

例3 已知数列 $\{a_n\}$ 的通项公式为 $a_n = 3n+1$，判断 16 和 45 是否为该数列中的项．如果是，请指出是第几项？

解 将 16 代入通项公式 $a_n = 3n+1$，有 $16 = 3n+1$，解得 $n = 5 \in N^*$．所以，16 是该数列中的第 5 项．

将 45 代入通项公式 $a_n = 3n+1$，有 $45 = 3n+1$，解得 $n = \dfrac{44}{3} \notin N^*$．所以，45 不是该数列中的项．

说明：如果数 a 是数列 $\{a_n\}$ 中的第 n 项，即 $a_n = a$，那么，由 $a_n = a$ 解出的 n 的值必须是正整数．否则，数 a 不可能是数列 $\{a_n\}$ 中的项．

例4 已知数列 $\{a_n\}$ 的第 1 项是 1，以后各项由公式 $a_n = 1 + \dfrac{1}{a_{n-1}}(n \geqslant 2)$ 给出，写出这个数列的前 4 项．

解 $a_1 = 1$，$a_2 = 1 + \dfrac{1}{a_1} = 1 + \dfrac{1}{1} = 2$，$a_3 = 1 + \dfrac{1}{a_2} = 1 + \dfrac{1}{2} = \dfrac{3}{2}$，

$a_4 = 1 + \dfrac{1}{a_3} = 1 + \dfrac{1}{\dfrac{3}{2}} = \dfrac{5}{3}$．

注意：例 4 中的数列表达式，表达的是任一项 a_n 与它的前一项 a_{n-1} 之间的关系（其中 $n \geqslant 2$），这样的关系式叫作数列的**递推公式**．如果给出数列的第 1 项或前几项，由数列的递推公式同样可给出整个数列，它是表示数列的另一种方法．

例5 已知数列 $\{a_n\}$ 的通项公式为 $a_n = 3n-1$，求数列的前 4 项和．

解 因为 $a_1 = 3 \times 1 - 1 = 2$，$a_2 = 3 \times 2 - 1 = 5$，

$\qquad a_3 = 3 \times 3 - 1 = 8$，$a_4 = 3 \times 4 - 1 = 11$．

所以 $S_4 = a_1 + a_2 + a_3 + a_4 = 2 + 5 + 8 + 11 = 26$．

注意：数列 $\{a_n\}$ 的前 n 项和记为 S_n，即 $S_n = a_1 + a_2 + \cdots + a_n$．

二、数列的分类

1. 按项数的有限与无限来分类

(1)有穷数列：若一个数列的项数有限，则称此数列为**有穷数列**；

（2）无穷数列：若一个数列的项数无限，则称此数列为**无穷数列**.

例如，前面的数列(1)—(5)中，数列(1)是有穷数列，其余都是无穷数列.

2. 按前后两项数值的大小比较来分类

（1）递增数列：一个数列，如果从第二项起，每一项都大于它前面的一项，即 $a_{n+1} > a_n$，那么这个数列称为**递增数列**；

（2）递减数列：如果从第二项起，每一项都小于它的前面一项，即 $a_{n+1} < a_n$，那么这个数列称为**递减数列**.

例如，数列(1)，(2)是递增数列；(3)是递减数列.

（3）摆动数列：一个数列，如果从第二项起，有些项大于它的前面一项，而有些项却小于它的前面一项，那么这个数列称为**摆动数列**；

（4）常数列：一个数列，如果各项都相等，那么这个数列称为**常数列**.

例如，数列(4)是摆动数列；数列(5)是常数列.

3. 按各项的绝对值是否都不超过某个正数 M 来分类

（1）有界数列：一个数列，如果它的任何一项的绝对值都不超过某一个正数 M，即

$$|a_n| \leqslant M \quad (M > 0),$$

则称此数列为**有界数列**；

（2）无界数列：一个数列，如果不存在上述情形(1)中的正数，则称此数列为**无界数列**.

例如，数列(3)的所有各项都有

$$|a_n| = \frac{1}{n} \leqslant 1,$$

所以它是有界数列；而数列(2)的正偶数越来越大，不存在正数 M，使 $|a_n| \leqslant M$ 总成立，所以它是无界数列.

注意：凡是有穷数列一定是有界数列. 无穷数列有些是有界的，有些是无界的. 例如，自然数列是无界的，而自然数的倒数构成的数列是有界的.

习题 13-1(A 组)

1. 根据下面数列 $\{a_n\}$ 的通项公式，写出它的前 5 项.

　（1）$a_n = n^2$；　　　　　　　　（2）$a_n = 3n$；

(3) $a_n = 5 \times (-1)^n$;   (4) $a_n = \dfrac{2n+1}{n^2+1}$.

2. 观察下面数列的特点,用适当的数填空,并写出通项公式.

(1) $2, 4, (\quad), 8, 10, (\quad), 14$;

(2) $2, 4, (\quad), 16, 32, (\quad), 128$;

(3) $(\quad), 4, 9, 16, 25, (\quad)$;

(4) $(\quad), 4, 3, 2, 1, (\quad), -1, (\quad)$;

(5) $1, \sqrt{2}, (\quad), 2, \sqrt{5}, (\quad), \sqrt{7}$.

3. 已知数列 $\{a_n\}$ 的通项公式为 $a_n = 4n - 1$,判断 14 和 43 是否为该数列中的项.如果是,请指出是第几项.

4. 已知数列 $\{a_n\}$ 中 $a_1 = -3$,$a_n = a_{n-1} + 3 (n > 2)$,写出这个数列的前 4 项.

5. 在下列无穷数列中,指出哪些是递增数列、递减数列、摆动数列、常数列.

(1) $\dfrac{1}{1^2}, \dfrac{1}{2^2}, \dfrac{1}{3^2}, \dfrac{1}{4^2}, \cdots$;

(2) $1, -2, 3, -4, \cdots$;

(3) $1-2, 2-3, 3-4, 4-5, \cdots$;

(4) $1-\dfrac{1}{2}, \dfrac{1}{2}-\dfrac{1}{3}, \dfrac{1}{3}-\dfrac{1}{4}, \dfrac{1}{4}-\dfrac{1}{5}, \cdots$;

(5) $9, 99, 999, 9999, \cdots$.

扫一扫,获取参考答案

习题 13-1(B 组)

1. 写出下面数列 $\{a_n\}$ 的前 5 项.

(1) $a_1 = 5$,$a_{n+1} = a_n + 3$;

(2) $a_1 = 2$,$a_{n+1} = 2a_n$;

(3) $a_1 = 3$,$a_2 = 6$,$a_{n+2} = a_{n+1} - a_n$;

(4) $a_1 = 1$,$a_{n+1} = a_n + \dfrac{1}{a_n}$.

2. 写出下列各数列的一个通项公式.

(1) $0, 5, 8, 17, 24, \cdots$

(2) $1\dfrac{1}{2}, -3\dfrac{1}{4}, 5\dfrac{1}{8}, -7\dfrac{1}{16}, 9\dfrac{1}{32}, \cdots$

3. 已知数列 $\{a_n\}$ 的通项公式为 $a_n = \dfrac{1}{n(n+1)}$,求该数列的前 5 项和.(提示:$\dfrac{1}{n(n+1)} = \dfrac{1}{n} - \dfrac{1}{n+1}$.)

扫一扫,获取参考答案

13.2 等差数列

一、等差数列的定义

我们先看下面两个数列：

(1) $3,6,9,12,15,\cdots$

(2) $7,3,-1,-5,-9,\cdots$

上述两个数列，都具有这样的特点：从第二项起每一项减去它的前面一项，所得的差都等于一个常数。在数列(1)中，这个常数是 3，在(2)中，这个常数是 -4。对于具有这样规律的数列，给出下面的定义：

定义 如果数列

$$a_1,a_2,a_3,\cdots,a_n,\cdots$$

从第二项起，每一项与它前面一项的差都等于一个常数，即 $a_2-a_1=a_3-a_2=\cdots=a_n-a_{n-1}=\cdots=d$。则这个数列称为**等差数列**。常数 d 称为**公差**。

从上面的定义可知，数列(1),(2)都是等差数列，数列(1)的公差是 3，数列(2)的公差是 -4。

显然，在等差数列中，当公差 $d>0$ 时，数列是递增的；当 $d<0$ 时，数列是递减的；当公差 $d=0$ 时，数列是常数列。

二、等差数列的通项公式及等差中项

1. 通项公式

根据等差数列的定义，设数列 $\{a_n\}$ 是等差数列，首项是 a_1，公差是 d，则

$$a_2=a_1+d,$$
$$a_3=a_2+d=(a_1+d)+d=a_1+2d,$$
$$a_4=a_3+d=(a_1+2d)+d=a_1+3d,$$
$$\cdots$$

由此可知，等差数列 $\{a_n\}$ 的**通项公式**是

$$\boxed{a_n=a_1+(n-1)d} \tag{13-1}$$

公式(13-1)给出了等差数列的 a_1,d,n,a_n 四个量之间的关系。如果知道其中任何三个量，就可以求出另外一个量。

例1　求等差数列 $8,5,2,\cdots$ 的第 20 项.

解　由题意可知 $a_1=8,d=5-8=-3,n=20$,则

$$a_{20}=8+(20-1)\times(-3)=-49.$$

例2　已知等差数列的第 3 项是 -4,第 6 项是 2,求它的第 10 项.

解　设等差数列的首项是 a_1,公差是 d,由题意,得

$$\begin{cases}a_1+(3-1)d=-4,\\a_1+(6-1)d=2,\end{cases}$$

即

$$\begin{cases}a_1+2d=-4,\\a_1+5d=2.\end{cases}$$

解此方程组,得

$$\begin{cases}a_1=-8,\\d=2.\end{cases}$$

因此,该数列的第 10 项为

$$a_{10}=-8+(10-1)\times2=10.$$

例3　梯子的最高一级宽是 $33\ \text{cm}$,最低一级宽是 $89\ \text{cm}$,中间还有 7 级,各级的宽度成等差数列,求中间各级的宽度.

解　将最高一级的宽度作为等差数列的首项,由题意知,$a_1=33$,$a_9=89$,则

$$a_9=33+(9-1)d,$$

即

$$33+8d=89.$$

解得 $d=7$,得通项公式

$$a_n=33+7(n-1)=7n+26.$$

于是 $a_2=40,a_3=47,a_4=54,a_5=61,a_6=68,a_7=75,a_8=82$.

即梯子中间各级的宽度从上到下依次是 $40\ \text{cm}$,$47\ \text{cm}$,$54\ \text{cm}$,$61\ \text{cm}$,$68\ \text{cm}$,$75\ \text{cm}$,$85\ \text{cm}$.

2. 等差中项

如果在 a 与 b 中间插入一个数 A,使 a,A,b 成等差数列,那么 A 称为 a 与 b 的**等差中项**.

如果 A 是 a 与 b 的等差中项,那么

$$A-a=b-A,$$

即

$$A=\frac{a+b}{2}\qquad\qquad(13\text{-}2)$$

例 4 求 25 和 -13 的等差中项.

解 设 25 和 -13 的等差中项为 A，则 $A = \dfrac{-13 + 25}{2} = 6$.

例 5 已知一个直角三角形的三条边的长度成等差数列. 求证：三条边长度的比为 $3 : 4 : 5$.

证明 设这个直角三角形的三条边的长度分别为 $a - d$，a，$a + d$. 根据勾股定理，得

$$(a - d)^2 + a^2 = (a + d)^2,$$

解得 $a = 4d$.

所以，三条边的长度依次为 $3d$，$4d$，$5d$，即三条边长度的比为 $3 : 4 : 5$.

三、等差数列的前 n 项和公式

设等差数列 $\{a_n\}$ 的首项为 a_1，公差为 d，其前 n 项的和记为 S_n，则有

$$S_n = \frac{n(a_1 + a_n)}{2} \tag{13-3}$$

这就是 **等差数列的前 n 项和公式**.

因为 $a_n = a_1 + (n-1)d$，所以公式 (13-3) 又可以写成

$$S_n = \frac{n[2a_1 + (n-1)d]}{2} = na_1 + \frac{n(n-1)d}{2} \tag{13-4}$$

例 6 在以下的等差数列中，

(1) 已知 $a_1 = 3$，$a_{10} = -\dfrac{3}{2}$，求 S_{10}；

(2) 已知 $a_1 = 3$，$d = \dfrac{1}{2}$，求 S_{10}.

解 (1) $a_1 = 3$，$a_{10} = -\dfrac{3}{2}$，$n = 10$ 代入公式 (13-3) 中，得

$$S_{10} = \frac{10}{2}\left(3 - \frac{3}{2}\right) = 7\frac{1}{2}.$$

(2) 把 $a_1 = 3$，$d = \dfrac{1}{2}$，$n = 10$ 代入公式 (13-4) 中，得

$$S_{10} = \frac{10\left[2 \times 3 + (10-1) \times \dfrac{1}{2}\right]}{2} = 52\frac{1}{2}.$$

例7　在等差数列中,已知 $a_1 = \dfrac{5}{6}$, $d = -\dfrac{1}{3}$, $S_n = -158\dfrac{2}{3}$, 求项数 n.

解　把已知数据代入公式(13-4)中,得

$$-158\dfrac{2}{3} = \dfrac{n}{2}\left[2 \times \dfrac{5}{6} + (n-1) \times \left(-\dfrac{1}{3}\right)\right].$$

化简后,得

$$n^2 - 6n - 952 = 0.$$

解此方程,得

$$n = 34, \quad n = -28(不合题意,舍去).$$

故所求的项数 $n = 34$.

例8　某礼堂共有 25 排座位,从第 2 排开始,后一排比前一排多两个座位,最后一排有 70 个座位,问礼堂共有多少个座位?

解法1　将第 1 排座位数作为数列的首项,根据题意,各排座位数构成公差 $d = 2$ 的等差数列,由 $a_{25} = 70$,即 $70 = a_1 + (25-1) \times 2$,解得 $a_1 = 22$.

所以

$$S_{25} = \dfrac{25 \times (22 + 70)}{2} = 1150.$$

解法2　将最后一排座位数作为数列的首项,则 $a_1 = 70$, $d = -2$,因此

$$S_{25} = 25 \times 70 + \dfrac{25 \times (25-1) \times (-2)}{2} = 1150.$$

答　礼堂共有 1150 个座位.

习题 13-2(A 组)

1. 求等差数列 $2, 5, 8, \cdots$ 的通项公式及第 10 项.

2. 已知等差数列 $\{a_n\}$ 中, $a_5 = -8$, $d = 2$, 求 a_8.

3. 求 -35 和 27 的等差中项.

4. 求等差数列 $-2, 0, 2, \cdots$ 的前 20 项和.

5. 在等差数列 $\{a_n\}$ 中,

　(1) 已知 $a_1 = 12$, $a_6 = 27$, 求 d;

　(2) 已知 $a_7 = 3$, $d = -\dfrac{1}{3}$, 求 a_1;

　(3) 已知 $a_1 = 3$, $a_{10} = -15$, 求 S_{10};

　(4) 已知 $a_1 = 3$, $d = \dfrac{1}{3}$, 求 S_{10}.

6. 已知等差数列 $\{a_n\}$ 中，$a_4 = 6$，$a_9 = 26$，求 S_{20}.

7. 已知等差数列 $\{a_n\}$ 中，$a_1 = 2$，$a_n = 18$，$S_n = 200$，求 n 和 d.

8. 一种车床变速箱的 8 个齿轮的齿数成等差数列，其中首末两个齿轮的齿数分别为 24 和 45，求其余各齿轮的齿数.

9. 某剧场共有 20 排座位，第一排有 38 个座位，后一排比前一排多两个座位，问这个剧场共有多少个座位？

扫一扫，获取参考答案

习题 13-2（B 组）

1. 求等差数列 $13, 15, 17, \cdots, 81$ 的各项和.

2. 已知等差数列 $\{a_n\}$ 中，$a_5 = 9$，求 S_9.

3. 已知等差数列 $\{a_n\}$ 中，$d = 3$，$a_1 + a_3 + a_5 + \cdots + a_{99} = 80$，求前 100 项和.

扫一扫，获取参考答案

13.3 等比数列

一、等比数列的定义

我们先看下面的数列：
(1) $2, 4, 8, 16, \cdots$
(2) $\dfrac{1}{2}, \dfrac{1}{4}, \dfrac{1}{8}, \dfrac{1}{16}, \cdots$
(3) $1, -\dfrac{1}{3}, \dfrac{1}{9}, -\dfrac{1}{27}, \cdots$

这三个数列有一个共同的特点：从第二项起，每一项与它前面一项的比都等于一个不为零的常数，在数列(1)中，这个常数是 2；在数列(2)中这个常数是 $\dfrac{1}{2}$；在数列(3)中，这个常数是 $-\dfrac{1}{3}$. 对于具有这样规律的数列，给出下面的定义：

定义 如果数列
$$a_1, a_2, a_3, \cdots, a_n, \cdots \quad (a_1 \neq 0)$$
从第二项起，每一项与它前面的一项的比都等于一个不为零的常数 q，即
$$\dfrac{a_2}{a_1} = \dfrac{a_3}{a_2} = \cdots = \dfrac{a_n}{a_{n-1}} = \cdots = q,$$
则数列 $\{a_n\}$ 称为**等比数列**，常数 q 称为**公比**.

上面的数列(1)，(2)，(3)都是等比数列，在(1)中 $q = 2$；在(2)中 $q = \dfrac{1}{2}$，在(3)中 $q = -\dfrac{1}{3}$.

设数列 $\{a_n\}$ 是等比数列,其首项 $a_1>0$,易知,公比 $q>1$,数列是递增的;公比 $0<q<1$ 时,数列是递减的;公比 $q<0$ 时,数列是摆动的; $q=1$ 时,数列是常数列. 类似地,可以讨论等比数列其首项 $a_1<0$ 的情形.

二、等比数列的通项公式及等比中项

1. 通项公式

设数列 $\{a_n\}$ 是等比数列,首项是 a_1,公比是 q,由等比数列的定义可知

$$a_2=a_1q,$$
$$a_3=a_2q=(a_1q)\cdot q=a_1q^2,$$
$$a_4=a_3q=(a_1q^2)\cdot q=a_1q^3,$$
$$\cdots$$

由此可知,等比数列 $\{a_n\}$ 的**通项公式**是

$$\boxed{a_n=a_1q^{n-1}} \tag{13-5}$$

公式(13-5)表明了等比数列的 a_1,q,n,a_n 四个量之间的关系,如果知道其中任何三个量,就可以求出另外一个量.

例1 求等比数列 $2,-\sqrt{2},1,-\dfrac{1}{\sqrt{2}},\cdots$ 的第 10 项.

解 把 $a_1=2,q=-\dfrac{\sqrt{2}}{2},n=10$ 代入公式(13-5),得

$$a_{10}=a_1q^9=2\cdot\left(-\frac{\sqrt{2}}{2}\right)^9=-\frac{\sqrt{2}}{16}.$$

例2 一个等比数列的第 3 项与第 4 项分别是 12 与 18,求它的第 1 项与第 2 项.

解 设这个等比数列的第 1 项是 a_1,公比是 q,则

$$a_1q^2=12, \tag{1}$$
$$a_1q^3=18. \tag{2}$$

解(1),(2)组成的方程组,得

$$q=\frac{3}{2}, \quad a_1=\frac{16}{3}.$$

因此

$$a_2=a_1q=\frac{16}{3}\times\frac{3}{2}=8.$$

即此数列的第 1 项与第 2 项分别是 $\dfrac{16}{3}$ 与 8.

例 3　在 81 和 1 中间插入三个数，使这五个数成等比数列，求插入的三个数.

解　设这五个数组成的等比数列是 $\{a_n\}$，由题意 $a_1=81, a_5=1$，由等比数列的通项公式得

$$81q^4=1,$$

$$q^4=\frac{1}{81},$$

$$q=\pm\frac{1}{3}.$$

当 $q=\frac{1}{3}$ 时，所求的三数为 $27,9,3$；

当 $q=-\frac{1}{3}$ 时，所求的三数为 $-27,9,-3$.

2. 等比中项

如果在 a 与 b 中间插入一个数 G，使 a,G,b 成等比数列，那么 G 称为 a 与 b 的**等比中项**.

如果 G 是 a 与 b 的等比中项，那么 $\dfrac{G}{a}=\dfrac{b}{G}$，即 $G^2=ab$.

因此

$$\boxed{G=\pm\sqrt{ab} \quad (ab>0)} \tag{13-6}$$

例 4　在 2 和 8 之间插入 1 个数 G，使 3 个数成等比数列，求数 G.

解　由题意知，三个数 $2,G,8$ 成等比数列，G 是 2 和 8 的等比中项. 故

$$G=\pm\sqrt{2\times 8}=\pm 4.$$

三、等比数列的前 n 项和公式

设等比数列 $\{a_n\}$ 的首项为 a_1，公比为 q，它的前 n 项和记为 S_n，则**等比数列 $\{a_n\}$ 的前 n 项和公式**

$$\boxed{S_n=\frac{a_1(1-q^n)}{1-q}} \tag{13-7}$$

因为 $a_1q^n=a_1q^{n-1}\cdot q=a_nq$，所以上面的公式还可以写成

$$\boxed{S_n=\frac{a_1-a_nq}{1-q}} \tag{13-8}$$

显然，当 $q=1$ 时，$S_n=na_1$.

例 5 求等比数列 $\frac{1}{2}$，$\frac{1}{4}$，$\frac{1}{8}$，…的前 8 项和.

解 把 $a_1=\frac{1}{2}$，$q=\frac{1}{2}$，$n=8$ 代入公式(13-7)得

$$S_8=\frac{\frac{1}{2}\left[1-\left(\frac{1}{2}\right)^8\right]}{1-\frac{1}{2}}=\frac{255}{256}.$$

例 6 已知等比数列前 5 项和是 242，公比是 3，求此数列的前 5 项.

解 因为 $S_5=242$，$q=3$，$n=5$

所以 $242=\dfrac{a_1(1-3^5)}{1-3}.$

得 $a_1=2.$

即此数列的前 5 项是 2，6，18，54，162.

例 7 某工厂去年的产值是 1000 万元，从今年起，计划每年产值都比上一年增长 8%，试问到第 5 年末这个工厂的年产值是多少？这 5 年的总产值是多少(精确到 1 万元)？

解 将每年的产值作为数列 $\{a_n\}$ 的各项，由题意知

第 1 年(今年)的产值为 $a_1=1000+1000\times8\%=1000(1+8\%)$，

第 2 年的产值为 $a_2=1000(1+8\%)+1000(1+8\%)\times8\%$

$$=1000(1+8\%)^2，$$

第 3 年的产值为 $a_3=1000(1+8\%)^2+1000(1+8\%)^2\times8\%$

$$=1000(1+8\%)^3，$$

$$\cdots\cdots$$

可以看出，数列 $\{a_n\}$ 是 $a_1=1000(1+8\%)=1080$，$q=1+8\%=1.08$ 的等比数列.

所以，第 5 年末的产值为

$$a_5=1080\times1.08^{5-1}\approx1469(万元)，$$

这 5 年的总产值为

$$S_5=\frac{a_1(1-q^5)}{1-q}=\frac{1080\times(1-1.08^5)}{1-1.08}\approx6336(万元).$$

习题 13-3(A 组)

1. 求等比数列 5，−15，45，…的通项公式及第 5 项.

2. 已知等比数列 $\{a_n\}$ 中，$a_3 = \dfrac{2}{9}$，$q = -\dfrac{1}{3}$，求 a_5．

3. 求 45 与 80 的等比中项．

4. 求等比数列 $\dfrac{1}{2}$，$\dfrac{1}{4}$，$\dfrac{1}{8}$，$\cdots$ 的前 8 项和．

5. 在等比数列 $\{a_n\}$ 中，
   (1) 已知 $a_1 = -1$，$a_6 = 32$，求 q；
   (2) 已知 $a_3 = -6$，$q = 2$，求 a_1；
   (3) 已知 $a_5 = \dfrac{3}{4}$，$q = -\dfrac{1}{2}$，求 S_7．

6. 在等比数列 $\{a_n\}$ 中，已知 $a_2 = 18$，$a_5 = \dfrac{2}{3}$，求 S_5．

7. 在等比数列 $\{a_n\}$ 中，$a_1 = 32$，$a_n = 1$，$S_n = 63$，求 n 和 q．

8. 某工厂去年的产值是 100 万元，计划在今后 4 年内每年产值都比上一年增长 8%，从今年起，到第 4 年末这个工厂的年产值是多少？这 4 年的总产值是多少？（精确到万元）

扫一扫，获取参考答案

习题 13-3（B组）

1. 求等比数列 1，-2，4，-8，$\cdots$ 从第 4 项到第 10 项的和．

2. 求 $\left(x + \dfrac{1}{y}\right) + \left(x^2 + \dfrac{1}{y^2}\right) + \left(x^3 + \dfrac{1}{y^3}\right) + \cdots + \left(x^n + \dfrac{1}{y^n}\right)$ 的和．

3. 画一个边长为 2 cm 的正方形，再以这个正方形的对角线为边画第 2 个正方形，以第 2 个正方形的对角线为边画第 3 个正方形，这样一共画 10 个正方形．求：
   (1) 第 10 个正方形的面积；
   (2) 这 10 个正方形的面积的和．

扫一扫，获取参考答案

复习题 13

1. 选择题：
   (1) 已知数列 $\{a_n\}$ 的通项公式是 $a_n = \dfrac{1}{n}\sin\dfrac{n\pi}{2}$，则该数列是（　　）；

   A. 递增数列　　　　B. 递减数列　　　　C. 常数列　　　　D. 摆动数列

   (2) 数列 1，$\dfrac{1}{2}$，$\dfrac{3}{7}$，$\dfrac{2}{5}$，$\dfrac{5}{13}$，$\cdots$ 的一个通项公式是 $a_n =$（　　）；

   A. $\dfrac{2n}{3n-1}$　　　　B. $\dfrac{n}{3n-2}$　　　　C. $\dfrac{n+3}{3n+1}$　　　　D. $\dfrac{n+4}{3n+2}$

(3) 若 $\{a_n\}$ 是等差数列, $d=2$, $a_8=10$, 则 $a_1=($);

    A. -6 B. -4 C. -2 D. 0

(4) 已知等差数列前 16 项和 $S_{16}=8M$, 则式中 M 的值为(   );

    A. a_3+a_{15} B. a_6+a_{11} C. a_4+a_{14} D. a_7+a_{12}

(5) 若 $1+2+3+\cdots+N$ 是一个完全平方数 k^2, 又已知 $0<k<100$, 则 N 的值是(   );

    A. 1 或 8   B. 8   C. 8 或 49   D. 1,8 或 49

(6) 若等比数列 $\{a_n\}$ 的公比 $q=\sqrt{3}$, $a_6=27$, 则首项 $a_1=($);

    A. $\dfrac{\sqrt{3}}{3}$ B. $3\sqrt{3}$ C. $\sqrt{3}$ D. 3

(7) 在递增的等比数列中, $a_1+a_2+a_3=5$, $a_5+a_6+a_7=80$, 则 $a_4=($);

    A. $\dfrac{40}{7}$ B. $\dfrac{80}{7}$ C. $400^{\frac{1}{6}}$ D. $400^{\frac{1}{2}}$

(8) 在每一项均大于零的等比数列中, 它的每项都等于它随后的二项之和, 则它的公比 q 为(   ).

    A. 1   B. $\dfrac{\sqrt{5}}{2}$ C. $\dfrac{\sqrt{5}-1}{2}$ D. $\dfrac{1-\sqrt{5}}{2}$

2. 填空题:

(1) 数列 $1, 2\sqrt{2}, 3\sqrt{3}, \cdots$ 的一个通项公式是 _____ ;

(2) 已知数列的通项公式 $a_n=a\sin\dfrac{n\pi}{6}$, 及 $a_7=1$, 则常数 $a=$ _____ ;

(3) 已知数列前 n 项和 $S_n=2^n-1$, 则 $a_4=$ _____ ;

(4) 在等差数列中, 已知 $a_1=2$, $a_{100}=50$, 则 $a_3+a_{98}=$ _____ ;

(5) 在等差数列中, 已知 $a_5=9$, 则 $S_9=$ _____ ;

(6) 若 $\{a_n\}$ 是等比数列, 已知 $a_2+a_3=36$, $a_4+a_5=324$, 则 $a_6+a_7=$ _____ ;

(7) 在等比数列中, 已知 a_2, a_8 是方程 $x^2-6x+8=0$ 的两个根, 则 $a_4 \cdot a_6=$ _____ .

3. 已知 a^2, b^2, c^2 成等差数列(公差不为零), 求证: $\dfrac{1}{b+c}, \dfrac{1}{c+a}, \dfrac{1}{a+b}$ 也成等差数列.

4. 已知 a, b, c, d 成等比数列, 求证: $(a-d)^2=(b-c)^2+(c-a)^2+(d-b)^2$.

5. 成等差数列的三个正数的和等于 15, 并且这三个数分别加上 $1, 3, 9$ 后又成等比数列, 求这三个数.

6. 有四个数, 其中前三个数成等差数列, 后三个数成等比数列, 并且第一个数与第四个数的和是 37, 第二个数与第三个数的和是 36, 求这四个数.

7. 如果 a, b, c 成等差数列，x, y, z 成等比数列，且 x, y, z 都是正数．求证：

$$(b-c)\log_m x + (c-a)\log_m y + (a-b)\log_m z = 0.$$

8. 已知数列

$$\frac{1}{1 \cdot 2}, \frac{1}{2 \cdot 3}, \frac{1}{3 \cdot 4}, \cdots, \frac{1}{n(n+1)}, \cdots$$

求此数列的前 n 项和 S_n．

扫一扫，获取参考答案

[阅读材料 13]

高斯的速算与舍罕王的失算

被誉为"数学王子"的德国著名数学家高斯上小学时，老师出了一道算术题：$1+2+3+\cdots+100=?$ 我们知道，这是一个首项与公差均为 1 的等差数列求前 100 项和的问题，可以利用公式 $S_n = \dfrac{n(a_1 + a_n)}{2}$，求出 S_{100} 即可，但是，对于 18 世纪的小学生们来说，要计算出这么多项的和毕竟还是够困难的了，当大家正在苦苦地逐个相加的时候，年仅 10 岁的高斯却迅速地写出了答案：5050. 原来，高斯是从和式 $1+2+3+\cdots+98+99+100$ 的两端开始计算的，由于首尾两项依次相加 $1+100, 2+99, 3+98, \cdots, 50+51$，均有和 101，故乘以数对的个数 50 便得到全部和为 $101 \times 50 = 5050$．

高斯的算法可以用图 13-3 进行更形象的说明．如果有一堆圆木整齐地堆着，如图 13-3 中实线圆圈所示，设想把同样一堆圆木倒置过来同它们堆在一起，如图 13-3 中虚线圆圈所示，那么就容易得到答案了，原来那堆圆木的个数等于 $\dfrac{n(n+1)}{2}$．

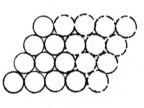

图 13-3

这种方法可引出一般等差数列的前 n 项和公式：$S_n = \dfrac{2a_1 + (n-1)d}{2} n$．该公式在我国僧一行的《大衍历》（公元 729 年）的计算中即已出现．而当记 $a_n = a_1 + (n-1)d$（$n = 1, 2, \cdots$）时，可得到这一公式的另一形式：$S_n = \dfrac{(a_1 + a_n)n}{2}$．

和等差数列一样，古人对等比数列也早有研究．古埃及人的"三德草卷"已有这方面的记载．《几何原本》也有关于它的研究．但是，人们常常意识不到等比级数的和会以那样快的速度增长．印度的舍罕王（Shirham）便是因此而吃了大亏的．

传说国际象棋是舍罕王的宰相西萨·班·达依尔(Sissa Ben Dihir)发明的.他把这个有趣的娱乐品进贡给国王.舍罕王对于这一奇妙的发明异常喜爱,决定让宰相自己要求得到什么赏赐.宰相并没有要求任何金银财宝,他只是指着面前的棋盘说:"陛下,就请您赏给我一些麦子吧,它们只要这样放在棋盘里就行了:第一个格子里放一颗,第二个格子里放两颗,第三个格子里放四颗,以后每个格子里都比前一个格子里的麦粒增加一倍.圣明的王啊,只要把这样摆满棋盘上全部六十四格的麦粒都赏给您的仆人,我就心满意足了."舍罕王听了,心中暗暗欢喜,"这个傻瓜的胃口实在不算大啊",立即慷慨地应允道:"爱卿,你当然会如愿以偿的".但当计算工作开始后不久,舍罕王便暗暗叫苦了.因为尽管第一袋麦子摆满了将近二十个格子,可是接下去的麦粒数增长得竟然是那样地快,以至于一格内便需要好几袋麦子了.国王很快便意识到,即使把王国内的全部粮食都拿来,也兑现不了他许给宰相的诺言了.

　　舍罕王由于失算而欠了宰相一大笔债,他为顾全面子而选择了什么样的善后措施,我们已不得而知.但计算一下他的债务却是一件很有趣的事.我们知道,这位聪明的宰相所要求的麦粒总数,实际上是等比数列:$1,2,2^2,2^3,\cdots$的前六十四项和,这个数计算出来,竟是一个具有20位的大数:18446744073709551615.这些麦粒到底有多少,我们只要这样核算一下就行了:如果一升小麦按150000粒计算,这大约是140万亿升小麦.按目前的平均产量计算,这竟然是全世界近2000年来生产的全部小麦!

第13章单元自测

1. 选择题

(1) 数列$\dfrac{1}{1+\sqrt{3}}$,$\dfrac{1}{\sqrt{3}+\sqrt{5}}$,$\dfrac{1}{\sqrt{5}+\sqrt{7}}$,$\cdots$的通项公式是(　　　);

A. $\dfrac{1}{\sqrt{n}+\sqrt{n+2}}$　　　　　　　B. $\dfrac{1}{\sqrt{2n-1}+\sqrt{2n+1}}$

C. $\dfrac{1}{\sqrt{n+1}+\sqrt{n+3}}$　　　　　　D.以上答案都不对

(2) 若$a,x,b,2x$成等差数列,则$a:b$等于(　　　);

A. 1:4　　　　B. 1:3　　　　C.1:3或1:1　　　　D. $\dfrac{1}{3}$

(3) 一个首项为23,公差是整数的等差数列,如果前6项均为正数,第7项为负数,则它的公差是(　　　);

A. -2　　　　B. -3　　　　C. -4　　　　D. -5

(4) 已知数列 $\{a_n\}$ 和 $\{b_n\}$ 都是等差数列，其中 $a_1=25$，$b_1=75$，$a_{100}+b_{100}=100$，则 $\{a_n+b_n\}$ 的前 100 项和是（　　）；

　A. 10　　　　　　B. 100　　　　　　C. 1000　　　　　　D. 50500

(5) 在等差数列 $\{a_n\}$ 中，已知 $S_n=48$，$S_{2n}=60$，则 $S_{3n}=$（　　）；

　A. 34　　　　　　B. 72　　　　　　C. -24　　　　　　D. 36

(6) 在等差数列中 $a_6=a_3+a_8=5$，则 $S_9=$（　　）；

　A. 1　　　　　　B. 360　　　　　　C. 0　　　　　　D. -360

(7) 设 $\{a_n\}$ 是公差为 -2 的等差数列，如果 $a_1+a_4+a_7+\cdots+a_{97}=50$，那么 $a_3+a_6+a_9+\cdots+a_{99}=$（　　）；

　A. -78　　　　　　B. -148　　　　　　C. -82　　　　　　D. -182

(8) 在公比为 q 的等比数列 $a_1,a_2,a_3,\cdots$ 中，依次相邻两项的积组成的数列 $a_1a_2,a_2a_3,a_3a_4,\cdots$ 是（　　）；

　A. 公比为 q 的等比数列　　　　　　B. 公比为 q^2 的等比数列

　C. 公比为 q^3 的等比数列　　　　　　D. 不是等比数列

(9) 三个数成等比数列，其积为 1728，其和为 38，则三数为（　　）；

　A. 3，12，23　　　　　　B. 4，16，18

　C. 8，12，18　　　　　　D. 4，12，22

(10) a,b,c 是三个互不相同的数，它们成等差数列，x 是 a,b 的等比中项，y 是 b,c 的等比中项，则 x^2,b^2,y^2 三数组成（　　）.

　A. 等比数列，但不是等差数列　　　　　　B. 是等比数列又是等差数列

　C. 等差数列，但不是等比数列　　　　　　D. 既不是等差数列也不是等比数列

2. 计算题

(1) 写出下列各数列的一个通项公式；

　① 0，5，8，17，24，$\cdots$　　　　② $1\dfrac{1}{2},-3\dfrac{1}{4},5\dfrac{1}{8},-7\dfrac{1}{16},9\dfrac{1}{32},\cdots$

(2) 在等差数列 $\{a_n\}$ 中，已知 $a_1=-9$，$a_n=3$，$S_n=-21$，求 d,n；

(3) 在等比数列 $\{a_n\}$ 中，已知 $a_6-a_4=216$，$a_3-a_1=8$，$S_n=40$，求 a_1,q,n；

(4) 已知一个数列，当 n 为奇数时，$a_n=5n+1$，当 n 为偶数时 $a_n=2^{\frac{n}{2}}$，求这个数列的前 $2m$ 项（$m\in \mathbf{N}$）之和.

3. 应用题

　　用汽车运送 30 根水泥杆，送至从 1000 m 外起，每隔 50 m 放一根，每次只能运输三根，全部运送完后再返回，问这辆汽车共走了多少千米（km）？

扫一扫，获取参考答案

极限与连续

极限是高等数学中最基本的概念之一,是微积分的理论基础.本章将简单复习第 1 册教材中学过的函数概念及其性质,并着重讨论变量的变化趋势,从而得到极限和连续性的基本概念以及它们的一些性质.

14.1 初 等 函 数

一、函数的概念

人们在观察某一现象或进行科学实验时,会遇到许多变量,这些变量通常都不是独立变化的,它们之间存在着依赖关系.

例如,在物体做自由落体运动的过程中,它的运动规律为

$$h = \frac{1}{2}gt^2,$$

其中 h 为下降距离, t 为时间, g 为重力加速度.

这个公式给出了在物体自由降落过程中,距离 h 和时间 t 之间的依赖关系.我们把这种变量之间相互依赖的关系抽象出来,便得到函数的概念.

1. 函数的定义

定义 设 D 是非空实数集,如果对于 D 中的每一个 x,按照某个对应法则 f,都有确定的实数 y 与之对应,则称 y 是定义在 D 上的 x 的**函数**,记作 $y = f(x)$.

D 称为函数的**定义域**, x 称为**自变量**, y 称为**因变量**.

如果 x_0 是函数 $y = f(x)$ 的定义域中的一个值,则称函数 $y = f(x)$ 在点 x_0 有定义.函数在点 x_0 的对应值称为函数在该点的函数值,记作 $f(x_0)$ 或 $y\big|_{x=x_0}$.当自变量 x 在定义域内取每一个数值时,对应的函数值的全体称为

函数的**值域**,记作 M.

函数 $f(x)$ 中的 f 反映自变量与因变量的对应法则.对应法则也常用 φ,h, $g,F,\cdots$ 表示,那么函数也就记作 $\varphi(x),h(x),g(x),F(x)$ 等,有时为简化符号, 函数关系也可记作 $y=y(x)$.

通常函数有三种表示法:解析法(公式法)、表格法和图像法.

2.复合函数

在实际问题中,我们常会遇到由几个较简单的函数组合成为较复杂的函数.

例如,自由落体的动能 E 是速度 v 的函数 $E=\dfrac{1}{2}mv^2$,而速度 v 又是时间 t 的函数 $v=gt$,因而,动能 E 通过速度 v 的关系,构成关于 t 的函数关系式为 $E=\dfrac{1}{2}m(gt)^2$.类似地,由 $y=u^2$ 与 $u=\sin x$ 可以构成 $y=\sin^2 x$.对于这样的函数,给出如下定义:

定义 若函数 $y=f(u)$ 的定义域为 D_1,函数 $u=\varphi(x)$ 的值域为 M_2,其中 $M_2\bigcap D_1\neq\varnothing$,则 y 通过变量 u 成为 x 的函数,这个函数称为由函数 $y=f(u)$ 和 $u=\varphi(x)$ 构成的复合函数,记作 $y=f[\varphi(x)]$,其中 u 称为中间变量.

例 1 指出下列各复合函数的复合过程.

(1)$y=\sqrt{1+x^2}$;   (2)$y=\cos^2(3x-1)$.

解 (1) $y=\sqrt{1+x^2}$ 是由 $y=\sqrt{u}$ 与 $u=x^2+1$ 复合而成.

(2) $y=\cos^2(3x-1)$ 是由 $y=u^2,u=\cos v$ 及 $v=3x-1$ 复合而成.

例 2 若 $f\left(\dfrac{1}{x}-1\right)=\sin x$,求 $f(x)$.

解 令 $t=\dfrac{1}{x}-1$,则 $x=\dfrac{1}{t+1}$,代入 $f\left(\dfrac{1}{x}-1\right)=\sin x$ 得

$$f(t)=\sin\frac{1}{t+1},\quad 则\ f(x)=\sin\frac{1}{x+1}.$$

二、初等函数

常数函数 $y=c$(c 为常数),幂函数 $y=x^a$(a 为实数),指数函数 $y=a^x$($a>0$, $a\neq1$),对数函数 $y=\log_a x$ $(a>0,a\neq1)$,三角函数 $y=\sin x,y=\cos x,y=\tan x$, $y=\cot x,y=\sec x,y=\csc x$,反三角函数 $y=\arcsin x,y=\arccos x,y=\arctan x$ 统称为**基本初等函数**.这些函数在本教材第1册中都已学过,现将它们的表达式、定义域、值域、图像和特性列表如下(如表 14-1 所示),望读者对它们的性质及图像能有一定了解.

表 **14-1**

函　数	定义域与值域	图　像	特　性
幂函数 $y=x$	$x\in(-\infty,+\infty)$ $y\in(-\infty,+\infty)$		奇函数 单调增加
$y=x^2$	$x\in(-\infty,+\infty)$ $y\in[0,+\infty)$		偶函数 在$(-\infty,0]$内单调减少 在$[0,+\infty)$内单调增加
$y=x^3$	$x\in(-\infty,+\infty)$ $y\in(-\infty,+\infty)$		奇函数 单调增加
$y=x^{-1}$	$x\in(-\infty,0)\bigcup(0,+\infty)$ $y\in(-\infty,0)\bigcup(0,+\infty)$		奇函数 在$(-\infty,0)$内单调减少 在$(0,+\infty)$内单调减少
$y=x^{\frac{1}{2}}$	$x\in[0,+\infty)$ $y\in[0,+\infty)$		在$[0,+\infty)$内 单调增加
指数函数 $y=a^x$ $(a>1)$	$x\in(-\infty,+\infty)$ $y\in(0,+\infty)$		在$(-\infty,+\infty)$内 单调增加
$y=a^x$ $(0<a<1)$	$x\in(-\infty,+\infty)$ $y\in(0,+\infty)$		在$(-\infty,+\infty)$内 单调减少
对数函数 $y=\log_a x$ $(a>1)$	$x\in(0,+\infty)$ $y\in(-\infty,+\infty)$		在$(0,+\infty)$内 单调增加
$y=\log_a x$ $(0<a<1)$	$x\in(0,+\infty)$ $y\in(-\infty,+\infty)$		在$(0,+\infty)$内 单调减少

续表

函　数	定义域与值域	图　　像	特　　性
三角函数 $y=\sin x$	$x\in(-\infty,+\infty)$ $y\in[-1,1]$		奇函数,周期为 2π,有界,在 $\left(2k\pi-\dfrac{\pi}{2},2k\pi+\dfrac{\pi}{2}\right)$ 内单调增加,在 $\left(2k\pi+\dfrac{\pi}{2},2k\pi+\dfrac{3\pi}{2}\right)$ 内单调减少 $(k\in\mathbf{Z})$
$y=\cos x$	$x\in(-\infty,+\infty)$ $y\in[-1,1]$		偶函数,周期为 2π,有界,在 $(2\pi,2k\pi+\pi)$ 内单调减少,在 $(2k\pi+\pi,2k\pi+2\pi)$ 内单调增加 $(k\in\mathbf{Z})$
$y=\tan x$	$x\neq k\pi+\dfrac{\pi}{2}(k\in z)$ $y\in(-\infty,+\infty)$		奇函数,周期为 π,在 $\left(k\pi-\dfrac{\pi}{2},k\pi+\dfrac{\pi}{2}\right)$ 内单调增加 $(k\in\mathbf{Z})$
反三角函数 $y=\arcsin x$	$x\in[-1,1]$ $y\in\left[-\dfrac{\pi}{2},\dfrac{\pi}{2}\right]$		在 $[-1,1]$ 上奇函数,单调增加,有界
$y=\arccos x$	$x\in[-1,1]$ $y\in[0,\pi]$		在 $[-1,1]$ 上单调减少,有界
$y=\arctan x$	$x\in(-\infty,+\infty)$ $y\in\left(-\dfrac{\pi}{2},\dfrac{\pi}{2}\right)$		在 $(-\infty,+\infty)$ 内奇函数,单调增加,有界

定义　由基本初等函数经过有限次四则运算或有限次复合所构成的,并可用一个解析式表示的函数称为**初等函数**.

例如,$y=ax^2+bx+c$,$y=\sqrt{1-\sin^2 x}$,$y=\arctan\dfrac{\sqrt{x+e^x}}{1+x^2}$ 等都是初等函数.

三、建立函数关系举例

建立正确的函数关系,是解决实际问题的前提.下面通过举例,说明建立函数关系的过程.

例 3　如图 14-1 所示,把圆心角为 α(弧度)的扇形卷成一个圆锥,试求圆锥顶角 ω 与 α 的函数关系.

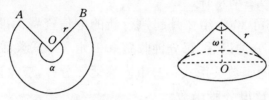

图 14-1

解　设扇形 AOB 的圆心角为 α,半径为 r,于是弧 $\overset{\frown}{AB}$ 的长度为 $r\alpha$.把这个扇形卷成圆锥后,它的顶角为 ω,底圆周长为 $r\alpha$,所以底圆半径为 $OD=\dfrac{r\alpha}{2\pi}$.因为 $\sin\dfrac{\omega}{2}=\dfrac{OD}{r}=\dfrac{\alpha}{2\pi}$,所以

$$\omega=2\arcsin\frac{\alpha}{2\pi}\quad(0<\alpha<2\pi).$$

这就是圆锥顶角 ω 与扇形圆心角 α 之间的函数关系.

例 4　如图 14-2 所示为机械中常用一种曲柄连杆机构,当主动轮转动时,连杆 AB 带动滑块 B 作做复直线运动.设主动轮半径为 r,转动角速度为 ω,连杆长度为 l,求滑块 B 的运动规律.

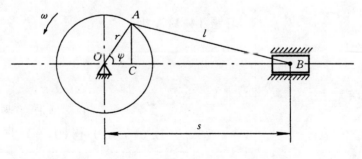

图 14-2

解　设在运动开始后,经过时间 t 秒时,滑块 B 离 O 点的距离为 s.求滑块 B 的运动规律,就是建立 s 和 t 之间的函数关系.

假设主动轮开始旋转时 A 点正好在 OB 的连线上,经过时间 t 后主动轮转了 φ 角(弧度),那么

$$\varphi=\omega t.$$

由于 $s = OC + CB,$

而 $OC = r\cos\varphi = r\cos\omega t,$

$$CB = \sqrt{AB^2 - CA^2} = \sqrt{l^2 - r^2\sin^2\omega t}.$$

把 OC, CB 代入 $s = OC + CB$ 中，即得

$$s = r\cos\omega t + \sqrt{l^2 - r^2\sin^2\omega t},\ t \in [0, +\infty).$$

这就是滑块 B 的运动规律.

例5 某电信公司 2001 年 2 月起执行新的电信资费标准，市内通话计费前 3 分钟收费 0.2 元，3 分钟以后，每分钟收费 0.1 元.(1)试求话费 y(元)与市内通话时间 t(分钟)之间的函数关系式；(2)市内通话 8 分钟，应收话费多少元？

解 (1)根据题意得分段函数，

$$y = \begin{cases} 0.2, & 0 < t \leqslant 3, \\ 0.2 + 0.1(t-3), & t > 3. \end{cases}$$

(2)由于 $t = 8 > 3$，所以有

$$y|_{t=8} = 0.2 + 0.1(8-3) = 0.7(元).$$

从上面的例子可以看出，建立函数关系时的步骤：

(1)要弄清题意，分析问题中哪些是变量，哪些是常量；

(2)分清变量中哪个应作为自变量，哪个作为因变量，采用惯用字母区分；

(3)把变量暂时固定，利用几何关系、物理定律或其他知识，列出变量间的等量关系式，并进行化简，便得到所需要的函数关系；

(4)写出函数关系式后，一般还要根据题意指明函数的定义域.

习题 14-1（A 组）

1. 选择题：

(1)函数 $y = \dfrac{2-x}{3x^2 - x}$ 的定义域是（　　）；

A. $x \neq 2$ 　　　　　　　　B. $(-\infty, 0) \bigcup (0, \frac{1}{3}) \bigcup (\frac{1}{3}, +\infty)$

C. $(-\infty, 0) \bigcap (0, \frac{1}{3}) \bigcap (\frac{1}{3}, +\infty)$ 　　D. $x \neq 2$ 或 $x \neq \frac{1}{3}$

(2)已知函数 $f(x) = \begin{cases} x+2, & x<0, \\ x^2, & x \geqslant 0. \end{cases}$ 则函数的定义域为（　　）；

A. $(-\infty, 0)$ 　　　　　　　B. $(-\infty, 0) \bigcup (0, +\infty)$

C. $(-\infty, +\infty)$ 　　　　　　D. $[0, +\infty)$

(3) 函数 $f(x)$ 与 $g(x)$ 是相同函数的有( );

    A. $f(x)=x$ 与 $g(x)=\sqrt{x^2}$ B. $f(x)=|x|$ 与 $g(x)=(\sqrt{x})^2$

    C. $f(x)=2\lg|x|$ 与 $g(x)=\lg x^2$ D. $f(x)=\lg x^2$ 与 $g(x)=2\lg x$

(4) 下列函数中为偶函数的是( );

    A. $y=xe^{-x^2}$ B. $y=\dfrac{\sin x}{x^2}$ C. $y=x^2\cos x$ D. $y=\dfrac{e^x-e^{-x}}{2}$

(5) 函数 $y=|\sin x|$ 的周期是( );

    A. 2π B. π C. 4π D. $\dfrac{\pi}{2}$

(6) 下列函数中不是复合函数的为( ).

    A. $y=\left(\dfrac{\sqrt{3}}{2}\right)^x$ B. $y=\cos(2x+1)$

    C. $y=\sqrt{x^2+1}$ D. $y=\ln^2(\sin 5x)$

2. 已知函数 $f(x)=\begin{cases} x-1, & x\geqslant 0 \\ 2-x^2, & x<0 \end{cases}$，作出其图像，并求 $f(0)$，$f(-1)$，$f(2)$.

3. 求下列函数的定义域.

    $(1)\, y=\sqrt{3x+4}$; $(2)\, y=\dfrac{2}{x^2-3x+2}$; $(3)\, y=\lg\dfrac{1+x}{1-x}$.

4. 指出下列函数在指定区间内的单调性.

    $(1)\, y=\dfrac{1}{x}$ $(-\infty,0)$; $(2)\, y=\ln x$ $(0,+\infty)$.

5. 已知 $y=e^u,u=2x$，将 y 表示成 x 的函数.

6. 下列函数是由哪些简单函数复合而成？

    $(1)\, y=\cos 2x$; $(2)\, y=(1-3x)^2$;

    $(3)\, y=2^{x^2}$; $(4)\, y=\arcsin\sqrt{x}$.

扫一扫，获取参考答案

习题 14-1(B组)

1. 求下列函数的反函数,并写出反函数的定义域.

    $(1)\, y=x^3+1$; $(2)\, y=\dfrac{2-x}{2+x}$.

2. 指出下列函数由哪些函数复合而成.

    $(1)\, y=\arccos\sqrt{e^x}$; $(2)\, y=\sin^2(2x+1)$; $(3)\, y=(\lg\sqrt{x})^2$.

3. 已知 $f(x-1)=x^2+2x+1$，求 $f(x)$ 及 $f(2)$.

4. 一物体做直线运动，已知阻力 f 的大小与物体运动的速度 v 成正比，但方向相反．当物体以 1 米/秒的速度运动时，阻力为 1.96×10^{-2} 牛顿，试建立阻力与速度之间的函数关系．

5. 拟建一个容积为 V 的长方体水池，设它的底是边长为 x 的正方形，如果池底单位面积的造价是四周单位面积造价的 3 倍，试将总造价表示成底边长 x 的函数．

扫一扫，获取参考答案

14.2 函数的极限

一、数列极限

前面已经学过数列的概念，现在我们将进一步考察当自变量 n 无限增大时，数列 $x_n = f(n)$ 的变化趋势，先看下面两个例子：

(1) $\dfrac{1}{2}, \dfrac{1}{4}, \dfrac{1}{8}, \dfrac{1}{16}, \cdots$

(2) $2, \dfrac{1}{2}, \dfrac{4}{3}, \dfrac{3}{4}, \cdots, \dfrac{n+(-1)^{n-1}}{n}, \cdots$

为清楚起见，我们把这两个数列的前几项分别在数轴上表示出来，如图 14-3、14-4 所示．

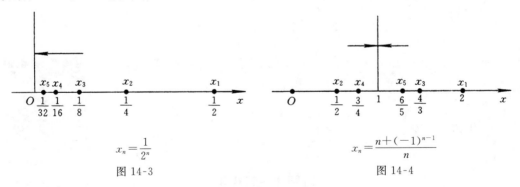

图 14-3   图 14-4

由图 14-3 可以看出，当 n 无限增大时，数列 $\left\{\dfrac{1}{2^n}\right\}$ 在数轴上的对应点从原点的右侧无限接近于 0．由图 14-4 可以看出，当 n 无限增大时，数列 $\left\{\dfrac{n+(-1)^{n-1}}{n}\right\}$ 在数轴上的对应点从 $x=1$ 的两侧无限接近于 1．

归纳这两个数列的变化趋势，可知当 n 无限增大时，x_n 都分别无限接近于一个确定的常数．一般地，我们给出下面的定义．

定义 1　如果当 n 无限增大时，数列 x_n 无限接近于一个确定的常数 a，则称 a 为数列 $\{x_n\}$ 当 n 趋向于无穷大时的**极限**，记为

$$\lim_{n\to\infty}x_n=a \quad \text{或者} \quad x_n\to a \quad (n\to\infty).$$

如果一个数列有极限，则称此数列是收敛的，也称此数列收敛于 a，否则就称此数列是发散数列．例如，数列(1)和(2)均为收敛数列．

例 1　观察下列数列的变化趋势，写出它们的极限．

(1) $x_n=\dfrac{1}{n}$;　　　　　　　　(2) $x_n=2-\dfrac{1}{n^2}$;

(3) $x_n=(-1)^n\dfrac{1}{3^n}$;　　　　　(4) $x_n=-3$.

n	1	2	3	4	5	...	$\to\infty$
(1) $x_n=\dfrac{1}{n}$	1	$\dfrac{1}{2}$	$\dfrac{1}{3}$	$\dfrac{1}{4}$	$\dfrac{1}{5}$	...	$\to 0$
(2) $x_n=2-\dfrac{1}{n^2}$	$2-\dfrac{1}{1}$	$2-\dfrac{1}{4}$	$2-\dfrac{1}{9}$	$2-\dfrac{1}{16}$	$2-\dfrac{1}{25}$	...	$\to 2$
(3) $x_n=(-1)^n\dfrac{1}{3^n}$	$-\dfrac{1}{3}$	$\dfrac{1}{9}$	$-\dfrac{1}{27}$	$\dfrac{1}{81}$	$-\dfrac{1}{243}$	...	$\to 0$
(4) $x_n=-3$	-3	-3	-3	-3	-3	...	-3

由上表中各个数列的变化趋势，根据数列极限的定义可知：

(1) $\lim\limits_{n\to\infty}x_n=\lim\limits_{n\to\infty}\dfrac{1}{n}=0$;　　　(2) $\lim\limits_{n\to\infty}x_n=\lim\limits_{n\to\infty}\left(2-\dfrac{1}{n^2}\right)=2$;

(3) $\lim\limits_{n\to\infty}x_n=\lim\limits_{n\to\infty}(-1)^n\dfrac{1}{3^n}=0$;　　　(4) $\lim\limits_{n\to\infty}x_n=\lim\limits_{n\to\infty}(-3)=-3$.

从前面所举的例子不难推得下面的结论：

(1) $\lim\limits_{n\to\infty}\dfrac{1}{n^\alpha}=0 \ (\alpha>0)$;　　　(2) $\lim\limits_{n\to\infty}q^n=0 \ (|q|<1)$;

(3) $\lim\limits_{n\to\infty}C=C \ (C\text{ 为常数})$.

注意：并不是任何数列都是收敛的．例如，数列 $x_n=2^n$，当 n 无限增大时，x_n 也无限增大，不能无限接近于一个确定的常数，所以这个数列没有极限．又如，数列 $x_n=(-1)^n$，当 n 无限增大时，x_n 的值交替地为 -1 和 1，所以不能无限接近于一个确定的常数．因此，这个数列也没有极限．

二、函数的极限

我们分两种情况介绍函数的极限．

1. 当 $x \to \infty$ 时，函数 $f(x)$ 的极限

先看一个例子，当 $|x|$ 无限增大（或称 x 趋向于无穷大，记作 $x \to \infty$）时，函数 $f(x) = \dfrac{1}{x}$ 无限接近于 0，如图 14-5 所示，和数列极限一样，称常数 0 为函数 $f(x) = \dfrac{1}{x}$ 当 $x \to \infty$ 时的极限，记作

$$\lim_{x \to \infty} \frac{1}{x} = 0.$$

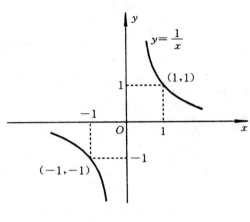

图 14-5

一般地，有如下定义.

定义 2 如果 $|x|$ 无限增大（即 $x \to \infty$）时，函数 $f(x)$ 的值无限接近于一个确定常数 A，则称 A 为函数 $f(x)$ 当 $x \to \infty$ 时的**极限**，记作

$$\lim_{x \to \infty} f(x) = A \quad \text{或者} \quad f(x) \to A \ (x \to \infty).$$

如果当 $x \to +\infty$（或 $x \to -\infty$）时，函数 $f(x)$ 的值无限接近于一个确定的常数 A，则称 A 为函数 $f(x)$ 当 $x \to +\infty$（或 $x \to -\infty$）时的极限，记作

$$\lim_{x \to +\infty} f(x) = A \quad (\text{或} \lim_{x \to -\infty} f(x) = A).$$

注意：$x \to +\infty$ 表示 x 取正数，$|x|$ 无限增长；$x \to -\infty$ 表示 x 取负数，$|x|$ 无限增大.

显然 $\lim\limits_{x \to \infty} f(x) = A$ 的充要条件是 $\lim\limits_{x \to +\infty} f(x) = \lim\limits_{x \to -\infty} f(x) = A$. 例如，由图 14-6 可以看出

$$\lim_{x \to +\infty} \arctan x = \frac{\pi}{2}, \ \lim_{x \to -\infty} \arctan x = -\frac{\pi}{2}.$$

由于 $\lim\limits_{x\to+\infty}\arctan x \neq \lim\limits_{x\to-\infty}\arctan x$，所以 $\lim\limits_{x\to\infty}\arctan x$ 不存在.

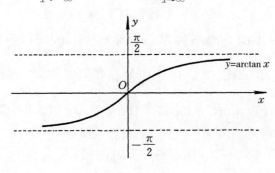

图 14-6

2. 当 $x \to x_0$ 时，函数 $f(x)$ 的极限

先看一个例子. 如图 14-7 所示，当 $x \to 3$ 时，函数 $f(x) = \dfrac{x}{3} + 1$ 的值无限

接近于 2，我们称常数 2 为函数 $f(x) = \dfrac{x}{3} + 1$ 当 $x \to 3$ 时的极限，记

为 $\lim\limits_{x\to 3}\left(\dfrac{x}{3} + 1\right) = 2.$

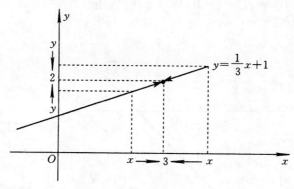

图 14-7

定义 3 如果 $x \to x_0$（不要求 $x = x_0$），函数 $f(x)$ 的值无限接近于一个确定

的常数 A，则称 A 为函数 $f(x)$ 当 $x \to x_0$ 时的**极限**，记作

$$\lim\limits_{x\to x_0}f(x) = A \quad \text{或者} \quad f(x) \to A \quad (x \to x_0).$$

有时为了实际的需要，还要考虑以下两种情况：

(1) x 从小于 x_0 的方向趋向于 x_0，记作 $x \to x_0^-$（或 $x \to x_0 - 0$）；

(2) x 从大于 x_0 的方向趋向于 x_0，记作 $x \to x_0^+$（或 $x \to x_0 + 0$）.

如果 $x \to x_0^-$（或 $x \to x_0^+$）时，函数 $f(x)$ 的值无限接近于一个确定的常数 A，

则称 A 为函数 $f(x)$ 当 $x \to x_0^-$（或 $x \to x_0^+$）时的左（或右）极限，记作

$$\lim\limits_{x\to x_0^-}f(x) = A \,(\text{或} \lim\limits_{x\to x_0^+}f(x) = A),$$

或

$$f(x_0-0)=A \ (\text{或} \ f(x_0+0)=A).$$

显然 $\lim\limits_{x \to x_0} f(x)=A$ 的充要条件是 $\lim\limits_{x \to x_0^-} f(x)=\lim\limits_{x \to x_0^+} f(x)=A.$

另外，为方便极限运算，请记住下面的结论：

(1) $\lim\limits_{x \to \infty} \dfrac{1}{x}=0$；(2) $\lim\limits_{x \to \infty} C=C$；(3) $\lim\limits_{x \to x_0} x=x_0$；(4) $\lim\limits_{x \to x_0} C=C.$

例 2 讨论函数 $y=\dfrac{x^2-1}{x+1}$ 当 $x \to -1$ 时的极限.

解 函数的定义域为 $(-\infty,-1) \bigcup (-1,+\infty)$；因为 $x \neq -1$，所以

$y=\dfrac{x^2-1}{x+1}=x-1$，作出这个函数图像（如图 14-8 所示）. 由图可知

$$f(-1-0)=\lim\limits_{x \to -1^-} \frac{x^2-1}{x+1}=\lim\limits_{x \to -1^-}(x-1)=-2,$$

$$f(-1+0)=\lim\limits_{x \to -1^+} \frac{x^2-1}{x+1}=\lim\limits_{x \to -1^+}(x-1)=-2.$$

由于 $f(-1+0)=f(-1-0)=-2$，所以 $\lim\limits_{x \to -1} \dfrac{x^2-1}{x+1}=-2.$

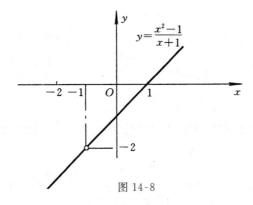

图 14-8

例 3 讨论函数 $f(x)=|x|$ 当 $x \to 0$ 时的极限.

解 $f(x)=|x|=\begin{cases} -x, & x<0, \\ x, & x \geqslant 0. \end{cases}$

$$f(0+0)=\lim\limits_{x \to 0^+} f(x)=\lim\limits_{x \to 0^+} x=0,$$

$$f(0-0)=\lim\limits_{x \to 0^-} f(x)=\lim\limits_{x \to 0^-}(-x)=0.$$

由于 $f(0+0)=f(0-0)=0$，所以 $\lim\limits_{x \to 0} |x|=0.$

例 4 讨论函数 $f(x)=\begin{cases}1, & x<0, \\ x, & x\geqslant0,\end{cases}$ 当 $x\to$

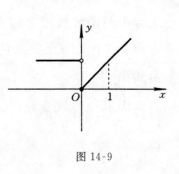

0 时的极限.

解 如图 14-9 所示,由于

$$\lim_{x\to0^+}f(x)=\lim_{x\to0^+}x=0,$$

$$\lim_{x\to0^-}f(x)=\lim_{x\to0^-}1=1,$$

图 14-9

左、右极限存在,但不相等,所以 $\lim_{x\to0}f(x)$ 不存在.

三、无穷小与无穷大

1. 无穷小

定义 4 如果当 $x\to x_0$(或 $x\to\infty$)时,函数 $f(x)$ 的极限为零,则称函数 $f(x)$ 为 $x\to x_0$(或 $x\to\infty$)时的**无穷小量**,简称**无穷小**,记作

$$\lim_{x\to x_0}f(x)=0 \ (\text{或}\lim_{x\to\infty}f(x)=0).$$

例如 $\lim_{x\to\infty}\dfrac{1}{x}=0$,所以函数 $f(x)=\dfrac{1}{x}$ 是 $x\to\infty$ 时的无穷小. 又如 $\lim_{x\to0}|x|=0$,所以函数 $f(x)=|x|$ 是 $x\to0$ 时的无穷小.

注意:无穷小不能看作一个很小的数. 例如 0.001 或 10^{-6},尽管数值很小,但都不是无穷小. 无穷小是一个无限趋近于 0 的变量. 另外,无穷小是相对于自变量的某一变化过程来说的. 例如函数 $\dfrac{1}{x}$ 只是当 $x\to\infty$ 时,才是无穷小. 所以说一个函数是无穷小,必须指出自变量的变化趋势. 以后我们常用 α,β,γ 等字母表示无穷小.

在自变量同一变化过程中,无穷小具有下面的性质:

性质 1 有限个无穷小的代数和是无穷小.

性质 2 有限个无穷小的乘积是无穷小.

性质 3 有界函数与无穷小的乘积是无穷小.

例 5 求 $\lim_{x\to\infty}\dfrac{1}{x}\sin x$.

解 因为当 $x\to\infty$ 时,函数 $\dfrac{1}{x}$ 是无穷小,$\sin x$ 满足 $|\sin x|\leqslant1$ 是有界函数,所以由性质 3 得

$$\lim_{x\to\infty}\frac{1}{x}\sin x=0.$$

无穷小与函数极限之间有如下关系：

$\lim\limits_{x \to x_0} f(x) = A$ 的充要条件是 $f(x) = A + \alpha(x)$，其中 $\alpha(x)$ 为当 $x \to x_0$ 时的无穷小.

当 x 以其他方式变化时，如 $x \to +\infty$，$x \to x_0^+$ 等，上述结论仍成立.

2. 无穷大

有一类变量，从变化的状态来看，并不趋向于某一常数，而是在变化过程中其绝对值无限变大.

例如，当 $x \to \dfrac{\pi}{2}$ 时，函数 $\tan x$ 的绝对值无限增大；当 $x \to \infty$ 时，函数 x^2 也无限增大.

定义 5 如果当 $x \to x_0$（或 $x \to \infty$）时，$|f(x)|$ 无限地增大，则称函数 $f(x)$ 为当 $x \to x_0$（或 $x \to \infty$）时的**无穷大量**，简称为**无穷大**，记作

$$\lim\limits_{x \to x_0} f(x) = \infty \quad (\text{或} \lim\limits_{x \to \infty} f(x) = \infty).$$

因此，当 $x \to \dfrac{\pi}{2}$ 时，函数 $\tan x$ 是无穷大；当 $x \to \infty$ 时，函数 x^2 也是无穷大.

注意：无穷大不能看作一个很大的数，它是在变化过程中绝对值无限增大的变量. 这样的变量的极限当然是不存在的，这里借用了极限记号"$\lim$"，只是习惯记法.

如果在某个变化过程中，$f(x)$ 无限增大，那么 $f(x)$ 称为**正无穷大**，记作

$$\lim\limits_{x \to x_0} f(x) = +\infty \quad (\text{或} \lim\limits_{x \to \infty} f(x) = +\infty).$$

如果在某个变化过程中，$f(x)$ 取负值而 $|f(x)|$ 无限增大，那么 $f(x)$ 称为**负无穷大**，记作

$$\lim\limits_{x \to x_0} f(x) = -\infty \quad (\text{或} \lim\limits_{x \to \infty} f(x) = -\infty).$$

从无穷小与无穷大的定义可以看出，在自变量同一变化过程中，无穷小与无穷大有如下关系：

如果 $\lim\limits_{x \to x_0} f(x) = \infty$，则 $\lim\limits_{x \to x_0} \dfrac{1}{f(x)} = 0$；如果 $\lim\limits_{x \to x_0} f(x) = 0$，且 $f(x) \neq 0$，则 $\lim\limits_{x \to x_0} \dfrac{1}{f(x)} = \infty$.

当 x 以其他方式变化时，如 $x \to +\infty$，$x \to x_0^+$ 等，上述结论仍成立.

习题 14-2(A 组)

1. 观察下列数列的变化趋势,若有极限,请指出极限值.

(1) $x_n = 1 + \dfrac{1}{2^n}$;　　　　　　　　(2) $x_n = \dfrac{n-1}{n+1}$;

(3) $x_n = \dfrac{(-1)^n}{n}$;　　　　　　　　(4) $x_n = n + \dfrac{1}{n}$.

2. 下列各题中,哪些是无穷小? 哪些是无穷大?

(1) $\dfrac{1+x}{x}$,当 $x \to 0$ 时;　　　　　(2) $\dfrac{1+x}{x^3}$,当 $x \to \infty$ 时;

(3) e^{-x},当 $x \to +\infty$ 时;　　　　　(4) $\tan x$,当 $x \to 0^+$ 时.

3. 求下列函数的极限.

(1) $\lim\limits_{x \to 0} x^2 \sin \dfrac{1}{x}$;　　　　　　　(2) $\lim\limits_{n \to \infty} \dfrac{\cos n^2}{n}$.

4. 函数 $y = e^x$ 的图像如图 14-10 所示.根据图像,写出下列各极限.

(1) $\lim\limits_{x \to +\infty} e^x$;　(2) $\lim\limits_{x \to -\infty} e^x$;　(3) $\lim\limits_{x \to \infty} e^x$.

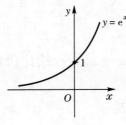

图 14-10

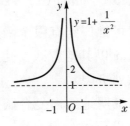

图 14-11

5. 如图 14-11 所示为函数 $y = 1 + \dfrac{1}{x^2}$ 的图像.请根据图像写出下列各极限.

(1) $\lim\limits_{x \to +\infty} \left(1 + \dfrac{1}{x^2}\right)$;　(2) $\lim\limits_{x \to -\infty} \left(1 + \dfrac{1}{x^2}\right)$;　(3) $\lim\limits_{x \to \infty} \left(1 + \dfrac{1}{x^2}\right)$.

扫一扫,获取参考答案

习题 14-2(B 组)

1. 设 $f(x) = \begin{cases} x - 1, & x \leqslant 0, \\ x + 1, & x > 0, \end{cases}$ 作出这个函数的图像,并判断当 $x \to 0$ 时,$f(x)$ 有无极限.

2. 下列函数在什么情况下为无穷小? 在什么情况下为无穷大?

(1) $y = \dfrac{x+1}{x-1}$;　　　　　　　(2) $y = \lg x$.

扫一扫,获取参考答案

14.3　极限运算

一、极限的运算法则

为了计算比较复杂的函数的极限,往往要用到函数极限的四则运算法则和复合函数极限的运算法则.

法则 1　设 $\lim\limits_{x \to x_0} f(x) = A$, $\lim\limits_{x \to x_0} g(x) = B$,则

(1) $\lim\limits_{x \to x_0} [f(x) \pm g(x)] = \lim\limits_{x \to x_0} f(x) \pm \lim\limits_{x \to x_0} g(x) = A \pm B$;

(2) $\lim\limits_{x \to x_0} [f(x) g(x)] = \lim\limits_{x \to x_0} f(x) \lim\limits_{x \to x_0} g(x) = AB$,

特别地,有
$$\lim\limits_{x \to x_0} Cf(x) = C \lim\limits_{x \to x_0} f(x) = CA,$$
$$\lim\limits_{x \to x_0} [f(x)]^n = \left[\lim\limits_{x \to x_0} f(x)\right]^n = A^n;$$

(3) $\lim\limits_{x \to x_0} \dfrac{f(x)}{g(x)} = \dfrac{\lim\limits_{x \to x_0} f(x)}{\lim\limits_{x \to x_0} g(x)} = \dfrac{A}{B}$ $(B \neq 0)$.

其中,(1),(2)可推广到有限个函数的情形.

当自变量 x 以其他方式变化时,如 $x \to \infty$, $x \to x_0^+$ 等,结论仍成立;上述法则也适用于数列极限.

我们不加证明地给出复合函数的极限运算法则.

法则 2　设函数 $y = f[\varphi(x)]$ 由 $y = f(u)$, $u = \varphi(x)$ 复合而成,如果 $\lim\limits_{x \to x_0} \varphi(x) = u_0$,并且在 x_0 点附近 $\varphi(x) \neq u_0$ （x_0 点除外）,又 $\lim\limits_{u \to u_0} f(u) = A$,则
$$\lim\limits_{x \to x_0} f[\varphi(x)] = A.$$

例 1　求 $\lim\limits_{x \to 1} (2x^3 - 3x^2 + 2)$.

解　$\lim\limits_{x \to 1} (2x^3 - 3x^2 + 2) = \lim\limits_{x \to 1} (2x^3) - \lim\limits_{x \to 1} (3x^2) + \lim\limits_{x \to 1} 2 = 2 \lim\limits_{x \to 1} x^3 - 3 \lim\limits_{x \to 1} x^2 + 2$
$= 2(\lim\limits_{x \to 1} x)^3 - 3(\lim\limits_{x \to 1} x)^2 + 2 = 2 \times 1^3 - 3 \times 1^2 + 2 = 1.$

一般地,设多项式
$$P(x) = a_n x^n + a_{n-1} x^{n-1} + \cdots + a_1 x + a_0,$$
$$Q(x) = b_m x^m + b_{m-1} x^{m-1} + \cdots + b_1 x + b_0,$$
则有
$$\lim\limits_{x \to x_0} P(x) = a_n x_0^n + a_{n-1} x_0^{n-1} + \cdots + a_1 x_0 + a_0,$$
即
$$\lim\limits_{x \to x_0} P(x) = P(x_0).$$

同理可得

$$\lim_{x \to x_0} \frac{P(x)}{Q(x)} = \frac{P(x_0)}{Q(x_0)} \quad (Q(x_0) \neq 0).$$

例2 求 $\lim\limits_{x \to 2} \dfrac{2x}{x^2 - 4}$.

解 因为分母的极限为零,所以不能用商的极限运算法则,但 $\lim\limits_{x \to 2} 2x = 4 \neq 0$,可先求出

$$\lim_{x \to 2} \frac{x^2 - 4}{2x} = \frac{0}{4} = 0,$$

再由无穷小与无穷大的关系得到

$$\lim_{x \to 2} \frac{2x}{x^2 - 4} = \infty.$$

例3 求 $\lim\limits_{x \to 2} \dfrac{-x^2 + 5x - 6}{x^2 - 4}$.

解 当 $x \to 2$ 时,分子分母的极限都为零,所以不能直接应用商的极限运算法则.但当 $x \to 2$ 时,$x \neq 2$,可先约去分子分母中的公因式 $(x-2)$ 再求极限,则有

$$\lim_{x \to 2} \frac{-x^2 + 5x - 6}{x^2 - 4} = \lim_{x \to 2} \frac{3 - x}{x + 2} = \frac{1}{4}.$$

例4 求 $\lim\limits_{x \to \infty} \dfrac{x^3 + 2x^2 + 1}{2x^3 + 4x - 2}$.

解 因分子分母都是无穷大,所以不能用商的极限运算法则,此时可以用分母中 x 的最高次幂 x^3 同除分子分母,然后再求极限.

$$\lim_{x \to \infty} \frac{x^3 + 2x^2 + 1}{2x^3 + 4x - 2} = \lim_{x \to \infty} \frac{1 + \dfrac{2}{x} + \dfrac{1}{x^3}}{2 + \dfrac{4}{x^2} - \dfrac{2}{x^3}} = \frac{\lim\limits_{x \to \infty} \left(1 + \dfrac{2}{x} + \dfrac{1}{x^3}\right)}{\lim\limits_{x \to \infty} \left(2 + \dfrac{4}{x^2} - \dfrac{2}{x^3}\right)} = \frac{1}{2}.$$

一般地,设 $a_0 \neq 0, b_0 \neq 0, m, n$ 为正整数,则有

$$\lim_{x \to \infty} \frac{a_0 x^n + a_1 x^{n-1} + \cdots + a_n}{b_0 x^m + b_1 x^{m-1} + \cdots + b_m} = \begin{cases} \dfrac{a_0}{b_0}, & \text{当 } m = n \text{ 时,} \\ 0, & \text{当 } m > n \text{ 时,} \\ \infty, & \text{当 } m < n \text{ 时.} \end{cases}$$

例5 求 $\lim\limits_{x \to \infty} \dfrac{(4x+1)^3 (3x^2 - 7)^2}{(6x - 11)^7}$.

解 因为分子分母的最高次幂都为 7,所以分子与分母同除以 x^7,得

$$\lim_{x \to \infty} \frac{(4x+1)^3 (3x^2 - 7)^2}{(6x - 11)^7} = \lim_{x \to \infty} \frac{\left(4 + \dfrac{1}{x}\right)^3 \left(3 - \dfrac{7}{x^2}\right)^2}{\left(6 - \dfrac{11}{x}\right)^7} = \frac{4^3 \times 3^2}{6^7} = \frac{1}{486}.$$

例 6　求 $\lim\limits_{x\to 1}\left(\dfrac{1}{1-x}-\dfrac{3}{1-x^3}\right)$.

解　当 $x\to 1$ 时，上式两项均为无穷大，所以不能用差的极限运算法则. 此时可以先通分，再求极限.

$$\lim\limits_{x\to 1}\left(\frac{1}{1-x}-\frac{3}{1-x^3}\right)=\lim\limits_{x\to 1}\frac{1+x+x^2-3}{1-x^3}=\lim\limits_{x\to 1}\frac{(x-1)(x+2)}{(1-x)(1+x+x^2)}$$

$$=\lim\limits_{x\to 1}\frac{-(x+2)}{1+x+x^2}=-1.$$

例 7　求 $\lim\limits_{n\to\infty}\left(\dfrac{1}{n^2}+\dfrac{2}{n^2}+\cdots+\dfrac{n}{n^2}\right)$.

解　因为有无穷多项，所以不能用和的极限运算法则，此时可先变形，再求极限.

$$\lim\limits_{n\to\infty}\left(\frac{1}{n^2}+\frac{2}{n^2}+\cdots+\frac{n}{n^2}\right)=\lim\limits_{n\to\infty}\frac{1+2+\cdots+n}{n^2}=\lim\limits_{x\to\infty}\frac{n(n+1)}{2n^2}$$

$$=\frac{1}{2}\lim\limits_{n\to\infty}\left(1+\frac{1}{n}\right)=\frac{1}{2}.$$

二、两个重要极限

在极限的计算中，常常还要用到下面的两个重要极限：

$$\lim\limits_{x\to 0}\frac{\sin x}{x}=1 \text{ 和 } \lim\limits_{x\to 0}(1+x)^{\frac{1}{x}}=\text{e}.\text{（证明略）}$$

由这两个重要极限可以得到更一般的结论：

$$\lim\limits_{\square\to 0}\frac{\sin\square}{\square}=1,\ \lim\limits_{\square\to 0}\frac{\square}{\sin\square}=1 \text{ 和 } \lim\limits_{\square\to 0}(1+\square)^{\frac{1}{\square}}=\text{e},\ \lim\limits_{\square\to 0}(1-\square)^{\frac{1}{\square}}=\frac{1}{\text{e}}.$$

例如，$\lim\limits_{x\to 2}\dfrac{\sin(x-2)}{x-2}=1$ ，$\lim\limits_{x\to 0}\dfrac{3x}{\sin 3x}=1$ ，$\lim\limits_{x\to 0}\left(1+\dfrac{2x}{3}\right)^{\frac{3}{2x}}=\text{e}$ ，

$\lim\limits_{x\to\infty}\left(1-\dfrac{1}{x}\right)^{x}=\dfrac{1}{\text{e}}$ 等.

例 8　求 $\lim\limits_{x\to 0}\dfrac{\tan x}{x}$.

解　$\lim\limits_{x\to 0}\dfrac{\tan x}{x}=\lim\limits_{x\to 0}\left(\dfrac{\sin x}{x}\times\dfrac{1}{\cos x}\right)=\lim\limits_{x\to 0}\dfrac{\sin x}{x}\times\lim\limits_{x\to 0}\dfrac{1}{\cos x}=1\times 1=1.$

例 9　求 $\lim\limits_{x\to 0}\dfrac{\sin 2x}{x}$.

解　设 $2x=t$，则 $x=\dfrac{t}{2}$. 当 $x\to 0$ 时，有 $t\to 0$，于是

$$\lim_{x \to 0} \frac{\sin 2x}{x} = \lim_{t \to 0} \frac{\sin t}{\dfrac{t}{2}} = 2 \lim_{t \to 0} \frac{\sin t}{t} = 2 ,$$

或
$$\lim_{x \to 0} \frac{\sin 2x}{x} = 2 \lim_{x \to 0} \frac{\sin 2x}{2x} = 2 \times 1 = 2 .$$

例 10　求 $\lim\limits_{x \to 0} \dfrac{1 - \cos x}{x^2}$.

解　$\lim\limits_{x \to 0} \dfrac{1 - \cos x}{x^2} = \lim\limits_{x \to 0} \dfrac{2\sin^2\left(\dfrac{x}{2}\right)}{4\left(\dfrac{x}{2}\right)^2} = \dfrac{1}{2} \lim\limits_{x \to 0} \left[\dfrac{\sin\left(\dfrac{x}{2}\right)}{\dfrac{x}{2}}\right]^2 = \dfrac{1}{2} \times 1^2 = \dfrac{1}{2}$.

例 11　求 $\lim\limits_{x \to \pi} \dfrac{\sin x}{\pi - x}$.

解　令 $\pi - x = t$，则 $x = \pi - t$. 当 $x \to \pi$ 时，$t \to 0$，于是

$$\lim_{x \to \pi} \frac{\sin x}{\pi - x} = \lim_{t \to 0} \frac{\sin(\pi - t)}{t} = \lim_{t \to 0} \frac{\sin t}{t} = 1 ,$$

或
$$\lim_{x \to \pi} \frac{\sin x}{\pi - x} = \lim_{x \to \pi} \frac{\sin(\pi - x)}{\pi - x} = 1 .$$

例 12　求 $\lim\limits_{x \to \infty} \left(1 + \dfrac{2}{x}\right)^x$.

解　$\lim\limits_{x \to \infty} \left(1 + \dfrac{2}{x}\right)^x = \lim\limits_{x \to \infty} \left[\left(1 + \dfrac{2}{x}\right)^{\frac{x}{2}}\right]^2$，令 $\dfrac{x}{2} = t$，则当 $x \to \infty$ 时，有 $t \to \infty$，

所以

$$\lim_{x \to \infty} \left(1 + \frac{2}{x}\right)^x = \lim_{t \to \infty} \left[\left(1 + \frac{1}{t}\right)^t\right]^2 = e^2 ,$$

或
$$\lim_{x \to \infty} \left(1 + \frac{2}{x}\right)^x = \lim_{x \to \infty} \left[\left(1 + \frac{2}{x}\right)^{\frac{x}{2}}\right]^2 = \left[\lim_{x \to \infty} \left(1 + \frac{2}{x}\right)^{\frac{x}{2}}\right]^2 = e^2 .$$

例 13　求 $\lim\limits_{x \to \infty} \left(1 - \dfrac{1}{x}\right)^{2x+3}$.

解　令 $-x = t$，则当 $x \to \infty$ 时，有 $t \to \infty$，所以

$$\lim_{x \to \infty} \left(1 - \frac{1}{x}\right)^{2x+3} = \lim_{t \to \infty} \left(1 + \frac{1}{t}\right)^{3 - 2t} = \lim_{t \to \infty} \left(1 + \frac{1}{t}\right)^3 \lim_{t \to \infty} \left[\left(1 + \frac{1}{t}\right)^t\right]^{-2}$$

$$= 1^3 \times e^{-2} = e^{-2} ,$$

或
$$\lim_{x \to \infty} \left(1 - \frac{1}{x}\right)^{2x+3} = \lim_{x \to \infty} \left[\left(1 - \frac{1}{x}\right)^x\right]^2 \left(1 - \frac{1}{x}\right)^3$$

$$= \left[\lim_{x \to \infty} \left(1 - \frac{1}{x}\right)^x\right]^2 \cdot \left[\lim_{x \to \infty} \left(1 - \frac{1}{x}\right)\right]^3 = \frac{1}{e^2} .$$

三、无穷小的比较

无穷小虽然都是以零为极限的变量,但不同的无穷小趋向于零的"速度"却不一定相同,有时可能差别很大.

例如,当 $x \to 0$ 时, $x, 2x, x^2$ 都是无穷小,但它们趋向于零的速度却不一样,见下表.

x	1	0.5	0.1	0.01	0.001	⋯
$2x$	2	1	0.2	0.02	0.002	⋯
x^2	1	0.25	0.01	0.0001	0.000001	⋯

显然, x^2 比 x 与 $2x$ 趋向于零的速度都快得多.快慢是相对的,是相互比较而言的.下面考虑两个无穷小之比的极限的各种不同情况,以此作为判断的依据,特引进如下定义.

定义 设 $\alpha = \alpha(x), \beta = \beta(x)$ 都是当 $x \to x_0$ 时的无穷小.

如果 $\lim\limits_{x \to x_0} \dfrac{\beta}{\alpha} = 0$,则称 β 是比 α 高阶的无穷小,记作 $\beta = o(\alpha)$;

如果 $\lim\limits_{x \to x_0} \dfrac{\beta}{\alpha} = \infty$,则称 β 是比 α 低阶的无穷小;

如果 $\lim\limits_{x \to x_0} \dfrac{\beta}{\alpha} = C \neq 0$ （ C 为常数）,则称 β 与 α 是同阶无穷小.

特别地,当常数 $C = 1$ 时,称 β 与 α 是等价无穷小,记作 $\alpha \sim \beta$.

在上述定义中,当 x 以其他方式变化时,如 $x \to \infty, x \to x_0^+$ 等,得到相应的概念.

因为 $\lim\limits_{x \to 0} \dfrac{x^2}{x} = 0$,所以当 $x \to 0$ 时, x^2 是比 x 高阶的无穷小;又因为 $\lim\limits_{x \to 0} \dfrac{x}{2x} = \dfrac{1}{2}$,所以当 $x \to 0$ 时, x 与 $2x$ 是同阶无穷小.

常用的等价无穷小有下面的几组:当 $x \to 0$ 时,

$$\sin x \sim x, \qquad \tan x \sim x,$$
$$\mathrm{e}^x - 1 \sim x, \qquad \ln(1+x) \sim x,$$
$$1 - \cos x \sim \frac{x^2}{2}, \qquad \sqrt[n]{1+x} - 1 \sim \frac{x}{n},$$
$$\arcsin x \sim x, \qquad \arctan x \sim x.$$

在求函数极限的过程中,如果用等价无穷小来替代原来的函数,往往会使求极限的过程得到简化.现把等价无穷小替代法则叙述如下:

设 $\alpha = \alpha(x), \beta = \beta(x), \alpha' = \alpha'(x), \beta' = \beta'(x)$,当 $x \to x_0$ 时, $\alpha \sim \alpha', \beta \sim \beta'$,且

$\lim\limits_{x \to x_0} \dfrac{\beta'}{\alpha'}$ 存在(或为 ∞),因为 $\lim\limits_{x \to x_0} \dfrac{\beta}{\alpha} = \lim\limits_{x \to x_0} \left(\dfrac{\beta}{\beta'} \cdot \dfrac{\beta'}{\alpha'} \cdot \dfrac{\alpha'}{\alpha} \right) = \lim\limits_{x \to x_0} \dfrac{\beta'}{\alpha'}$. 则 $\lim\limits_{x \to x_0} \dfrac{\beta}{\alpha} = \lim\limits_{x \to x_0} \dfrac{\beta'}{\alpha'}$.

显然也有: $\lim\limits_{x \to x_0} \dfrac{\beta}{\alpha} = \lim\limits_{x \to x_0} \dfrac{\beta}{\alpha'}$, $\lim\limits_{x \to x_0} \dfrac{\beta}{\alpha} = \lim\limits_{x \to x_0} \dfrac{\beta'}{\alpha}$.

当 x 以其他方式变化时,如 $x \to \infty$,$x \to x_0^+$ 等,法则的结论仍成立.

例 14 求 $\lim\limits_{x \to 0} \dfrac{\sin 3x}{\tan 2x}$.

解 当 $x \to 0$ 时,$\sin 3x \sim 3x$,$\tan 2x \sim 2x$,于是

$$\lim_{x \to 0} \frac{\sin 3x}{\tan 2x} = \lim_{x \to 0} \frac{3x}{2x} = \frac{3}{2},$$

或

$$\lim_{x \to 0} \frac{\sin 3x}{\tan 2x} = \frac{3}{2} \lim_{x \to 0} \left(\frac{\sin 3x}{3x} \cdot \frac{2x}{\sin 2x} \cdot \cos 2x \right)$$

$$= \frac{3}{2} \lim_{x \to 0} \frac{\sin 3x}{3x} \cdot \lim_{x \to 0} \frac{2x}{\sin 2x} \cdot \lim_{x \to 0} \cos 2x$$

$$= \frac{3}{2} \times 1 \times 1 \times 1 = \frac{3}{2}.$$

例 15 求 $\lim\limits_{x \to 0} \dfrac{\tan x - \sin x}{x^3}$.

解 当 $x \to 0$ 时,$\sin x \sim x$,$1 - \cos x \sim \dfrac{x^2}{2}$,于是

$$\lim_{x \to 0} \frac{\tan x - \sin x}{x^3} = \lim_{x \to 0} \frac{\sin x(1 - \cos x)}{x^3 \cos x} = \lim_{x \to 0} \frac{x\left(\dfrac{x^2}{2}\right)}{x^3 \cos x} = \lim_{x \to 0} \frac{1}{2\cos x} = \frac{1}{2}.$$

习题 14-3(A 组)

1. 求下列极限.

(1) $\lim\limits_{x \to -1} (2x^2 - 3x + 1)$;

(2) $\lim\limits_{x \to \infty} \left(2 - \dfrac{3}{x}\right)\left(1 + \dfrac{1}{x^3}\right)$;

(3) $\lim\limits_{x \to 1} \dfrac{x^2 - 4}{2x^3 - x}$;

(4) $\lim\limits_{x \to 2} \dfrac{x^2 - 4}{x - 2}$;

(5) $\lim\limits_{x \to \infty} \dfrac{3x^2 + 2x - 4}{x^3 - 2x}$;

(6) $\lim\limits_{n \to \infty} \dfrac{n^3 + 2n + 1}{4n^3 - 3n - 1}$.

2. 求下列极限.

(1) $\lim\limits_{x \to \infty} \dfrac{\sin x}{x}$;

(2) $\lim\limits_{x \to 0} \dfrac{1}{x} \sin x$;

(3) $\lim\limits_{x \to \infty} \dfrac{1}{x} \sin x$

(4) $\lim\limits_{x \to 0} \dfrac{\sin 2x}{3x}$.

3. 求下列极限.

(1) $\lim\limits_{x\to\infty}\left(1+\dfrac{1}{x}\right)^{3x}$;

(2) $\lim\limits_{x\to 0}(1+2x)^{\frac{1}{x}}$;

(3) $\lim\limits_{x\to 0}(1-x)^{\frac{1}{x}}$;

(4) $\lim\limits_{x\to\infty}\left(1-\dfrac{1}{2x}\right)^{x}$.

4. 试比较下列各对无穷小的阶的高低.

(1) 当 $x\to 0$ 时, x^3 与 x;

(2) 当 $x\to\infty$ 时, $\dfrac{1}{x}$ 与 $\dfrac{1}{x^2}$;

(3) 当 $x\to 0$ 时, x 与 $x\cos x$.

扫一扫,获取参考答案

习题 14-3（B 组）

1. 求下列极限.

(1) $\lim\limits_{x\to 1}\dfrac{x^2-1}{2x^2-x-1}$;

(2) $\lim\limits_{x\to 0}\dfrac{x^2}{1-\sqrt{1+x^2}}$;

(3) $\lim\limits_{n\to\infty}\left(1+\dfrac{1}{2}+\dfrac{1}{4}+\cdots+\dfrac{1}{2^n}\right)$;

(4) $\lim\limits_{x\to 0}\dfrac{\sin 2x}{\sin 3x}$;

(5) $\lim\limits_{x\to 0}\dfrac{\arctan x}{\sin x}$;

(6) $\lim\limits_{x\to\infty}\left(\dfrac{1+x}{x}\right)^{3x}$.

2. 若 $\lim\limits_{x\to 3}\dfrac{x^2-2x+k}{x-3}=4$, 求 k 的值.

扫一扫,获取参考答案

14.4 函数的连续性

在很多实际问题中,数量的变化常具有连续性.例如,气温随时间的变化而变化,当时间的变化极为微小时,气温的变化也极为微小;河床的水位随时间的变化而变化,当时间的变化极为微小时,水位的变化也极为微小.也就是说,气温和水位是连续变化的.又如,金属轴的长度随周围介质的温度而变化,当温度的改变极为微小时,长度的改变也极为微小.也就是说,金属轴的长度是连续变化的,许多"连续变化"的现象在函数关系上的反映,就是函数的连续性.

一、函数连续性概念

1.增量

设函数 $y=f(x)$（如图 14-12 所示）在某区间内有定义,当自变量 x 在区间

内由 x_0 变到 x_1 时，$x_1 - x_0$ 称为自变量 x 在点 x_0 处的改变量，记作 Δx（它可正可负），即

$$\Delta x = x_1 - x_0, \quad x_1 = x_0 + \Delta x.$$

$f(x_1) - f(x_0)$ 称为函数 $f(x)$ 对应的改变量，记作 Δy，即

$$\Delta y = f(x_1) - f(x_0) = f(x_0 + \Delta x) - f(x_0).$$

有时也将函数改变量称之为函数的 **增量**.

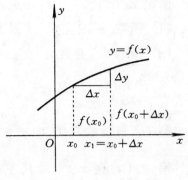

图 14-12

2. 函数连续性

从直观上看，连续函数的图像是一条没有间断的曲线. 如果函数 $f(x)$ 的图像在点 x_0 及其附近有定义且不发生间断，当自变量 x 在点 x_0 处取得极其微小的改变量 Δx 时，函数的改变量 $\Delta y = f(x_0 + \Delta x) - f(x_0)$ 也极其微小，即当 $\Delta x \to 0$ 时，有 $\Delta y \to 0$.

定义 1 设函数 $y = f(x)$ 在点 x_0 及其附近有定义，且有

$$\lim_{\Delta x \to 0} \Delta y = 0 \quad \text{或} \quad \lim_{\Delta x \to 0} [f(x_0 + \Delta x) - f(x_0)] = 0,$$

则称函数 $y = f(x)$ 在点 x_0 处 **连续**，点 x_0 称为函数 $f(x)$ 的 **连续点**.

令 $x_0 + \Delta x = x$，则当 $\Delta x \to 0$ 时，$x \to x_0$，因此上述定义中的第二式可改写成

$$\lim_{x \to x_0} [f(x) - f(x_0)] = 0,$$

即

$$\lim_{x \to x_0} f(x) = f(x_0).$$

所以，函数 $y = f(x)$ 在点 x_0 处连续的定义又可叙述如下：

定义 2 设函数 $y = f(x)$ 在点 x_0 及其附近有定义，且有

$$\lim_{x \to x_0} f(x) = f(x_0),$$

则称函数 $y = f(x)$ 在点 x_0 处 **连续**.

同理，若 $\lim\limits_{x \to x_0^-} f(x) = f(x_0)$，则称 $y = f(x)$ 在点 x_0 处左连续；若 $\lim\limits_{x \to x_0^+} f(x) = f(x_0)$，则称 $y = f(x)$ 在点 x_0 处右连续. 故 $f(x)$ 在点 x_0 处连续的充要条件是 $f(x)$ 在点 x_0 处既左连续又右连续.

例 1 证明函数 $f(x) = x^3$ 在点 $x = 2$ 处连续.

证明 因为 $f(x) = x^3$ 在点 $x = 2$ 及其附近有定义，且

$$\lim_{x \to 2} x^3 = 8 = f(2),$$

所以 $f(x) = x^3$ 在点 $x = 2$ 处连续.

由定义2可知，$f(x)$在点x_0连续必须同时满足以下三个条件：

(1) 函数$f(x)$在点x_0及其附近有定义；

(2) $\lim\limits_{x \to x_0} f(x)$存在；

(3) $\lim\limits_{x \to x_0} f(x) = f(x_0)$.

例 2 判断函数$f(x) = \begin{cases} 1, & x < 0 \\ x, & x \geqslant 0 \end{cases}$ 在$x = 0$处的连续性.

解 $f(x)$在$x = 0$及其左右近旁有定义（如图14-13所示），由于

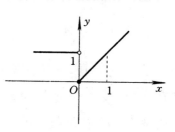

图 14-13

$$\lim_{x \to 0^-} f(x) = \lim_{x \to 0^-} 1 = 1,$$
$$\lim_{x \to 0^+} f(x) = \lim_{x \to 0^+} x = 0,$$

故函数$f(x)$当$x \to 0$时极限不存在，所以在点$x = 0$处函数$f(x)$不连续.

如果函数$f(x)$在开区间(a,b)内每一点处都连续，则称$f(x)$在开区间(a,b)内连续. 如果函数$f(x)$在开区间(a,b)内连续，且在端点a处右连续，b处左连续，即

$$\lim_{x \to a^+} f(x) = f(a), \qquad \lim_{x \to b^-} f(x) = f(b),$$

则称$f(x)$在闭区间$[a,b]$上连续，$f(x)$称为$[a,b]$上的**连续函数**. 函数$f(x)$的全体连续点构成的区间称为该函数的**连续区间**. 在连续区间上，连续函数的图像是一条连绵不断的曲线.

二、初等函数的连续性

由基本初等函数的图像可以知道，基本初等函数在其定义区间内都是连续的. 根据函数连续性的定义和极限运算法则，容易得到：

如果函数$f(x)$，$g(x)$在点$x = x_0$处连续，$f(x) \pm g(x)$，$f(x) \cdot g(x)$，$\dfrac{f(x)}{g(x)} \ (g(x_0) \neq 0)$也都在点$x = x_0$处连续. 也就是说，两个连续函数的和、差、积、商仍是连续函数.

如果函数$u = \varphi(x)$在点x_0处连续，且$\varphi(x_0) = u_0$，而函数$y = f(u)$在点u_0连续，那么复合函数$y = f[\varphi(x)]$在点x_0处也连续.

由以上讨论，可以得出结论：**初等函数在其定义区间内是连续的**.

这个结论很重要，它提供了求初等函数极限的一种方法：如果函数$f(x)$是初等函数，且x_0是$f(x)$定义区间内的一点，那么求极限$\lim\limits_{x \to x_0} f(x)$的值，只需求

函数在 x_0 点的函数值 $f(x_0)$，即

$$\lim_{x \to x_0} f(x) = f(x_0).$$

也可用 $\lim\limits_{x \to x_0} f[\varphi(x)] = f[\lim\limits_{x \to x_0} \varphi(x)]$ 来求一些复合函数的极限.

例 3　求 $\lim\limits_{x \to 0} \sqrt{1-x^2}$.

解　函数 $f(x) = \sqrt{1-x^2}$ 是一个初等函数，它的定义域为 $[-1,1]$，而 $x=0 \in [-1,1]$，所以

$$\lim_{x \to 0} \sqrt{1-x^2} = f(0) = 1.$$

例 4　求 $\lim\limits_{x \to \frac{\pi}{2}} \ln\sin x$.

解
$$\lim_{x \to \frac{\pi}{2}} \ln\sin x = \ln\lim_{x \to \frac{\pi}{2}} \sin x = \ln\sin\frac{\pi}{2} = 0.$$

三、闭区间上连续函数的性质

定理 1(最大值和最小值定理)　如果函数 $f(x)$ 在闭区间 $[a,b]$ 上连续，则函数 $f(x)$ 在 $[a,b]$ 上必有最大值和最小值.

如图 14-14 所示，函数 $f(x)$ 在闭区间 $[a,b]$ 上连续，显然，在点 ξ_1 处，函数取得最小值 $f(\xi_1) = m$；在点 ξ_2 处，函数取得最大值 $f(\xi_2) = M$.

定理 2(方程实根的存在定理)　如果函数 $f(x)$ 在闭区间 $[a,b]$ 上连续，且 $f(a)$ 与 $f(b)$ 异号，则至少存在一点 $\xi \in (a,b)$，使得 $f(\xi) = 0$.

如图 14-15 所示，函数 $f(x)$ 在闭区间 $[a,b]$ 上连续，且 $f(a) < 0, f(b) > 0$，那么在闭区间 $[a,b]$ 上连续的曲线 $y = f(x)$ 与 x 轴至少有一个交点 $(\xi,0)$，即 $f(\xi) = 0$.

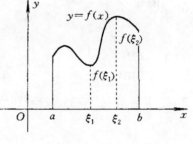

图 14-14

由定理 2 可知，$x = \xi$ 是方程 $f(x) = 0$ 的一个实根，且 ξ 位于开区间 (a,b) 内，因而，利用这个定理可以判断方程 $f(x) = 0$ 在某个开区间内的实根存在.

例 5　证明方程 $x^3 - 4x + 1 = 0$ 在区间 $(0,1)$ 内至少有一个实根.

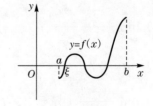

图 14-15

证明　设 $f(x) = x^3 - 4x + 1$，因为函数 $f(x)$ 是初等函数，定义域是 $(-\infty, +\infty)$，因此它在闭区间 $[0,1]$ 上连续. 又函数在区间 $[0,1]$ 的端点处的

函数值分别为

$$f(0)=1>0,\quad f(1)=-2<0.$$

根据定理 2,至少存在一点 $\xi \in (0,1)$,使得 $f(\xi)=0$.

此即说明方程 $x^3-4x+1=0$ 在 $(0,1)$ 内至少有一个实根 ξ.

习题 14-4(A 组)

1. 求函数 $y=x^2+2x-3$,当 $x=1,\Delta x=0.5$ 时的改变量及当 $x=1,\Delta x=-0.2$ 时的改变量.

2. 讨论函数 $f(x)=3x-2$ 在 $x=0$ 的连续性.

3. 讨论下列函数在点 $x=0$ 处的连续性.

(1) $f(x)=\begin{cases}2, & x>0, \\ x+1, & x\leq 0;\end{cases}$　　　(2) $f(x)=\begin{cases}2x+1, & x<0, \\ 1-x^2, & x\geq 0.\end{cases}$

4. 下列函数在区间 $(-1,1)$ 内是否连续?

(1) $f(x)=|x|$;　　(2) $f(x)=\dfrac{|x|}{x}$;　　(3) $f(x)=x\sin x$.

5. 求函数 $f(x)=\ln(x+2)$ 的连续区间,并求 $\lim\limits_{x\to 1} f(x)$.

6. 求下列各极限:

(1) $\lim\limits_{x\to 1}\dfrac{2x^2-1}{x+1}$;　　　　　(2) $\lim\limits_{x\to 0}\sqrt{x^2-5x+2}$;

(3) $\lim\limits_{x\to\infty} e^{\frac{1}{x}}$;　　　　　(4) $\lim\limits_{x\to\infty}\sin(\arctan x)$.

7. 证明方程 $x^3-3x+1=0$ 在 $(1,2)$ 内至少有一实根.

扫一扫,获取参考答案

习题 14-4(B 组)

1. 求下列极限.

(1) $\lim\limits_{x\to 0}\dfrac{\sqrt{x+1}-1}{x}$;

(2) $\lim\limits_{x\to+\infty}(\sqrt{x^2+x}-\sqrt{x^2-x})$;

(3) $\lim\limits_{x\to 0}\dfrac{e^x-1}{x}$ (提示:令 $t=e^x-1$).

2. 设函数 $f(x)=\begin{cases}e^x, & x\leq 0, \\ a+x, & x>0,\end{cases}$ 求 a 的值,使 $f(x)$ 在 $(-\infty,+\infty)$ 内连续.

扫一扫,获取参考答案

复习题 14

1. 填空题：

(1) 函数 $f(x)=\dfrac{1}{\ln(x-2)}$ 的定义域是_____；

(2) 若 $f(x)=\begin{cases} x+1, & x>0 \\ \pi, & x=0 \\ 0, & x<0 \end{cases}$，则 $f\{f[f(-1)]\}=$_____；

(3) 函数 $y=\ln\sin^2 x$ 的复合过程是_____；

(4) 设 $f(x)=1+\ln x$，$g(x)=\arctan x$，则 $f[g(x)]=$_____，
$f[f(x)]=$_____；

(5) 极限 $\lim\limits_{x\to x_0} f(x)$ 存在的充要条件是_____；

(6) $\lim\limits_{x\to 0}\dfrac{\sin x}{x^2+3x}=$_____；

(7) 设 $f(x)=2^{-x}$，当 $x\to$_____时为无穷小量；当 $x\to$_____时为无穷大量；

(8) 设 $f(x)=\begin{cases} \dfrac{k}{1+x^2}, & x\geq 1 \\ 3x^2+2, & x<1 \end{cases}$，若 $f(x)$ 在 $x=1$ 处连续，则 $k=$_____.

2. 选择题：

(1) 函数 $y=\sqrt{2+x}+\dfrac{1}{\lg(x+1)}$ 的连续区间是（　　）；

A. $(-2,-1)\bigcup(0,+\infty)$　　　　　　B. $(-1,0)\bigcup(0,+\infty)$

C. $(-2,0)\bigcup(0,+\infty)$　　　　　　D. $(-1,\infty)$

(2) 设 $f(x)$ 为奇函数且 $f(1)=2$，又 $g(x)=f(x)+4$，则 $g(-1)=$（　　）；

A. 1　　　　　B. 2　　　　　C. 4　　　　　D. 6

(3) 函数 $y=\arccos^2(3x)$ 的复合过程是（　　）；

A. $y=u^2,u=\arccos v,v=\cos t,t=3x$

B. $y=\arccos u,u=v^2,v=\cos t,t=3x$

C. $y=u^2,u=\arccos v,v=3x$

D. $y=\arccos^2 u,u=3x$

(4) 下列各式中正确的是（　　）；

A. $\lim\limits_{x\to 0}\dfrac{x}{\sin x}=0$　　　　　　　　B. $\lim\limits_{x\to\infty}\dfrac{\sin x}{x}=1$

C. $\lim\limits_{x\to\infty}\dfrac{x}{\sin x}=0$　　　　　　　　D. $\lim\limits_{x\to 0}\dfrac{x}{\sin x}=1$

（5）下列各式中，运算正确的是（　　）；

A. $\lim\limits_{x\to 0} x\sin\frac{1}{x} = \lim\limits_{x\to 0} x \cdot \lim\limits_{x\to 0}\sin\frac{1}{x} = 0$　　B. $\lim\limits_{x\to 0} x\sin\frac{1}{x} = \lim\limits_{x\to 0}\frac{\sin\frac{1}{x}}{\frac{1}{x}} = 1$

C. $\lim\limits_{x\to 0}\frac{\sin 3x}{\sin 2x} = \frac{\lim\limits_{x\to 0}\sin 3x}{\lim\limits_{x\to 0}\sin 2x} = 0$　　D. $\lim\limits_{x\to 0}\frac{\sin 3x}{\sin 2x} = \frac{3}{2}\frac{\lim\limits_{x\to 0}\frac{\sin 3x}{3x}}{\lim\limits_{x\to 0}\frac{\sin 2x}{2x}} = \frac{3}{2}$

（6）设 $\alpha = 1-\cos x, \beta = 2x^2$，则当 $x\to 0$ 时（　　）；

A. α 与 β 是同阶但不等价的无穷小　　B. α 与 β 是等价无穷小

C. α 是比 β 高阶的无穷小　　D. β 是比 α 高阶的无穷小

（7）$\lim\limits_{x\to\infty}\sin\frac{1}{x} = ($　　$)$；

A. 1　　　　　B. 0　　　　　C. ∞　　　　　D. 不存在

（8）函数 $f(x)$ 在 x_0 点具有极限是 $f(x)$ 在 x_0 点连续的（　　）．

A. 必要条件　　　　　B. 充分条件

C. 充分必要条件　　　　　D. 既不是必要条件，也不是充分条件

3. 计算下列各极限．

（1）$\lim\limits_{x\to 0}\frac{x-\sin x}{x+\sin x}$；　　　　（2）$\lim\limits_{x\to\infty}\frac{3x^2-2x-1}{2x^2-3x+1}$；

（3）$\lim\limits_{x\to\infty}\frac{(x-1)(x-2)(x-3)}{(1-2x)^3}$；　　　　（4）$\lim\limits_{h\to 0}\frac{\ln(x+h)-\ln x}{h}$；

（5）$\lim\limits_{x\to 3}\sqrt{\frac{1}{x-3}-\frac{6}{x^2-9}}$；　　　　（6）$\lim\limits_{x\to 0}\frac{1-\sqrt{1-x^2}}{x^2}$；

（7）$\lim\limits_{x\to\infty}\left(\frac{x-1}{x+1}\right)^x$；　　　　（8）$\lim\limits_{x\to 0}\frac{1-\cos x}{x\tan x}$．

4. 当 a 为何值时，函数 $f(x) = \begin{cases} a+x+x^2, & x\leqslant 0 \\ \dfrac{\sin 3x}{x}, & x>0 \end{cases}$ 在点 $x=0$ 处连续？

5. 设函数

$$f(x) = \begin{cases} 2-x, & x<-1, \\ 2, & -1\leqslant x\leqslant 1, \\ x+1, & x>1. \end{cases}$$

试讨论 $f(x)$ 在点 $x=-1, x=0, x=1$ 处的连续性，并求 $f(x)$ 的连续区间．

6. 证明方程 $e^x-3x=0$ 至少存在一个小于1的正实数根．

扫一扫，获取参考答案

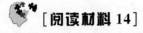

中国古代数学中的极限思想

中国是世界四大文明古国之一,和古埃及、古巴比伦、古印度一样,数学出现得很早.与希腊数学的逻辑化、几何化倾向相反,中国古代数学的算法化和实用性倾向十分明显.这两种风格迥异的数学思想方法,在世界数学发展史上,起着互相补充、互相促进的作用.其中,以问题为中心的算法体系就蕴含着极限的思想.

很早以前我国便有了极限思想的萌芽.公元前4世纪,名家惠施便清楚地表达了无限分割的概念,"一尺之棰,日取其半,万世不竭."这段话的大意是,有一根一尺长的木棒,若第一天截取它的一半,而以后每天截取前一天剩余的一半,那么,这根棒是永远也截取不完的.显然,用现代的记法,我们可以把它写成一个无穷递减等比数列,即

$$1, \frac{1}{2}, \frac{1}{2^2}, \frac{1}{2^3}, \cdots, \frac{1}{2^n}, \cdots$$

用数轴直观表示出来,如图14-16所示,由于$\frac{1}{2^n}$当n无限增大时为无穷小,所以它的极限为零.

图14-16

在《九章算术》里,有这样一句话:"女子善织,日自倍……"我们可以把它写成一个无穷递增等比数列,即

$$1, 2, 2^2, 2^3, \cdots, 2^n, \cdots$$

显然,当n无限增大时,2^n为无穷大,它的极限不存在.

数学家刘徽于公元263年为《九章算术》作注,提出了自己的数学理论,建立了完整的中算理论体系,以"割圆术"的研究闻名于世.他首先肯定圆内接正多边形的面积小于圆的面积,然后将正多边形的边数逐次倍增,则面积逐次增大,边数越大则正多边形面积越接近于圆面积.他在《九章算术》注文中说:"割之弥细,所失弥少,割之又割以至于不可割则与圆合体而无所失矣."也就是说当边数成倍增加地分割下去,被分割的圆弧和所对应正多边形的边越短,圆内

接正多边形的面积与圆面积的差就越小. 按照这种方法, 当分割次数无限增加, 正多边形势必与圆重合, 这样正多边形的面积就与圆面积相等. 刘徽的方法反映了"以直代曲"的转化思想, 充分体现了极限的思想方法. 这是我国把极限概念用于数学的最早例证.

南北朝时期伟大数学家祖冲之也采用了这种极限思想和方法. 在当时的技术条件下, 从圆内接正六边形算起, 不断算出内接边数增加 1 倍的正多边形的边长, 首次将圆周率 π 精算到小数点后第 7 位, 计算出 π 介于 3.1415926 与 3.1415927 之间, 居世界领先水平.

上面的事例表明, 我国古代数学家很早就发现长度、面积、体积都可以用无限多个不可分量或无穷小量求和的方法而得到. 也就是说, 我国古代数学中早就孕育着极限概念的根苗, 它是导致微积分产生的重要原因之一.

第 14 章单元自测

1. 设函数 $f(x)=\begin{cases} 2^x, & -1<x<0, \\ 2, & 0\leqslant x<1, \\ x-1, & 1\leqslant x\leqslant 3, \end{cases}$ 作出 $f(x)$ 的图形, 并求 $f(3), f\left(\dfrac{1}{2}\right), f(0), f\left(-\dfrac{1}{2}\right)$ 及 $f[f(0)]$ 的值.

2. 判别下列函数的奇偶性.

   (1) $f(x)=x\sin\dfrac{1}{x}$;　　　　　　　(2) $f(x)=2x^3+3x$.

3. 指出函数 $y=\ln\sqrt{3x+5}$ 是由哪些简单函数复合而成的.

4. 当 $x\to 0$ 时, 下列函数中与 x 相比为等价无穷小的有哪些?

   (1) $x+\sin x$;　(2) $\dfrac{\sin x}{\sqrt{x}}$;　(3) $\tan x$;　(4) $\ln(1+x)$.

5. 求下列各极限.

   (1) $\lim\limits_{n\to\infty}\left(\dfrac{1}{n^2}+\dfrac{2}{n^2}+\cdots+\dfrac{n}{n^2}\right)$;　　(2) $\lim\limits_{x\to 1}\dfrac{2x^2-3x+1}{3x^2-2x-1}$;

   (3) $\lim\limits_{x\to 0}\dfrac{1-\sqrt{1-x^2}}{x^2}$;　　(4) $\lim\limits_{x\to 0}\dfrac{\sin x-x}{x}$;

   (5) $\lim\limits_{x\to\infty}\dfrac{(3x^2+1)^5(2x-1)^5}{(x+1)^{15}}$;　　(6) $\lim\limits_{x\to\frac{\pi}{2}}\dfrac{\cos\dfrac{x}{2}-\sin\dfrac{x}{2}}{\cos x}$;

   (7) $\lim\limits_{x\to\infty}\left(1+\dfrac{1}{2x}\right)^x$;　　(8) $\lim\limits_{x\to\infty}\dfrac{3x+\sin x}{2x-\sin x}$;

   (9) $\lim\limits_{n\to\infty}\left(\sqrt{n+1}-\sqrt{n}\right)$;　　(10) $\lim\limits_{x\to 0}\dfrac{\ln(1+x)}{\sin x}$.

6. 求函数 $f(x) = \dfrac{1}{\sqrt[3]{x^2 - 3x + 2}}$ 的连续区间.

7. 已知 $f(x) = \begin{cases} x^2 + 1, & x < 0, \\ a - 1, & x = 0, \\ \dfrac{\ln(1 + bx)}{x}, & x > 0. \end{cases}$

(1) a, b 为何值时, $\lim\limits_{x \to 0} f(x)$ 存在；

(2) a, b 为何值时, $f(x)$ 在 $x = 0$ 处连续.

第 15 章

导数与微分

在自然科学和工程技术的实践中,常常需要研究某个变量相对于另一个变量的变化快慢程度,通常称为变化率问题,如运动学中变速直线运动的瞬时速度、电学中非恒定电流的电流强度、几何学中切线的斜率等. 导数——这个微积分学中的重要概念,就是从这些实际问题中抽象概括出来的. 微分的引入是为了解决与导数密切相关的另一类问题,即当自变量取得一个微小的增量 Δx 时,如何方便地、近似程度较好地计算函数的增量 Δy. 本章将首先介绍导数的概念及计算方法,然后介绍微分的概念、计算方法及其在近似计算中的应用.

15.1 导数的概念

一、两个引例

1. 变速直线运动的速度

设做变速直线运动的物体所走过的路程 s 与时间 t 的函数关系为 $s = s(t)$,求该物体在 t_0 时刻的瞬时速度 $v(t_0)$.

如图 15-1 所示,设该物体在 t_0 时刻的位置为 $s(t_0)$,当时间 t 从 t_0 变化到 $t_0 + \Delta t$ 时,路程 s 相应地有增量 $\Delta s = s(t_0 + \Delta t) - s(t_0)$,于是物体在 t_0 到 $t_0 + \Delta t$ 这段时间内的平均速度为

$$\overline{v} = \frac{\Delta s}{\Delta t} = \frac{s(t_0 + \Delta t) - s(t_0)}{\Delta t}.$$

我们知道,在匀速直线运动中,物体在任何时刻的瞬时速度都是相同的,就是平均速度. 但物体做变速直线运动时,在 t_0 到 $t_0 + \Delta t$ 这段时间内每一时刻的速度是变化的. 由于 $|\Delta t|$ 很小时,物体运动速度的变化量并不大,我们可以

用 Δt 这段时间内的平均速度 $\bar{v}$ 作为物体在 t_0 时刻的瞬时速度 $v(t_0)$ 的近似值.
可以想象,$|\Delta t|$ 越小,即 t 越接近于 t_0,其近似程度就越高,$\bar{v}$ 越接近于 $v(t_0)$
.因此,当 $\Delta t \to 0$ 时,如果平均速度 $\bar{v}$ 的极限存在,则此极限值就是物体在 t_0 时
刻的速度(瞬时速度)$v(t_0)$,即

$$v(t_0) = \lim_{\Delta t \to 0} \frac{\Delta s}{\Delta t} = \lim_{\Delta t \to 0} \frac{s(t_0 + \Delta t) - s(t_0)}{\Delta t}.$$

上式表明,变速直线运动的瞬时速度是路程增量 Δs 与时间增量 Δt 之比在
$\Delta t \to 0$ 时的极限,常称之为路程关于时间的变化率,它反映了在 t_0 时刻路程相
对于时间变化的快慢程度.

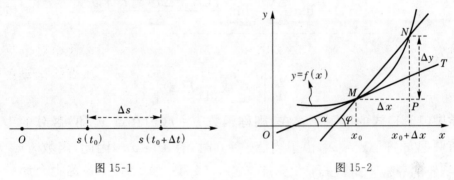

图 15-1　　　　　　　　　　　　　　图 15-2

2. 曲线的切线斜率

如图 15-2 所示,已知曲线方程为 $y = f(x)$,点 $M(x_0, y_0)$ 为曲线上一定
点.设 N 是曲线上在点 M 附近的一点,作割线 MN,当动点 N 沿曲线无限趋
近于点 M 时,若割线 MN 的极限位置 MT 存在,则称直线 MT 为曲线在点 M
处的**切线**.下面来求曲线在点 M 处的切线 MT 的斜率.

设动点 $N(x_0 + \Delta x, y_0 + \Delta y)$,割线 MN 的倾斜角为 φ,割线 MN 的斜
率为

$$\tan\varphi = \frac{\Delta y}{\Delta x} = \frac{f(x_0 + \Delta x) - f(x_0)}{\Delta x}.$$

当 $\Delta x \to 0$ 时,动点 N 将沿曲线无限趋近于点 M,而割线 MN 也随之无限
趋近于切线 MT.因此,曲线在点 M 处的切线 MT 的斜率为

$$\tan\alpha = \lim_{\Delta x \to 0} \tan\varphi = \lim_{\Delta x \to 0} \frac{\Delta y}{\Delta x} = \lim_{\Delta x \to 0} \frac{f(x_0 + \Delta x) - f(x_0)}{\Delta x}.$$

如果抽去两个引例的具体含义,只从数量关系分析,都可归结为当自变量
的增量趋于零时,函数的增量与自变量的增量之比的极限问题,这类问题在自
然科学和工程技术实践中会经常遇到.因此,可将它们抽象成导数的概念.

二、导数的定义

定义   设函数 $y=f(x)$ 在点 x_0 及其附近有定义，当自变量在 x_0 处有增量 Δx 时，函数有相应的增量

$$\Delta y=f(x_0+\Delta x)-f(x_0).$$

如果当 $\Delta x \to 0$ 时，比值 $\dfrac{\Delta y}{\Delta x}$ 的极限存在，则称函数 $y=f(x)$ 在点 x_0 **可导**，并称此极限值为函数 $y=f(x)$ 在点 x_0 的**导数**（或**变化率**），记作 $f'(x_0)$，即

$$f'(x_0)=\lim_{\Delta x \to 0}\frac{\Delta y}{\Delta x}=\lim_{\Delta x \to 0}\frac{f(x_0+\Delta x)-f(x_0)}{\Delta x} \qquad (15\text{-}1)$$

也可记为

$$y'\big|_{x=x_0},\ \frac{\mathrm{d}y}{\mathrm{d}x}\bigg|_{x=x_0}\ \text{或}\ \frac{\mathrm{d}}{\mathrm{d}x}f(x)\bigg|_{x=x_0}.$$

如果(15-1)式的极限不存在，则称函数 $y=f(x)$ 在点 x_0 不可导.

如果记 $x_0+\Delta x=x$，由于当 $\Delta x \to 0$ 时，有 $x \to x_0$，因此，函数 $y=f(x)$ 在点 x_0 处的导数也可以写成

$$f'(x_0)=\lim_{x \to x_0}\frac{f(x)-f(x_0)}{x-x_0}.$$

注意：因为 $f'(x_0)$ 是极限，而极限存在的充要条件是左、右极限都存在且相等. 记

$$f'_-(x_0)=\lim_{\Delta x \to 0^-}\frac{\Delta y}{\Delta x}=\lim_{x \to x_0^-}\frac{f(x)-f(x_0)}{x-x_0},$$

$$f'_+(x_0)=\lim_{\Delta x \to 0^+}\frac{\Delta y}{\Delta x}=\lim_{x \to x_0^+}\frac{f(x)-f(x_0)}{x-x_0},$$

称 $f'_-(x_0)$ 和 $f'_+(x_0)$ 分别为 $y=f(x)$ 在点 x_0 处的**左导数**和**右导数**. 因此，得到下列的结论：

函数 $f(x)$ 在点 x_0 处可导的充要条件是左导数 $f'_-(x_0)$ 和右导数 $f'_+(x_0)$ 都存在且相等，此时有

$$f'(x_0)=f'_-(x_0)=f'_+(x_0).$$

一般地，求分段函数在分段点 x_0 处的导数时，应先求左导数 $f'_-(x_0)$ 和右导数 $f'_+(x_0)$，判断 $f'(x_0)$ 是否存在，若存在，根据上式写出 $f'(x_0)$ 的值.

如果函数 $y=f(x)$ 在区间 (a,b) 内每一点都可导，则称函数 $y=f(x)$ 在区间 (a,b) 内可导. 此时，对于区间 (a,b) 内的每一个 x 值，都有一个确定的导数值

$f'(x)$与之对应,这样就构成了一个新的函数 $y'=f'(x)$,称它为函数 $y=f(x)$ 的**导函数**,即

$$f'(x)=\lim_{\Delta x\to 0}\frac{\Delta y}{\Delta x}=\lim_{\Delta x\to 0}\frac{f(x+\Delta x)-f(x)}{\Delta x} \qquad (15\text{-}2)$$

也可记为

$$y',\ \frac{\mathrm{d}y}{\mathrm{d}x}\ 或\ \frac{\mathrm{d}f(x)}{\mathrm{d}x}.$$

显然,函数 $y=f(x)$ 在点 x_0 的导数 $f'(x_0)$ 就是导函数 $f'(x)$ 在点 $x=x_0$ 的函数值,即

$$f'(x_0)=f'(x)\Big|_{x=x_0}.$$

在不致发生混淆的地方,导函数也简称为导数.

三、求导方法及例题

根据导数的定义,求函数 $y=f(x)$ 的导数可分为以下三个步骤:

(1) 求增量:$\Delta y=f(x+\Delta x)-f(x)$;

(2) 算比值:$\dfrac{\Delta y}{\Delta x}=\dfrac{f(x+\Delta x)-f(x)}{\Delta x}$;

(3) 取极限:$f'(x)=\lim\limits_{\Delta x\to 0}\dfrac{\Delta y}{\Delta x}$.

下面根据这三个步骤求一些简单函数的导数.

例1 求函数 $y=C$(C 为常数)的导数.

解 (1) 求增量:$\Delta y=f(x+\Delta x)-f(x)=C-C=0$;

(2) 算比值:$\dfrac{\Delta y}{\Delta x}=\dfrac{0}{\Delta x}=0$;

(3) 取极限:$y'=\lim\limits_{\Delta x\to 0}\dfrac{\Delta y}{\Delta x}=\lim\limits_{\Delta x\to 0}0=0$.

故 $$(C)'=0.$$

例2 求函数 $y=x^2$ 的导数.

解 (1) 求增量:$\Delta y=(x+\Delta x)^2-x^2=2x\Delta x+(\Delta x)^2$;

(2) 算比值:$\dfrac{\Delta y}{\Delta x}=\dfrac{2x\Delta x+(\Delta x)^2}{\Delta x}=2x+\Delta x$;

(3) 取极限:$y'=\lim\limits_{\Delta x\to 0}\dfrac{\Delta y}{\Delta x}=\lim\limits_{\Delta x\to 0}(2x+\Delta x)=2x$.

故 $$(x^2)'=2x.$$

例 3 求函数 $y=\sqrt{x}$ 的导数.

解 因为

$$\frac{\Delta y}{\Delta x}=\frac{\sqrt{x+\Delta x}-\sqrt{x}}{\Delta x}$$

$$=\frac{(\sqrt{x+\Delta x}-\sqrt{x})(\sqrt{x+\Delta x}+\sqrt{x})}{\Delta x(\sqrt{x+\Delta x}+\sqrt{x})}$$

$$=\frac{1}{\sqrt{x+\Delta x}+\sqrt{x}},$$

所以

$$y'=\lim_{\Delta x\to 0}\frac{\Delta y}{\Delta x}=\lim_{\Delta x\to 0}\frac{1}{\sqrt{x+\Delta x}+\sqrt{x}}=\frac{1}{2\sqrt{x}},$$

即

$$(\sqrt{x})'=\frac{1}{2\sqrt{x}}\quad(x\neq 0).$$

可以证明幂函数 $y=x^{\alpha}$（α 是任意实数）的导数公式为

$$(x^{\alpha})'=\alpha x^{\alpha-1}.$$

例 4 求下列函数的导数.

(1) $y=\dfrac{1}{x}$；   (2) $y=x\sqrt[3]{x}$；   (3) $y=\dfrac{\sqrt{x}}{\sqrt[5]{x}}$.

解 （1）因为 $y=\dfrac{1}{x}=x^{-1}$，所以

$$y'=(-1)x^{-1-1}=-x^{-2}=-\frac{1}{x^2};$$

（2）因为 $y=x\sqrt[3]{x}=x^{\frac{4}{3}}$，所以

$$y'=\frac{4}{3}x^{\frac{4}{3}-1}=\frac{4}{3}x^{\frac{1}{3}}=\frac{4}{3}\sqrt[3]{x};$$

（3）因为 $y=\dfrac{\sqrt{x}}{\sqrt[5]{x}}=x^{\frac{3}{10}}$，所以

$$y'=\frac{3}{10}x^{\frac{3}{10}-1}=\frac{3}{10}x^{-\frac{7}{10}}=\frac{3}{10\sqrt[10]{x^7}}.$$

根据求导数的三个步骤，类似可求得

$$(\sin x)'=\cos x;$$

$$(\cos x)'=-\sin x;$$

$$(\log_a x)'=\frac{1}{x\ln a}.$$

特别地，当 $a=\mathrm{e}$ 时，有

$$(\ln x)'=\frac{1}{x}.$$

上面运用导数定义推出了幂函数、正弦函数、余弦函数以及对数函数的导数公式,它们是计算导数的基本公式,应当熟记.其余基本初等函数的导数将在以后陆续给出.

由于函数在某点的导数就是导函数在该点的函数值,所以求函数在 x_0 点的导数,可以先求出导函数 $f'(x)$,再将 $x=x_0$ 代入,求出导函数的值 $f'(x_0)$ 即可.

例5 已知函数 $f(x)=\sin x$,求 $f'\left(\dfrac{\pi}{6}\right)$,$f'\left(\dfrac{\pi}{2}\right)$.

解 由于 $f'(x)=(\sin x)'=\cos x$,所以

$$f'\left(\frac{\pi}{6}\right)=\cos\frac{\pi}{6}=\frac{\sqrt{3}}{2};\quad f'\left(\frac{\pi}{2}\right)=\cos\frac{\pi}{2}=0.$$

例6 求函数 $f(x)=\begin{cases}\sin x,\ x>0\\ x^2+x,\ x\leqslant 0\end{cases}$ 在 $x=0$ 处的导数.

解 因为 $f(0)=0^2+0=0$,

$$f'_-(0)=\lim_{x\to 0^-}\frac{f(x)-f(0)}{x-0}=\lim_{x\to 0^-}\frac{x^2+x}{x}=\lim_{x\to 0^-}(x+1)=1,$$

$$f'_+(0)=\lim_{x\to 0^+}\frac{f(x)-f(0)}{x-0}=\lim_{x\to 0^+}\frac{\sin x}{x}=1,$$

而 $f'_-(0)=f'_+(0)=1$,所以 $f'(0)=1$

四、导数的物理意义与几何意义

由导数的定义知,变速直线运动的物体的运动规律方程为 $s=s(t)$,该物体在 t_0 时刻的瞬时速度为 $v(t_0)=s'(t_0)$,这就是**导数的物理意义**.

曲线 $y=f(x)$ 在点 $M(x_0,y_0)$ 处的切线斜率 k 等于函数 $y=f(x)$ 在点 x_0 处的导数 $f'(x_0)$,这就是**导数的几何意义**.即

$$k=\tan\alpha=f'(x_0),$$

其中 α 是切线的倾斜角.根据导数的几何意义及直线的点斜式方程,可知曲线 $y=f(x)$ 在点 $M(x_0,y_0)$ 处的切线方程为

$$y-y_0=f'(x_0)(x-x_0),$$

曲线在点 $M(x_0,y_0)$ 处的法线方程为

$$y-y_0=-\frac{1}{f'(x_0)}(x-x_0)\ (f'(x_0)\neq 0).$$

注意:过曲线上的点 M 且与该点的切线垂直的直线称为**曲线在点 M 处的法线**.

例 7　求曲线 $y = x^3$ 在点 $(1,1)$ 处的切线方程和法线方程.

解　由于 $y' = (x^3)' = 3x^2$，根据导数的几何意义，所求切线的斜率为

$$k_1 = y'|_{x=1} = 3.$$

故切线方程为

$$y - 1 = 3(x-1),$$

即

$$3x - y - 2 = 0.$$

所求法线的斜率为

$$k_2 = -\frac{1}{k_1} = -\frac{1}{3}.$$

从而所求法线方程为

$$y - 1 = -\frac{1}{3}(x-1),$$

即

$$x + 3y - 4 = 0.$$

五、可导与连续

如果函数 $y = f(x)$ 在点 x_0 可导，则它在 x_0 点处一定连续.

事实上，因为函数 $y = f(x)$ 在点 x_0 可导，所以有

$$\lim_{\Delta x \to 0} \frac{\Delta y}{\Delta x} = f'(x_0).$$

由

$$\Delta y = \frac{\Delta y}{\Delta x} \cdot \Delta x,$$

得

$$\lim_{\Delta x \to 0} \Delta y = \lim_{\Delta x \to 0} \left(\frac{\Delta y}{\Delta x} \cdot \Delta x \right) = \lim_{\Delta x \to 0} \frac{\Delta y}{\Delta x} \cdot \lim_{\Delta x \to 0} \Delta x = f'(x_0) \cdot 0 = 0.$$

根据函数连续性定义，$y = f(x)$ 在点 x_0 处连续.

这个定理的逆定理不成立，也就是说，函数 $y = f(x)$ 在点 x_0 处连续，却不一定在该点可导.

习题 15-1（A 组）

1. 物体做直线运动的方程是 $s = 2t^2 + 3t$（s 的单位为 m，t 的单位为 s）.

(1) 设 t_0，Δt 已给定，求相应的 Δs，$\dfrac{\Delta s}{\Delta t}$ 和 $\lim\limits_{\Delta t \to 0} \dfrac{\Delta s}{\Delta t}$，并说明它们的物理意义；

(2) 求出物体从 2 s 分别到 2.1 s，2.01 s 各段时间的平均速度；

(3) 求物体在 $t = 2$ s 时的瞬时速度.

2. 根据导数的定义，求函数 $f(x) = 10x^2$ 在点 $x = -1$ 处的导数.

3. 求下列函数的导数.

$(1)\ y = \sqrt[3]{x}$; $(2)\ y = \dfrac{1}{\sqrt{x}}$; $(3)\ y = x^2\sqrt{x^3}$; $(4)\ y = \dfrac{x\sqrt[3]{x}}{\sqrt[4]{x}}$.

4. 求双曲线 $y = \dfrac{9}{x}$ 在点 $(3,3)$ 处的切线斜率.

5. 求曲线 $y = \dfrac{1}{4}x^2$ 在点 $(2,1)$ 处的切线方程和法线方程.

习题 15-1（B 组）

1. 在直线轨道上运动的列车从刹车开始到时刻 t s，列车前进的距离为 $s(t) = 20t - 0.2t^2$，问列车刹车后多少秒（s）停车？前进了多少米（m）？

2. 求函数 $f(x) = \begin{cases} \sin x, & x < 0 \\ x, & x \geqslant 0 \end{cases}$ 在 $x = 0$ 处的导数.

3. 已知曲线 $y = x^2$，求：

(1) 此曲线上平行于直线 $y = 4x + 1$ 的切线方程；

(2) 此曲线上垂直于直线 $x + y - 1 = 0$ 的法线方程.

15.2 函数的求导法则

根据导数的定义，可以按"求增量、算比值、取极限"三个步骤求出一些简单函数的导数. 但是，对于比较复杂的函数，从定义出发求导数，往往很困难，有时甚至不可能. 为了使求导计算简化，从本节开始将介绍一些求导的法则，并陆续给出一些基本初等函数的导数公式.

一、函数和、差的求导法则

法则 1 两个可导函数 u 和 v 的和（或差）的导数等于这两个函数的导数的和（或差），即

$$\boxed{(u \pm v)' = u' \pm v'} \tag{15-3}$$

证明 略.

法则 1 可以推广到任意有限个可导函数的代数和的情形，即

$$(u_1 \pm u_2 \pm u_3 \pm \cdots \pm u_n)' = u_1' \pm u_2' \pm u_3' \pm \cdots \pm u_n'.$$

例 1　求函数 $y = \sqrt{x} + \sin x - \lg x$ 的导数.

解　$y' = (\sqrt{x} + \sin x - \lg x)' = (\sqrt{x})' + (\sin x)' - (\lg x)'$

$$= \frac{1}{2\sqrt{x}} + \cos x - \frac{1}{x\ln 10}.$$

二、函数乘积的求导法则

法则 2　两个可导函数 u 和 v 的积的导数等于第一个函数的导数乘以第二个函数，加上第一个函数乘以第二个函数的导数，即

$$\boxed{(uv)' = u'v + uv'} \tag{15-4}$$

证明　略

特别地，当 $v = C$（C 为常数）时，由法则 2 可得：

法则 3　求常数 C 与可导函数 u 的积的导数时，常数因子可以提到导数符号外面，即

$$\boxed{(Cu)' = Cu'} \tag{15-5}$$

例 2　求函数 $y = (2x-1)\ln x$ 的导数 y'.

解　
$$y' = (2x-1)'\ln x + (2x-1)(\ln x)'$$

$$= [(2x)' - (1)']\ln x + (2x-1) \cdot \frac{1}{x}$$

$$= 2\ln x + 2 - \frac{1}{x}.$$

例 3　设函数 $f(x) = \left(x - \dfrac{1}{x}\right)(1 + x^2)$，求 $f'(1)$.

解　因为

$$f'(x) = \left(x - \frac{1}{x}\right)'(1 + x^2) + \left(x - \frac{1}{x}\right)(1 + x^2)'$$

$$= \left(1 + \frac{1}{x^2}\right)(1 + x^2) + \left(x - \frac{1}{x}\right)(2x) = 3x^2 + \frac{1}{x^2},$$

所以　　　$f'(1) = 4$.

例 4　求函数 $y = x\cos x(\ln x - 1)$ 的导数.

解　$y' = (x\cos x)'(\ln x - 1) + (x\cos x)(\ln x - 1)'$

$$= (\cos x - x\sin x)(\ln x - 1) + (x\cos x)\frac{1}{x}$$

$$= \cos x \cdot \ln x - x\sin x \cdot \ln x + x\sin x.$$

三、函数商的求导法则

法则 4 两个可导函数 u 和 v（$v \neq 0$）的商的导数等于分子的导数乘以分母，减去分子乘以分母的导数，再除以分母的平方，即

$$\left(\frac{u}{v}\right)' = \frac{u'v - uv'}{v^2} \quad (v \neq 0) \tag{15-6}$$

证明 略.

特别地，当 $u = 1$ 时，由公式（15-6）可得

$$\left(\frac{1}{v}\right)' = -\frac{v'}{v^2}$$

例 5 求正切函数 $y = \tan x$ 的导数.

解 因为 $\tan x = \dfrac{\sin x}{\cos x}$，所以

$$y' = (\tan x)' = \left(\frac{\sin x}{\cos x}\right)' = \frac{(\sin x)'\cos x - \sin x(\cos x)'}{\cos^2 x}$$

$$= \frac{\cos^2 x + \sin^2 x}{\cos^2 x} = \frac{1}{\cos^2 x} = \sec^2 x.$$

即
$$(\tan x)' = \sec^2 x.$$

类似地，可求出其余三角函数的导数公式

$$(\cot x)' = -\csc^2 x, \quad (\sec x)' = \sec x \tan x, \quad (\csc x)' = -\csc x \cot x.$$

注意：余切 $\cot x = \dfrac{1}{\tan x}$，正割 $\sec x = \dfrac{1}{\cos x}$，余割 $\csc x = \dfrac{1}{\sin x}$.

例 6 求 $y = \dfrac{2}{x^3 + 1}$ 的导数.

解 $y' = \dfrac{(2)'(x^3+1) - 2(x^3+1)'}{(x^3+1)^2} = -\dfrac{2(x^3+1)'}{(x^3+1)^2} = -\dfrac{6x^2}{(x^3+1)^2}$

例 7 求函数 $y = \dfrac{\cos x}{x}$ 的导数.

解法一 $y' = \dfrac{(\cos x)' \cdot x - \cos x \cdot (x)'}{x^2} = -\dfrac{x\sin x + \cos x}{x^2}.$

解法二 $y' = (x^{-1}\cos x)' = (x^{-1})' \cdot \cos x + x^{-1} \cdot (\cos x)'$

$$= -x^{-2} \cdot \cos x - x^{-1} \cdot \sin x = -\frac{x\sin x + \cos x}{x^2}.$$

解法二表明，当分母为幂函数时，可利用负指数幂将商的导数转化为积的导数. 例如，求函数 $y = \dfrac{1}{x^2}$ 的导数时，采用转化 $y' = (x^{-2})' = -2x^{-3}$，则显得较为简便.

例 8 求函数 $y = \dfrac{2x^2 - 2x + x\sqrt{x}}{\sqrt{x}}$ 的导数.

解 因为 $y = 2x^{\frac{3}{2}} - 2x^{\frac{1}{2}} + x$，所以

$$y' = 3x^{\frac{1}{2}} - x^{-\frac{1}{2}} + 1 = 3\sqrt{x} - \frac{1}{\sqrt{x}} + 1.$$

注意：在求导之前尽可能先对函数进行化简，往往能使计算变得简便. 本例若用商的求导法则，计算将复杂得多. 我们用下面两例来结束本节.

例 9 设 $f(x) = \dfrac{\sin x}{1 + \cos x}$，求 $f'\left(\dfrac{\pi}{2}\right)$ 及 $f'\left(\dfrac{\pi}{4}\right)$.

解 因为

$$f'(x) = \frac{(\sin x)'(1 + \cos x) - \sin x(1 + \cos x)'}{(1 + \cos x)^2}$$

$$= \frac{\cos x \cdot (1 + \cos x) + \sin^2 x}{(1 + \cos x)^2}$$

$$= \frac{1 + \cos x}{(1 + \cos x)^2} = \frac{1}{1 + \cos x},$$

所以

$$f'\left(\frac{\pi}{2}\right) = \frac{1}{1 + \cos\frac{\pi}{2}} = 1,$$

$$f'\left(\frac{\pi}{4}\right) = \frac{1}{1 + \cos\frac{\pi}{4}} = \frac{1}{1 + \frac{\sqrt{2}}{2}} = 2 - \sqrt{2}.$$

例 10 求曲线 $y = \dfrac{1 - \sqrt{x}}{1 + \sqrt{x}}$ 在点 $(1, 0)$ 处的切线方程.

解 因为

$$y' = \frac{(1 - \sqrt{x})'(1 + \sqrt{x}) - (1 - \sqrt{x})(1 + \sqrt{x})'}{(1 + \sqrt{x})^2}$$

$$= \frac{-\dfrac{1}{2\sqrt{x}}(1 + \sqrt{x}) - (1 - \sqrt{x})\dfrac{1}{2\sqrt{x}}}{(1 + \sqrt{x})^2}$$

$$= -\frac{1}{\sqrt{x}(1 + \sqrt{x})^2},$$

根据导数的几何意义，所求切线的斜率为

$$k = y'\big|_{x=1} = -\frac{1}{4}.$$

于是,所求切线方程为

$$y-0=-\frac{1}{4}(x-1),$$

即

$$x+4y-1=0.$$

习题 15-2(A 组)

1. 填空:

(1) $\left[(3x^2+1)(4x^2-3)\right]'=(\qquad)(4x^2-3)+(3x^2+1)(\qquad)$;

(2) $(x^3\sin x)'=(\qquad)x^2\sin x+x^3(\qquad)$;

(3) $\left(\dfrac{x}{x^2+1}\right)'=\dfrac{(\qquad)(x^2+1)-x(\qquad)}{(x^2+1)^2}$;

(4) $\left(\dfrac{1-x^2}{\sin x}\right)'=\dfrac{(\qquad)\sin x-(1-x^2)(\qquad)}{\sin^2 x}$.

2. 下列做法是否正确? 如果不正确,加以改正.

(1) $(x\cos x)'=(x)'(\cos x)'=-\sin x$;

(2) $(\log_5 x)'=\dfrac{1}{x}\ln 5$;

(3) $\left[(3+x^2)(2-x^3)\right]'=2x(2-x^3)+3x^2(3+x^2)$;

(4) $\left(\dfrac{1+\cos x}{x^2}\right)'=\dfrac{2x(1+\cos x)+x^2\sin x}{x^2}$;

(5) $\left(\sin x+\cos\dfrac{\pi}{3}\right)'=\cos x-\sin\dfrac{\pi}{3}$.

3. 求下列函数导数.

(1) $y=3x^4-23x^3+40x-10$;   (2) $y=ax^3-bx+c$;

(3) $y=(3x^2+1)(2-x)$;   (4) $y=(1+\sin x)(1-2x)$;

(5) $y=\dfrac{1}{3-x^2}$;   (6) $y=\dfrac{1-x}{1+x^2}$.

扫一扫,获取参考答案

习题 15-2(B 组)

1. 求下列函数导数.

(1) $y=\dfrac{x^4-3x^3-x^2+4x-1}{x^3}$;   (2) $y=(\sqrt{x}+1)\left(\dfrac{1}{\sqrt{x}}-1\right)$;

(3) $y=\dfrac{x}{\tan x}$;   (4) $y=\dfrac{1+\cos x}{\sin x}$.

2. 求下列函数在给定点处的导数.

(1) $y=3x^2+x\cos x-1$, 在 $x=-\pi$ 及 $x=\pi$;

(2) $y=\dfrac{\cos\varphi+\sin\varphi}{1+\tan\varphi}$, 在 $\varphi=\dfrac{\pi}{4}$.

3. 曲线 $y=(x^2-1)(x+1)$ 上哪些点的切线平行于 x 轴?

扫一扫, 获取参考答案

15.3 复合函数的求导法则与基本求导公式

一、复合函数求导法则

我们先看一个例子, 已知函数 $y=(2x+1)^2$, 求 y'.

因为 $$y=(2x+1)^2=4x^2+4x+1,$$

所以 $$y_x'=(4x^2)'+(4x)'+(1)'$$
$$=8x+4=4(2x+1).$$

另一方面, $y=(2x+1)^2$ 可以看作由 $y=u^2$, $u=2x+1$ 复合而成的函数.

因为 $$y_u'=2u=2(2x+1), \quad u_x'=(2x+1)'=2,$$

所以 $$y_u' \cdot u_x'=2(2x+1) \cdot 2=4(2x+1).$$

于是, 在本例中有等式 $$y_x'=y_u' \cdot u_x'.$$

一般地, 有如下的复合函数的求导法则.

法则 5 设函数 $u=\varphi(x)$ 在点 x 处具有导数 u_x', 函数 $y=f(u)$ 在对应点 u 处有导数 y_u', 则复合函数 $y=f[\varphi(x)]$ 在点 x 处也可导, 且

$$\boxed{y_x'=y_u' \cdot u_x'} \qquad (15\text{-}7)$$

上式也可写成

$$f_x'[\varphi(x)]=f'(u) \cdot \varphi'(x) \quad \text{或} \quad \frac{\mathrm{d}y}{\mathrm{d}x}=\frac{\mathrm{d}y}{\mathrm{d}u} \cdot \frac{\mathrm{d}u}{\mathrm{d}x}.$$

证明 略.

法则 5 也可以简单叙述为, 复合函数的导数, 等于函数对中间变量的导数乘以中间变量对自变量的导数.

将 $y=\sin 2x$ 看成由 $y=\sin u$, $u=2x$ 复合而成的复合函数, 应用复合函数求导法则, 可得

$$(\sin 2x)'=(\sin u)_u' \cdot (2x)_x'=\cos u \cdot 2=2\cos 2x.$$

例 1 求函数 $y=(1-2x+x^2)^3$ 的导数.

解 设 $u=1-2x+x^2$, 则 $y=u^3$.

因为 $$y_u'=3u^2, \quad u_x'=-2+2x,$$

所以　　$y_x' = y_u' \cdot u_x' = 3u^2 \cdot (-2+2x) = 3(2x-2)(1-2x+x^2)^2$

$\quad\quad\quad = 6(x-1)(1-2x+x^2)^2.$

例 2　求函数 $y = \ln \tan x$ 的导数.

解　设 $u = \tan x$, 则 $y = \ln u.$

因为

$$y_u' = \frac{1}{u}, \quad u_x' = \sec^2 x$$

所以

$$y_x' = y_u' \cdot u_x' = \frac{1}{u} \cdot \sec^2 x = \frac{1}{\tan x} \cdot \sec^2 x$$

$$= \frac{1}{\sin x \cdot \cos x} = \frac{2}{\sin 2x} = 2\csc 2x.$$

通过上面的例子可知, 运用复合函数求导法则的关键在于把复合函数分解成基本初等函数或基本初等函数的和、差、积、商, 然后运用复合函数求导法则和适当的导数公式进行计算, 最后把中间变量换回原来的自变量的式子. 当对复合函数的分解比较熟练后, 可不必再写出中间变量, 只要将复合步骤默记在心中, 直接由外向内, 逐层求导即可.

例 3　求函数 $y = \cos^2 x$ 的导数.

解　$y' = (\cos^2 x)' = 2\cos x \cdot (\cos x)'$

$\quad\quad = -2\cos x \cdot \sin x = -\sin 2x.$

对于经多次复合而成的复合函数, 可多次使用复合函数求导法则, 每次只对最外一层函数求导, 再乘上中间变量的导数, 求一次导数拆去一层复合, 直至求出最后结果.

例 4　求函数 $y = \sin^3\left(2x + \frac{\pi}{4}\right)$ 的导数.

解　$y = 3\sin^2\left(2x + \frac{\pi}{4}\right) \cdot \left[\sin\left(2x + \frac{\pi}{4}\right)\right]'$

$\quad\quad = 3\sin^2\left(2x + \frac{\pi}{4}\right) \cdot \cos\left(2x + \frac{\pi}{4}\right) \cdot \left(2x + \frac{\pi}{4}\right)'$

$\quad\quad = 6\sin^2\left(2x + \frac{\pi}{4}\right) \cdot \cos\left(2x + \frac{\pi}{4}\right).$

例 5　求下列函数的导数.

（1）$y = \dfrac{1}{x - \sqrt{x^2 - 1}}$;　　　　（2）$y = \ln\sqrt{\dfrac{1-x^2}{1+x^2}}$;

（3）$y = \dfrac{\sin x \cdot \cos x}{\tan 2x}.$

解 （1）先将分母有理化，得

$$y=\frac{x+\sqrt{x^2-1}}{(x-\sqrt{x^2-1})(x+\sqrt{x^2-1})}=x+\sqrt{x^2-1},$$

则

$$y'=1+\frac{(x^2-1)'}{2\sqrt{x^2-1}}=1+\frac{x}{\sqrt{x^2-1}}.$$

（2）因为

$$y=\frac{1}{2}\left[\ln(1-x^2)-\ln(1+x^2)\right],$$

所以

$$y'=\frac{1}{2}\left[\frac{(1-x^2)'}{1-x^2}-\frac{(1+x^2)'}{1+x^2}\right]$$

$$=\frac{1}{2}\left(\frac{-2x}{1-x^2}-\frac{2x}{1+x^2}\right)=-\frac{2x}{1-x^4}.$$

（3）先化简

$$y=\frac{\cos 2x}{\sin 2x}\cdot\sin x\cdot\cos x=\frac{1}{2}\cos 2x,$$

再求导

$$y'=\frac{1}{2}(\cos 2x)'=\frac{1}{2}\cdot(-\sin 2x)\cdot(2x)'=-\sin 2x.$$

二、基本初等函数的求导公式

前面我们已经介绍了对数函数、三角函数的导数公式．下面我们应用复合函数求导法则导出基本初等函数中剩下的三类函数的导数．

例 6 求指数函数 $y=a^x$ （$a>0$，$a\neq1$）的导数．

解 因为当 $a>0$ 时，有恒等式

$$\ln a^x=x\ln a,$$

在等式两边对 x 求导，结果也应该相等，即有

$$\frac{1}{a^x}(a^x)'=\ln a,$$

从而得到 $\qquad (a^x)'=a^x\ln a.$

特别地，当 $a=e$ 时，有 $\qquad (e^x)'=e^x.$

例 7 求幂函数 $y=x^\alpha$（α 为实数，$x>0$，$x\neq1$）的导数．

解 因为 $\ln x^\alpha=\alpha\ln x$ 是恒等式，两边对 x 求导，得

$$\frac{1}{x^\alpha}(x^\alpha)'=\alpha\,\frac{1}{x},$$

即 $\qquad (x^\alpha)'=\alpha x^{\alpha-1}.$

例 8 求反三角函数 $y = \arcsin x$ $(|x| < 1)$ 的导数.

解 因为 $\sin(\arcsin x) = x$ 是恒等式,两边对 x 求导,得

$$\cos(\arcsin x) \cdot (\arcsin x)' = 1,$$

所以

$$(\arcsin x)' = \frac{1}{\cos(\arcsin x)} = \frac{1}{\sqrt{1 - \sin^2(\arcsin x)}} = \frac{1}{\sqrt{1 - x^2}}.$$

类似地,可推得

$$(\arccos x)' = -\frac{1}{\sqrt{1 - x^2}};$$

$$(\arctan x)' = \frac{1}{1 + x^2}.$$

至此,我们不仅推得了所有基本初等函数的导数公式,而且还给出了函数四则运算的求导法则和复合函数的求导法则. 这些是初等函数求导运算的基础,必须熟练掌握. 为了便于查阅和记忆,我们把这些导数公式和求导法则归纳为表 15-1 和表 15-2.

表 15-1 基本初等函数的导数公式

(1)	$(C)' = 0$	(9)	$(e^x)' = e^x$
(2)	$(x^a)' = ax^{a-1}$	(10)	$(a^x)' = a^x \ln a$
(3)	$(\sin x)' = \cos x$	(11)	$(\ln x)' = \dfrac{1}{x}$
(4)	$(\cos x)' = -\sin x$	(12)	$(\log_a x)' = \dfrac{1}{x \ln a}$
(5)	$(\tan x)' = \sec^2 x$	(13)	$(\arcsin x)' = \dfrac{1}{\sqrt{1 - x^2}}$
(6)	$(\cot x)' = -\csc^2 x$	(14)	$(\arccos x)' = -\dfrac{1}{\sqrt{1 - x^2}}$
(7)	$(\sec x)' = \sec x \tan x$	(15)	$(\arctan x)' = \dfrac{1}{1 + x^2}$
(8)	$(\csc x)' = -\csc x \cot x$		

另外,下面几个常用的公式大家也要牢牢记住.

(1) $(x)' = 1$;

(2) $(\sqrt{x})' = \dfrac{1}{2\sqrt{x}}$;

(3) $\left(\dfrac{1}{x}\right)' = -\dfrac{1}{x^2}$.

表 15-2　求导法则

(1)	$(u\pm v)'=u'\pm v'$　$(u=u(x),v=v(x)$，以下同$)$
(2)	$(uv)'=u'v+uv'$
(3)	$(Cu)'=Cu'$　$(C$ 为常数$)$
(4)	$\left(\dfrac{u}{v}\right)'=\dfrac{u'v-uv'}{v^2},\quad \left(\dfrac{1}{v}\right)'=-\dfrac{v'}{v^2}$　$(v\neq 0)$
(5)	若 $y=f(u),u=\varphi(x)$，则 $y_x'=y_u'\cdot u_x'$

习题 15-3（A 组）

1. 指出下列复合函数的复合过程，并求它们的导数.

(1) $y=(2x^2+4)^4$；　　　　　(2) $y=\sqrt{1+x^2}$；

(3) $y=\sin^2 x$；　　　　　　(4) $y=\ln(2x+1)$.

2. 求下列函数的导数.

(1) $y=x^{10}+10^x$；　　　　(2) $y=2^{\sin x}+\mathrm{e}^{x^2}$；

(3) $y=\sin(2^x)$；　　　　　(4) $y=\arcsin(\ln x)$.

3. 求下列函数在给定点处的导数.

(1) $y=\sqrt[3]{4-3x}$，$y'\big|_{x=1}$；

(2) $y=\mathrm{e}^{\pi x}\sin\pi x$，$y'\big|_{x=\frac{1}{2}}$.

4. 已知质点做直线运动，其运动方程为 $s=A\sin\dfrac{2\pi}{T}t$，其中 A 为振幅，T 为周期. 求质点在时刻 $t=\dfrac{T}{4}$ 时的速度.

扫一扫，获取参考答案

5. 求曲线 $y=(x^2+1)\mathrm{e}^{-x}$ 在点 $(0,1)$ 处的切线方程和法线方程.

习题 15-3（B 组）

1. 指出下列复合函数的复合过程，并求它们的导数.

(1) $y=\ln\sin(3x+1)$；　　　(2) $y=\cos^3(x^2+1)$；

(3) $y=\ln\arcsin 2x$；　　　　(4) $y=\arctan\sqrt{\cos x}$.

2. 求下列函数的导数.

(1) $y=\ln\sqrt{1-x^2}$；　　　　(2) $y=\sqrt{x-\sqrt{x}}$；

(3) $y=\dfrac{1}{x+\sqrt{1+x^2}}$；　　　(4) $y=\dfrac{\sin 2x}{1-\cos 2x}$；

$(5)\ y=\ln\sqrt{\dfrac{1+x}{x-1}};$ $(6)\ y=\ln x^2+(\ln x)^2.$

3. 求下列函数在指定点的导数.

$(1)\ y=\sqrt{1+\ln^2 x},\ y'\big|_{x=\mathrm{e}};$ $(2)\ y=\mathrm{e}^{2x}\cdot\arctan\dfrac{1}{x},\ y'\big|_{x=1}.$

4. 求曲线 $y=\mathrm{e}^{2x}+x^2$ 上横坐标 $x=0$ 的点处的切线方程和法线方程.

扫一扫，获取参考答案

5. 设 $f(x)=(ax+b)\sin x+(cx+d)\cos x$，若 $f'(x)=x\cos x$，试求 a,b,c,d 的值.

15.4 隐函数的导数及由参数方程确定的函数的导数

一、隐函数的导数

以前我们所遇到的函数 y 都可以用含自变量 x 的解析式 $y=f(x)$ 来表示，例如 $y=x^2+2x-1,y=\mathrm{e}^x+\sin x$ 等. 这种形式的函数称为**显函数**. 在实际问题中有时还会遇到另一种表达形式的函数，函数 y 是由一个含变量 x 和 y 的二元方程 $F(x,y)=0$ 所确定的，如 $x^2+y-2x=0,xy=\mathrm{e}^{2x+y}$ 等. 这些二元方程都确定了 y 是 x 的函数，这种形式的函数称为**隐函数**.

有些隐函数容易化为显函数，如 $x^2+y-2x=0$ 所确定的函数，可以从方程中解出 y，得到显函数 $y=2x-x^2$. 而有些隐函数则不容易甚至不可能化为显函数，例如 $xy=\mathrm{e}^{2x+y},x+y=\sin(xy)$ 等. 因此，我们希望找到直接由方程 $F(x,y)=0$ 求出导数 y' 的方法.

例1 求由方程 $x^2+y^2=R^2(y>0)$ 所确定的隐函数 $y=y(x)$ 的导数 y'.

解 由于方程 $x^2+y^2=R^2$ 是一个恒等式，那么在方程两边关于 x 求导后也是恒等的，即有

$$(x^2+y^2)'_x=(R^2)'_x.$$

注意到 y^2 是 y 的函数，而 y 又是 x 的函数. 因此，对 y^2 关于 x 求导时，要用复合函数的求导法则，即

$$2x+2yy'=0.$$

从中解出 y'，得

$$y'=-\frac{x}{y},$$

其中，分母 y 仍然是由方程 $x^2+y^2=R^2$ 所确定的 x 的隐函数.

一般地，由方程 $F(x,y)=0$ 所确定的隐函数 $y=y(x)$，它的导数 y' 中允许含有 y.

例 2　求由方程 $e^y+xy-e=0$ 所确定的隐函数 y 的导数 y' 和 $y'|_{x=0}$.

解　将方程两端对 x 求导，得

$$e^y \cdot y'+y+xy'=0,$$

从而

$$(e^y+x)y'=-y.$$

解出

$$y'=-\frac{y}{e^y+x} \quad (e^y+x \neq 0).$$

因为，当 $x=0$ 时，由方程解得 $y=1$，所以

$$y'\Big|_{\substack{x=0 \\ y=1}}=-\frac{1}{e^1+0}=-\frac{1}{e}.$$

例 3　求由方程 $x+x^2y^2-y=1$ 所确定的隐函数的图像上在点 $(1,1)$ 处的切线方程.

解　将方程两端对 x 求导，得

$$1+2xy^2+2x^2yy'-y'=0,$$

从而

$$y'=\frac{1+2xy^2}{1-2x^2y}.$$

将 $x=1,y=1$ 代入上式，得

$$y'\Big|_{\substack{x=1 \\ y=1}}=-3.$$

于是所求切线方程为

$$y-1=-3(x-1),$$

即

$$3x+y-4=0.$$

由上可知，求方程 $F(x,y)=0$ 确定的隐函数的导数 y' 时，只要将方程中的 y 看成是 x 的函数，y 的函数看成是 x 的复合函数，利用复合函数的求导法则，在方程两边同时对 x 求导，得到一个含有 y' 的方程，即可从中解出 y'.

有时还会遇到这样的情形，即虽然给定的函数是显函数，但直接求它的导数很困难，或者很麻烦. 例如函数 $y=u^v$，其中 u,v 都是 x 的函数，且 $u>0$. 对这样的函数，可先对等式两边取对数，变成隐函数形式，然后再利用隐函数求导的方法求出它的导数.

例 4　求 $y=x^x(x>0)$ 的导数.

解　对等式两边取自然对数，得

$$\ln y=x\ln x.$$

两边对 x 求导,得

$$\frac{1}{y} \cdot y_x' = \ln x + 1,$$

所以

$$y_x' = y(\ln x + 1) = x^x(\ln x + 1).$$

二、由参数方程所确定的函数的导数

在本教材的第 11 章,我们介绍了一般情况下参数方程

$$\begin{cases} x = x(t), \\ y = y(t), \end{cases} \tag{1}$$

确定了 y 是 x 的函数,并讨论了化参数方程为普通方程的一般方法. 但在实际问题中,要从参数方程中消去参数 t 有时会很困难甚至不可能. 因此,我们希望找到直接由参数方程(1)求出导数 $\dfrac{\mathrm{d}y}{\mathrm{d}x}$ 的方法,下面阐述这种方法(证明略).

如果 $x'(t)$,$y'(t)$ 均存在,且 $x'(t) \neq 0$,则由参数方程(1)所确定的函数 y 对 x 的求导公式为

$$\boxed{\frac{\mathrm{d}y}{\mathrm{d}x} = \frac{y'(t)}{x'(t)}} \tag{15-8}$$

例 5 求由参数方程

$$\begin{cases} x = a\sin t \\ y = b\cos t \end{cases}$$

所确定的函数 $y = y(x)$ 的导数 $\dfrac{\mathrm{d}y}{\mathrm{d}x}$.

解 因为

$$\frac{\mathrm{d}x}{\mathrm{d}t} = a\cos t, \frac{\mathrm{d}y}{\mathrm{d}t} = -b\sin t,$$

所以

$$\frac{\mathrm{d}y}{\mathrm{d}x} = \frac{-b\sin t}{a\cos t} = -\frac{b}{a}\tan t.$$

例 6 求摆线

$$\begin{cases} x = a(t - \sin t) \\ y = a(1 - \cos t) \end{cases}$$

在 $t = \dfrac{\pi}{2}$ 处的切线方程和法线方程.

解 因为
$$\frac{\mathrm{d}x}{\mathrm{d}t}=a(1-\cos t),\quad\frac{\mathrm{d}y}{\mathrm{d}t}=a\sin t,$$

所以
$$\frac{\mathrm{d}y}{\mathrm{d}x}=\frac{\dfrac{\mathrm{d}y}{\mathrm{d}t}}{\dfrac{\mathrm{d}x}{\mathrm{d}t}}=\frac{a\sin t}{a(1-\cos t)}=\frac{\sin t}{1-\cos t}.$$

当 $t=\dfrac{\pi}{2}$ 时，$x=a\left(\dfrac{\pi}{2}-1\right)$，$y=a$，于是摆线上点 $\left(a\left(\dfrac{\pi}{2}-1\right),a\right)$ 处的切线斜率为

$$k=\frac{\mathrm{d}y}{\mathrm{d}x}\bigg|_{t=\frac{\pi}{2}}=\frac{\sin\dfrac{\pi}{2}}{1-\cos\dfrac{\pi}{2}}=1.$$

所求切线方程为

$$y-a=x-a\left(\frac{\pi}{2}-1\right),$$

即
$$x-y+a\left(2-\frac{\pi}{2}\right)=0;$$

所求法线方程为

$$y-a=-x+a\left(\frac{\pi}{2}-1\right),$$

即
$$x+y-\frac{\pi}{2}a=0.$$

习题 15-4（A 组）

1. 求下列函数 y 对 x 的导数.

(1) $y^2=2px$；　　(2) $2x^2+3y^2=16$；　　(3) $x^2-y^2=4$；

2. 求由方程 $\mathrm{e}^x-\mathrm{e}^y=xy$ 所确定的隐函数在点 $(0,0)$ 处的导数.

3. 求曲线 $2x+xy^2-2y=2$ 在点 $(0,-1)$ 处的切线方程.

4. 求下列参数所确定的函数的导数 $\dfrac{\mathrm{d}y}{\mathrm{d}x}$.

(1) $\begin{cases}x=3-2t^2\\y=2t^2-4t^3\end{cases}$；　　　　(2) $\begin{cases}x=\mathrm{e}^t\\y=\mathrm{e}^{2t}\end{cases}$

5. 已知参数方程 $\begin{cases}x=t^2+2t+3,\\y=2\mathrm{e}^t-\mathrm{e}.\end{cases}$ 求导数 $\dfrac{\mathrm{d}y}{\mathrm{d}x}\bigg|_{t=1}$.

扫一扫，获取参考答案

习题 15-4(B 组)

1. 求下列函数 y 对 x 的导数.

(1) $xy = e^{x+y}$;　　　　(2) $x\cos y = \sin(x+y)$;

(3) $y = \left(\dfrac{x}{1+x}\right)^x$;　　(4) $y = \sqrt{\dfrac{(1+x)(1-2x)}{(2x+3)(x-1)}}$.

2. 求方程 $yx + \ln y = 1$ 所确定的隐函数在点 $(0, e)$ 处的导数.

3. 求下列参数方程所确定的函数的导数 $\dfrac{dy}{dx}$.

扫一扫，获取参考答案

(1) $\begin{cases} x = 1 - 2t, \\ y = 3\cos 2t; \end{cases}$　　(2) $\begin{cases} x = \arctan t, \\ y = \ln(1 + t^2). \end{cases}$

4. 求曲线 $\begin{cases} x = 2e^t \\ y = e^{-t} \end{cases}$ 在 $t = 0$ 处的切线方程和法线方程.

15.5　高阶导数

一、显函数的高阶导数

一般情况下，函数 $y = f(x)$ 的导数 $y' = f'(x)$ 仍然是 x 的函数，如果函数 $f'(x)$ 对 x 的导数存在，则称之为函数 $y = f(x)$ 的二阶导数，记作

$$y'', f''(x) \text{ 或 } \frac{d^2 y}{dx^2},$$

即　　　　　$y'' = (y')', \quad f''(x) = [f'(x)]' \text{ 或 } \frac{d^2 y}{dx^2} = \frac{d}{dx}\left(\frac{dy}{dx}\right).$

通常把 $y = f(x)$ 的导数 $f'(x)$ 称为函数 $y = f(x)$ 的一阶导数.

类似地，二阶导数 $y'' = f''(x)$ 的导数称为函数 $y = f(x)$ 的三阶导数；三阶导数 $y''' = f'''(x)$ 的导数称为函数 $y = f(x)$ 的四阶导数. 一般地，$y = f(x)$ 的 $n-1$ 阶导数的导数称为函数 $y = f(x)$ 的 n 阶导数，它们依次记作

$$y''', y^{(4)}, \cdots, y^{(n)};$$

或　　　　　　　　$f'''(x), f^{(4)}(x), \cdots, f^{(n)}(x);$

或　　　　　　　　$\dfrac{d^3 y}{dx^3}, \dfrac{d^4 y}{dx^4}, \cdots, \dfrac{d^n y}{dx^n}.$

二阶及二阶以上的导数统称为高阶导数. 而二阶导数是最简单、应用最多的一种高阶导数.

例1 求下列函数的二阶导数.

(1) $y = 2x^2 + 3x + 1$；　(2) $y = x^2 \ln x$；　(3) $y = \sin^2 \dfrac{x}{2}$.

解 (1) 因为 $y' = 4x + 3$，所以
$$y'' = (y')' = 4.$$

(2) 因为 $y' = 2x \ln x + x$，所以
$$y'' = (y')' = 2\ln x + 3.$$

(3) 因为 $y' = 2\sin \dfrac{x}{2} \cdot \cos \dfrac{x}{2} \cdot \dfrac{1}{2} = \dfrac{1}{2}\sin x$，所以
$$y'' = (y')' = \frac{1}{2}\cos x.$$

例2 设 $f(x) = (1 + x^2)\arctan x$，求 $f''(1)$.

解 因为 $f'(x) = 2x\arctan x + 1$，
$$f''(x) = 2\arctan x + \frac{2x}{1 + x^2},$$

所以
$$f''(1) = 2\arctan 1 + \frac{2 \times 1}{1 + 1^2} = \frac{\pi}{2} + 1.$$

例3 验证函数 $y = \sin x + e^{2x}$ 满足关系式
$$y''' + y' = 10e^{2x}.$$

证明 因为 $y' = \cos x + 2e^{2x}$，所以
$$y'' = -\sin x + 4e^{2x}, \quad y''' = -\cos x + 8e^{2x},$$

于是
$$y''' + y' = -\cos x + 8e^{2x} + \cos x + 2e^{2x} = 10e^{2x}.$$

二、二阶导数的物理学意义

设物体做变速直线运动，其运动方程为
$$s = s(t),$$
则它在时刻 t 的速度是路程 s 对时间 t 的导数，即
$$v(t) = s'(t) = \frac{\mathrm{d}s}{\mathrm{d}t}.$$

一般情况下速度 v 仍然是时间 t 的函数. 在物理学中，把速度 $v(t)$ 对时间 t 的变化率称为物体运动的加速度，记作 $a(t)$. 因此，加速度 $a(t)$ 是速度 $v(t)$ 对时间 t 的导数，即
$$a(t) = v'(t) = s''(t) = \frac{\mathrm{d}^2 s}{\mathrm{d}t^2}.$$

也就是说，运动物体的加速度 $a(t)$ 是路程 $s(t)$ 对时间 t 的二阶导数，这就是二阶

导数的物理学意义.例如,自由落体的运动方程为 $s(t)=\dfrac{1}{2}gt^2$,则其加速度为

$$a(t)=s''(t)=(gt)'=g\quad(g\text{ 就是重力加速度}).$$

例 4　设某飞行器沿直线运动,其运动方程为

$$s(t)=\frac{1}{3}t^3+\frac{1}{2}t^2+t,$$

求该飞行器在 $t=2$ 时的加速度.

解　因为　　　　$s'(t)=t^2+t+1,a(t)=s''(t)=2t+1,$

故　　　　　　　　$a(2)=2\times2+1=5.$

例 5　设简谐运动的方程为 $s(t)=A\sin(\omega t+\varphi)$(振幅 A、角频率 ω、初相角 φ 均为常数).求运动的加速度.

解　因为　　　　　$s'(t)=A\omega\cos(\omega t+\varphi),$

$$s''(t)=-A\omega^2\sin(\omega t+\varphi),$$

所以,简谐运动的加速度为 $a(t)=-A\omega^2\sin(\omega t+\varphi).$

习题 15-5(A 组)

1. 求下列函数的二阶导数.

(1) $y=x^{10}+3x^6+\sqrt{2}x+\sqrt[7]{5}$;　　　(2) $y=\mathrm{e}^x+x^2$;

(3) $y=\ln(1+x)$;　　　　　　　　　(4) $y=x\cos x.$

2. 求函数 $y=x\ln x$ 在 $x=1$ 处的二阶导数.

3. 一物体做直线运动,其运动方程为 $s(t)=\dfrac{1}{6}t^3+\dfrac{1}{4}t^2+t$,求该物体在 $t=4$ 时的加速度.

扫一扫,获取参考答案

习题 15-5(B 组)

1. 求下列函数的二阶导数.

(1) $y=(2x+3)^3$;　　(2) $y=x\cdot\ln x$;　　(3) $y=x\mathrm{e}^{x^2}.$

2. 求 $y=\sin^4 x-\cos^4 x$ 在 $x=\pi$ 处的二阶导数.

3. 设物体做变速直线运动,其运动方程为 $s(t)=A\cos\dfrac{\pi}{3}t$ (A 为常数),求此物体在 $t=1$ 时的加速度.

4. 若 $f''(x)$ 存在,求下列函数的二阶导数.

(1) $y=f(x^2)$;　　(2) $y=\ln[f(x)].$

扫一扫,获取参考答案

15.6　函数的微分

一、微分的定义及表达式

在许多实际问题中,有时需要计算当自变量有微小增量 Δx 时,相应函数的改变量 Δy 的大小.但一般来说如果函数很复杂,计算函数的改变量 Δy 也就很复杂.能否找到一个既简便,又具有较高精确度的计算 Δy 近似值的方法呢?我们先看一个例子.

设正方形金属薄片受冷热影响时,其边长由 x_0 变到 $x_0+\Delta x$,其面积 $y=f(x)=x^2$ 相应的改变量为

$$\Delta y=f(x_0+\Delta x)-f(x_0)=(x_0+\Delta x)^2-x_0^2=2x_0\Delta x+(\Delta x)^2.$$

如图 15-3 所示,阴影部分表示 Δy,由两个部分组成:第一部分 $2x_0\Delta x$,是 Δx 的一次函数;第二部分 $(\Delta x)^2$,当 $\Delta x\to 0$ 时,它是比 Δx 较高阶的无穷小.因此,当 $|\Delta x|$ 很小时,如果用 $2x_0\Delta x$ 作为 Δy 的近似值,其误差 $(\Delta x)^2$ 比 Δx 小得多,可以忽略不计,于是有

$$\Delta y\approx 2x_0\Delta x.$$

由于 $f(x)=x^2$,$f'(x_0)=2x_0$,上式又可写作

$$\Delta y\approx f'(x_0)\Delta x.$$

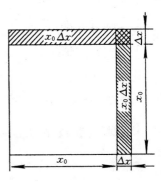

图 15-3

下面说明这个结论对一般可导函数都是成立的.

设函数 $y=f(x)$ 在点 x_0 处可导,即

$$\lim_{\Delta x\to 0}\frac{\Delta y}{\Delta x}=f'(x_0).$$

根据函数极限与无穷小的关系可得

$$\frac{\Delta y}{\Delta x}=f'(x_0)+\alpha\quad\text{(其中 }\alpha\text{ 是 }\Delta x\to 0\text{ 时的无穷小).}$$

由此得 $$\Delta y=f'(x_0)\Delta x+\alpha\Delta x.$$

当 $f'(x_0)\neq 0$ 时,由于

$$\lim_{\Delta x\to 0}\frac{f'(x_0)\Delta x}{\Delta x}=f'(x_0)\neq 0,$$

而 $$\lim_{\Delta x\to 0}\frac{\alpha\Delta x}{\Delta x}=\lim_{\Delta x\to 0}\alpha=0.$$

由此可知,$f'(x_0)\Delta x$ 是与 Δx 同阶的无穷小,并且是 Δx 的一次函数,$\alpha\Delta x$ 是比 Δx 较高阶的无穷小,当 $|\Delta x|$ 很小时可以忽略不计.所以,称 $f'(x_0)\Delta x$ 是

Δy 的**线性主部**,可以将它作为 Δy 的近似值,即

$$\Delta y \approx f'(x_0)\Delta x.$$

由此我们给出函数微分的定义:

定义 设函数 $y=f(x)$ 在点 x_0 处可导,则 $f'(x_0)\Delta x$ 称为函数 $y=f(x)$ 在点 x_0 的**微分**,记作 $\mathrm{d}y$,即

$$\mathrm{d}y = f'(x_0)\Delta x.$$

一般地,函数 $y=f(x)$ 在点 x 处的微分称为函数的微分,记作

$$\mathrm{d}y = f'(x)\Delta x \text{ 或 } \mathrm{d}f(x) = f'(x)\Delta x.$$

如果函数 $y=f(x)$ 在点 x 处的微分存在,则称函数 $y=f(x)$ 在点 x 处**可微**. 由定义可知,函数可微与可导是等价的.

对于特殊的函数 $y=x$ 来说,它的导数为 1,从而有

$$\mathrm{d}x = \Delta x.$$

因此,我们规定自变量的微分等于自变量的增量,于是函数的微分可以写成

$$\mathrm{d}y = f'(x)\mathrm{d}x,$$

从而有

$$\frac{\mathrm{d}y}{\mathrm{d}x} = f'(x).$$

上式说明,函数的微分 $\mathrm{d}y$ 与自变量的微分 $\mathrm{d}x$ 之商等于函数的导数,故有时称导数为**微商**.

例1 求函数 $y=x^2+x+1$ 在 $x=1,\Delta x=-0.1$ 时的微分.

解 先求函数在任意点 x 的微分

$$\mathrm{d}y = (x^2+x+1)'\Delta x = (2x+1)\Delta x$$

再将 $x=1,\Delta x=-0.1$ 代入上式,得

$$\mathrm{d}y\bigg|_{\substack{x=1 \\ \Delta x=-0.1}} = (2\times1+1)(-0.1) = -0.3.$$

例2 求函数 $y=x\sin x$ 的微分.

解 因为 $\qquad y' = \sin x + x\cos x,$

所以 $\qquad \mathrm{d}y = y'\mathrm{d}x = (\sin x + x\cos x)\mathrm{d}x.$

由函数微分的定义 $\mathrm{d}y=f'(x)\mathrm{d}x$ 可知,要计算函数的微分,只须求出函数的导数 $f'(x)$,再乘以自变量的微分 $\mathrm{d}x$ 即可. 因此,微分运算的基本公式和法则可由导数运算的基本公式和法则直接得到,如 $\mathrm{d}[f(x)\pm g(x)]=\mathrm{d}f(x)\pm\mathrm{d}g(x)$,$\mathrm{d}[Cf(x)]=C\mathrm{d}f(x)$ 等,这里不再讨论.

例3 在下列括号内填入适当的函数使等式成立.

(1) $x\mathrm{d}x = \mathrm{d}(\qquad)$;　　　　(2) $\cos2x\mathrm{d}x = \mathrm{d}(\qquad)$.

解　（1）因为 $\mathrm{d}(x^2) = 2x\mathrm{d}x$，所以

$$x\mathrm{d}x = \frac{1}{2}\mathrm{d}(x^2) = \mathrm{d}\left(\frac{x^2}{2}\right).$$

一般地，有　　　　$x\mathrm{d}x = \mathrm{d}\left(\dfrac{x^2}{2} + C\right)$　（C 为任意常数）．

（2）因为 $\mathrm{d}(\sin 2x) = 2\cos 2x\mathrm{d}x$，所以

$$\cos 2x\mathrm{d}x = \frac{1}{2}\mathrm{d}(\sin 2x) = \mathrm{d}\left(\frac{1}{2}\sin 2x\right).$$

一般地，有

$$\cos 2x\mathrm{d}x = \mathrm{d}\left(\frac{1}{2}\sin 2x + C\right)\quad (C\text{ 为任意常数}).$$

二、微分的几何意义及近似计算

1．微分的几何意义

如图 15-4 所示，设 $M(x, y)$ 是曲线 $y = f(x)$ 上一点，过 M 点作曲线的切线 MT，它的倾斜角为 α．当自变量有微小增量 $\Delta x = \mathrm{d}x = MQ$ 时，相应函数也有一个增量 $\Delta y = QM'$，同时，切线上的纵坐标也得到对应的增量 QP．由几何知识可知

$$QP = MQ\tan\alpha,$$

而 $\tan\alpha = f'(x)$，$MQ = \mathrm{d}x$，所以

$$QP = f'(x)\mathrm{d}x = \mathrm{d}y.$$

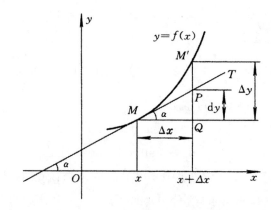

图 15-4

由此可知，函数 $y = f(x)$ 在点 x 处的微分的几何意义就是曲线 $y = f(x)$ 在点 $M(x, y)$ 处的切线 MT 的纵坐标的增量 QP．

2. 微分在近似计算中的应用

我们已经知道,当 $|\Delta x|$ 很小时,可以用函数的微分 $\mathrm{d}y$ 来近似代替函数的增量 Δy,即

$$\boxed{\Delta y = f(x_0 + \Delta x) - f(x_0) \approx f'(x_0)\Delta x} \tag{15-9}$$

一般而言,$|\Delta x|$ 越小,近似程度越高. 由于通常 $\mathrm{d}y$ 较 Δy 容易计算,所以公式 (15-9) 很有实用价值. 下面从两个方面讨论微分在近似计算中的应用.

一是利用微分计算函数增量的近似值.

例 4 一个半径为 4 m 的氢气球,升空后因外部气压降低,气球半径增大了 0.01 m,问气球的体积约增加了多少?

解 设球的体积为 V,半径为 r,则

$$V(r) = \frac{4}{3}\pi r^3.$$

现在已知 $r_0 = 4$ m,$\Delta r = 0.01$ m,由公式 (15-9) 得

$$\Delta V \approx V'(r_0)\Delta r = 4\pi r_0^2 \Delta r = 4\pi \times 4^2 \times 0.01$$
$$= 0.64\pi \approx 0.64 \times 3.14 = 2.0096 \ (\mathrm{m}^3).$$

即体积大约增加了 2.0096 m^3.

二是利用微分计算函数的近似值.

由公式 (15-9) 可得

$$\boxed{f(x_0 + \Delta x) \approx f(x_0) + f'(x_0)\Delta x} \tag{15-10}$$

如果在点 x_0 处 $f(x_0)$ 和 $f'(x_0)$ 的值都容易求得,那么,当 $|\Delta x|$ 很小时,就可以利用上式计算在 $x_0 + \Delta x$ 处函数值的近似值.

例 5 计算 $\sqrt[3]{1.03}$ 的近似值.

解 设 $f(x) = \sqrt[3]{x}$,取 $x_0 = 1$,$\Delta x = 0.03$,由于

$$f'(x) = \frac{1}{3}x^{-\frac{2}{3}},$$

容易求得 $f(x_0) = f(1) = 1$, $f'(x_0) = f'(1) = \frac{1}{3}$,代入公式 (15-10),得

$$\sqrt[3]{1.03} \approx 1 + \frac{1}{3} \times 0.03 = 1.01.$$

例 6 计算 $\sin 46°$ 的近似值.

解 设 $f(x) = \sin x$,因为 $46° = 45° + 1° = \frac{\pi}{4} + \frac{\pi}{180}$,取 $x_0 = \frac{\pi}{4}$,$\Delta x = \frac{\pi}{180}$. 由

于 $f'(x)=\cos x$，容易求得

$$f(x_0)=f\left(\frac{\pi}{4}\right)=\sin\frac{\pi}{4}=\frac{\sqrt{2}}{2},$$

$$f'(x_0)=\cos\frac{\pi}{4}=\frac{\sqrt{2}}{2}.$$

代入公式(15-10)，得

$$\sin46°\approx\frac{\sqrt{2}}{2}+\frac{\sqrt{2}}{2}\times\frac{\pi}{180}\approx0.7071+0.0123=0.7194.$$

在公式(15-10)中，如果令 $x_0=0$，$\Delta x=x$，则有

$$\boxed{f(x)\approx f(0)+f'(0)x} \tag{15-11}$$

当 $|x|$ 很小时，可用上式来计算函数 $f(x)$ 在点 $x=0$ 附近的近似值．我们首先应用公式(15-11)推得以下几个在工程上常用的近似公式．

(1) $e^x\approx1+x$；   (2) $\ln(1+x)\approx x$；

(3) $\sin x\approx x$；   (4) $\tan x\approx x$；

(5) $\sqrt[n]{1+x}\approx1+\dfrac{1}{n}x$；   (6) $\arcsin x\approx x$．

注意：上述这些近似公式要求 $|x|$ 很小．

证明 (1) 设 $f(x)=e^x$，则 $f'(x)=e^x$，于是 $f(0)=1$，$f'(0)=1$，代入公式(15-11)，得

$$e^x\approx1+x.$$

(2) 设 $f(x)=\ln(1+x)$，则 $f'(x)=\dfrac{1}{1+x}$，于是 $f(0)=0$，$f'(0)=1$，代入公式(15-11)，得

$$\ln(1+x)\approx0+x=x.$$

其余几个近似公式可用类似方法证明．

例7 计算下列各式的近似值．

(1) $e^{-0.001}$；   (2) $\ln1.002$．

解 (1) 利用上面介绍的近似公式(1)，取 $x=-0.001$，得

$$e^{-0.001}\approx1+(-0.001)=0.999.$$

(2) 利用上面介绍的近似公式(2)，取 $x=0.002$，得

$$\ln1.002=\ln(1+0.002)\approx0.002.$$

习题 15-6(A 组)

1. 设函数 $y=2x+1$,当自变量 x 由 0 变到 0.02 时,求函数的增量 Δy 和微分 $\mathrm{d}y$.

2. 求下列函数的微分.

(1) $y=\cos 3x$;　　(2) $y=ax^2+bx+c$;　　(3) $y=\mathrm{e}^{\sin x}$.

3. 将适当的函数填入下列括号内,使等式成立.

(1) $\mathrm{d}(\quad)=2\mathrm{d}x$;　　　　(2) $\mathrm{d}(\quad)=3x\mathrm{d}x$;

(3) $\mathrm{d}(\quad)=\cos t\mathrm{d}t$;　　(4) $\mathrm{d}(\quad)=\dfrac{1}{1+x}\mathrm{d}x$.

4. 一半径为 $4\ \mathrm{cm}$ 的金属圆盘,加热后半径伸长了 $0.05\ \mathrm{cm}$,求此圆盘的面积大约增加了多少?

扫一扫,获取参考答案

5. 计算下列各函数值的近似值(精确到 0.0001).

(1) $\sin\dfrac{\pi}{180}$;　　(2) $\ln 0.99972$;　　(3) $\mathrm{e}^{1.01}$.

习题 15-6(B 组)

1. 求函数 $y=\sqrt{x+1}$ 在 $x=0$ 处的增量和微分.

2. 求下列函数的微分.

(1) $y=\ln\sqrt{1-x^2}$;　　(2) $y=\arctan\sqrt{1-\ln x}$;　　(3) $y=\mathrm{e}^{\sin 2x}$.

扫一扫,获取参考答案

3. 已知一正方体的棱长 $x=10$ 米,如果它的棱长增加 0.1 米,求棱长增加后的正方体体积的精确值与近似值.

复习题 15

1. 填空题:

(1) 一物体做变速直线运动,其运动方程为 $s=t\sin t$,在时刻 $t=0$ 时的速度 $v=$_____,加速度 $a=$_____;

(2) 函数在某点处可导与连续的关系是:可导_____连续,连续_____可导;

(3) 曲线 $y=x^2-x$ 上过 $M(1,0)$ 点的切线方程是_____,法线方程是_____;

(4) 若函数 $y=f(x)$ 在点 x_0 的导数 $f'(x_0)\neq 0$,则函数增量 Δy 的线性主部是_____;

(5) 若函数 $y=f(x)$ 由方程 $x+y=\mathrm{e}^{xy}$ 确定,则 $\dfrac{\mathrm{d}y}{\mathrm{d}x}=$_____;

(6) 若函数 $y=f(x)$ 由方程 $\begin{cases} x=2t \\ y=t^2\mathrm{e}^t \end{cases}$ 确定，则 $\dfrac{\mathrm{d}y}{\mathrm{d}x}=$ _____；

(7) 设 $y=x\mathrm{e}^x$，则 $y''=$ _____；

(8) $\mathrm{d}(2^x)=$ _____ $\mathrm{d}x$；$\mathrm{d}(\sqrt{1-x^2})=$ _____ $\mathrm{d}x$.

2. 选择题：

(1) 函数 $f(x)$ 在点 x_0 连续是函数在该点可导的（　　）；

  A. 充分条件但不是必要条件　　　　B. 必要条件但不是充分条件

  C. 充分必要条件　　　　　　　　　D. 既不是充分条件，也不是必要条件

(2) 曲线 $y=x^3+x-2$ 在点 $(1,0)$ 处的切线方程为（　　）；

  A. $y=2(x-1)$ B. $y=4(x-1)$

  C. $y=4x-1$ D. $y=3(x-1)$

(3) 设函数 $y=f(x)$ 在点 x_0 处可导，且 $f'(x_0)>0$，则曲线 $y=f(x)$ 在点 $M_0(x_0,f(x_0))$ 处切线的倾斜角是（　　）；

  A. $0°$ B. $90°$ C. 锐角   D. 钝角

(4) 已知抛物线 $y=x^2$ 上 M 点处的切线平行于直线 $y=4x-5$，则 M 点的坐标为（　　）；

  A. $(1,1)$ B. $(0,0)$ C. $(-2,4)$ D. $(2,4)$

(5) 如果 $y=f(x)$ 由方程 $\begin{cases} x=2\mathrm{e}^t \\ y=\mathrm{e}^{-t} \end{cases}$ 确定，则 $\dfrac{\mathrm{d}y}{\mathrm{d}x}\Big|_{t=0}=$（　　）；

  A. 1 B. -1 C. $\dfrac{1}{2}$ D. $-\dfrac{1}{2}$

(6) 物体做变速直线运动的规律为 $s(t)=(t+k)\mathrm{e}^t$，若该物体在 $t=0$ 时的加速度为 $a=1$，则常数 $k=$（　　）；

  A. 1 B. 2 C. -1 D. 0

(7) 半径为 R 的金属圆片，加热后，半径伸长了 $\mathrm{d}R$，则面积 S 的微分 $\mathrm{d}S$ 是（　　）.

  A. $\pi R\mathrm{d}R$ B. $2\pi R\mathrm{d}R$ C. $\pi\mathrm{d}R$ D. $2\pi\mathrm{d}R$

3. 求下列函数的导数.

(1) $y=\dfrac{x^2+x+3\sqrt{x}-1}{\sqrt{x}}$； (2) $y=(x\sin\alpha+\cos\alpha)(x\cos\alpha-\sin\alpha)$（$\alpha$ 为常数）；

(3) $y=\dfrac{1}{1+\sqrt{t}}-\dfrac{1}{1-\sqrt{t}}$；   (4) $y=\mathrm{e}^{\sqrt[3]{x+1}}$；

(5) $y=\sin^2 x+\ln\cos x$； (6) $y=\sqrt{\dfrac{1-2x}{1+x}}$.

4. 求下列函数的二阶导数.

(1) $y=(x+1)^4$; (2) $y=x\cos x$;

(3) $y=(1+x^2)\arctan x$; (4) $y=\mathrm{e}^x+\mathrm{e}^{-x}$;

(5) $y=\ln\dfrac{1}{x+\sqrt{x^2-1}}$.

5. 已知曲线 $y=2+x-x^2$,求:

(1) 平行于 x 轴的切线方程;

(2) 垂直于直线 $y=x+1$ 的法线方程.

6. 求下列方程所确定的隐函数 y 的导数.

(1) $x^3+y^3-3axy=0$ (a 为常数);

(2) $y=1+x\mathrm{e}^y$;

(3) $\cos(xy)=x$.

7. 求下列参数方程所确定的函数的导数 $\dfrac{\mathrm{d}y}{\mathrm{d}x}$.

(1) $\begin{cases}x=\ln(1+t^2)\\y=1-\arctan t\end{cases}$; (2) $\begin{cases}x=\sin t\\y=\cos 2t\end{cases}$; (3) $\begin{cases}x=a(\cos t+t\sin t)\\y=a(\sin t-t\cos t)\end{cases}$.

8. 某物体做直线运动,其运动方程是

$$s(t)=\frac{1}{3}t^3-2t^2+3.$$

(1) 求 $t=5$ 时,物体运动的速度和加速度;

(2) 何时速度为 0? 何时加速度为 0?

9. 已知 $f(x)=x^2$ 在点 x 处的自变量的增量是 $\Delta x=0.2$,Δy 的线性主部是 $\mathrm{d}y=-0.8$,求 x 的值.

10. 求下列函数的微分.

(1) $y=\dfrac{1}{x^2}$; (2) $y=(x^2-2x+2)\left(\sqrt{x}-\dfrac{1}{x}\right)$;

(3) $y=\mathrm{e}^x\cos x$; (4) $y=2^{\ln\tan x}$;

(5) $y=x\arcsin\sqrt{x}$; (6) $y=\ln(x+\sqrt{x^2+4})$.

11. 求下列函数值的近似值(精确到 0.001).

(1) $\sqrt[5]{0.95}$; (2) $\ln 0.9$;

(3) $\mathrm{e}^{0.05}$; (4) $\tan 0.05$.

扫一扫,获取参考答案

[阅读材料 15]

微积分:从无穷小开始

17 至 18 世纪数学史上最重大的事件,就是微积分的诞生.由于在微积分创始的初期,其理论和概念的发展不够完善,甚至有些模糊,因而围绕它展开了许多激烈的争论.这些争论的焦点之一,就是无穷小的概念.

实际上,早在古希腊时期,数学家们就曾经讨论过有关无穷小的问题.古希腊爱奥利亚学派的著名哲学家芝诺,就曾经提出过四个有关时空的有限与无限的悖论.芝诺悖论涉及时间、空间的无限细分问题,度量及运动的连续性问题,它们的提出实际是摆出了离散与连续的矛盾,这对矛盾的要害又在于无穷小.因此,在当时的数学家中间引起了轩然大波.这说明希腊人已经看到了"无穷小"与"很小很小"的矛盾,但他们却根本无法解决这些矛盾.结果,在希腊的几何证明中都尽可能地排除无穷小.

17 世纪末,在众多数学家多年工作的基础上,微积分诞生了.牛顿和莱布尼兹被公认为是微积分的奠基人.他们把各种问题统一成微分法和积分法,提出了明确的计算步骤.同时,围绕着微积分的一些基本概念,展开了长达一个多世纪的争论.

微积分中的一个关键概念,就是无穷小量.无穷小量究竟是不是零?它到底是什么?牛顿和莱布尼兹都没能说清楚.牛顿对它作过三种不同的解释:1669 年说它是一种常量;1671 年说它是一个趋于零的量;1676 年又说它是"两个正在消逝的量的最终比".

莱布尼兹使用了 dx、dy 之类的符号来表示无穷小量,他曾在一封信中说:"考虑这样一种无穷小量是有用的,当寻找它们的比时,不把它们当作零.但是只要它们和无法相比的大量一起出现,就把它们舍弃."

对于 dx、dy 的最终含义,莱布尼兹仍然是含糊的.虽然他把各阶无穷小量作了区分,但是他没有经过证明就扔掉了高阶微分.在给别人的信中,他又说"无穷小量不是简单的、绝对的零,而是相对的零".也就是说,它是一个消失的量,但仍保持着它那正在消失的特征.然而,莱布尼兹在另外的时候又说,他不相信度量中真正的无穷大或者真正的无穷小.

有些数学家(如伯努利)曾把无穷小量解释成无穷大的倒数.甚至还有一些人认为,不可理解的东西不需要进一步解释.

微积分中的这种含混不清的解释,引起了暴风骤雨般的攻击.人们抱怨说无法理解无穷小量与零有什么区别,质问为什么无穷小量的和竟然可以是有限的量,质问在推理的过程中为何舍弃无穷小量.英国大主教贝克莱则写了一篇文章,嘲笑无穷小量是"死去了的量的灵魂".他认为忽略高阶无穷小从而消除原有的错误,是"依靠双重的错误得到了虽不科学却是正确的结果".

尽管当时微积分的基础不是那么扎实和完善,它只强调形式的计算而非思想基础的可靠性,符号的选择也不严格,但它的一系列结论却在实践中一次次被证实是正确的.数学家们迫不及待地发展着以此为基础的一系列数学分支,如级数论、函数论、微分方程等.整个17、18世纪的数学史,可以说是微积分发展的历史.

直到19世纪20年代,数学家们才认识到微积分的基础应该加以完善.从波尔查诺、阿贝尔、柯西等人的工作开始,到维尔斯特拉斯、戴得金和康托等人的工作结束,中间经历了半个多世纪,数学家们基本上解决了其中的矛盾,为数学分析奠定了一个稳固的基础.

柯西在1821年的《代数分析教程》中从定义变量出发,认识到函数不一定有解析式.他抓住极限的概念,指出了无穷小量和无穷大量都不是固定的量而是变量,无穷小量是以零为极限的变量,从而清楚明确地解释了无穷小量的真正含义.

第15章单元自测

1.选择题:

(1) 函数 $y = f(x)$ 在点 x_0 处可导是函数在该点连续的(　　　);

　　A.充分条件　　　　　B.必要条件　　　　　C.充要条件　　　　　D.无关条件

(2) 若 $f(x)$ 在点 x_0 处可导,且曲线 $f(x)$ 在点 $(x_0, f(x_0))$ 处的切线平行于 x 轴,则 $f'(x_0)$ (　　　);

　　A.小于零　　　　　B.大于零　　　　　C.等于零　　　　　D.不存在

(3) 若函数 $y = 2^x$,则导数 $y' = ($　　　$)$;

　　A. $x2^{x-1}$　　　　　B. 2^x　　　　　C. $2^x \ln 2$　　　　　D. $\dfrac{2^x}{\ln 2}$

(4) 下列的导数运算正确的是(　　　);

　　A. $\left(\sin x + \cos \dfrac{\pi}{3}\right)' = \cos x - \sin \dfrac{\pi}{3}$　　　　　B. $(x\sin x)' = (x)'(\sin x)' = \cos x$

　　C. $\left(\dfrac{\sin x}{x}\right)' = \dfrac{(\sin x)'}{(x)'} = \cos x$　　　　　D. $(e^{-x})' = -e^{-x}$

(5) 曲线 $y = \ln x$ 上某点的切线平行于直线 $y = 2x - 3$，该点的坐标是（　　）；

    A. $\left(\dfrac{1}{2}, \ln 2\right)$　　　　B. $\left(\dfrac{1}{2}, -\ln 2\right)$　　　C. $(2, \ln 2)$　　　　D. $(2, -\ln 2)$

(6) 若 $y = f(u)$，$u = \varphi(x)$，则 $dy = ($　　$)$；

    A. $f'(u)dx$　　　　B. $f'(x)\varphi'(x)dx$　　C. $f'(u)\varphi'(x)dx$　　D. $f'(x)du$

(7) 设 $y' = \sin 3x$，则 $y = ($　　$)$；

    A. $\dfrac{1}{3}\cos 3x + C$　　　B. $-\dfrac{1}{3}\cos 3x + C$　　C. $\cos 3x + C$　　　　D. $-\cos 3x + C$

(8) 设 x 为自变量，当 $x = 1$，$\Delta x = 0.1$ 时，$d(x^3) = ($　　$)$.

    A. 0.3　　　　　B. 0　　　　　　C. 0.01　　　　　D. 0.03

2. 填空题：

(1) 若函数 $f(x)$ 在点 x_0 处的导数 $f'(x_0)$ 存在，则 $\lim\limits_{h \to 0} \dfrac{f(x_0 + 2h) - f(x_0)}{h} = $ _____；

(2) 若 $f(1) = 2$，$f'(1) = 3$，则 $\lim\limits_{x \to 1} f(x) = $ _____；

(3) 已知函数 $y = x(x-1)(x-2)$，则 $y'|_{x=2} = $ _____；

(4) 若 $y = 3e^x + e^{-x}$，则当 $y' = 0$ 时，$x = $ _____；

(5) 若 $y = x^3 - x^2 + x + 3$，则 $f''(0) = $ _____；

(6) 若曲线 $y = f(x)$ 在 $x = 2$ 处的切线的倾斜角为 $\dfrac{\pi}{6}$，则 $f'(2) = $ _____；

(7) 曲线 $y = \sqrt{x}$ 在点 $(4, 2)$ 处的法线方程为 _____；

(8) 一物体按规律 $s = t\sin t$ 做直线运动，在 $t = 0$ 时刻的速度 $v = $ _____，加速度 $a = $ _____.

3. 求下列函数的导数.

  (1) $y = x^{10} + 10^x$；　　　　　(2) $y = \dfrac{1 - x^3}{\sqrt{\pi}}$；　　　　　(3) $y = e^x \ln x$；

  (4) $y = \dfrac{x^2}{\sin x}$；　　　　　　(5) $u = \dfrac{1}{v^2 - 3v + 6}$；　　(6) $s = \ln \dfrac{2t}{1 - t}$；

  (7) $y = \sin^2(1 - 3x)$；　　　　(8) $y = \dfrac{\sqrt{1 + x} - \sqrt{x - 1}}{\sqrt{1 + x} + \sqrt{x - 1}}$；

  (9) $y = (1 + x)^x \ (x > 0)$；　　(10) $y = \sqrt{\dfrac{(1 + 2x)(x - 1)}{3x - 2}}$.

4. 求由方程 $x^2 - xy + y^2 = 3$ 所确定的隐函数的导数 y'.

5. 已知参数方程 $\begin{cases} x = t^2 + 2t + 3, \\ y = 2e^t - e, \end{cases}$ 求 $\dfrac{dy}{dx}\Big|_{t=0}$.

6. 求下列函数的微分.

  (1) $y = \dfrac{1}{x} + 2\sqrt{x}$；　(2) $y = \dfrac{x}{1 - x^2}$；

  (3) $y = x^2 \cos x$；　　　(4) $y = e^{\sin 2x}$.

扫一扫，获取参考答案

导数的应用

上一章我们研究了导数与微分的概念以及它们之间的关系,并给出了导数与微分的计算方法.本章将利用导数来研究函数的某些性态,并综合运用这些知识来描绘函数的图像,解决有关最大值、最小值的实际问题.

16.1　函数单调性及其判定法

函数的单调性是研究函数性态要考虑的重要问题之一,现在介绍利用函数的导数判定函数单调性的方法.

我们已经知道,如果函数 $y=f(x)$ 在区间 (a,b) 内单调增加,那么它的图像是一条沿着 x 轴正方向上升的曲线. 这时曲线上任一点处切线的倾斜角 α 都是锐角,即斜率均为正值,因此恒有 $f'(x)=\tan\alpha>0$,如图 16-1(a)所示;如果函数 $y=f(x)$ 在区间 (a,b) 内单调减少,那么它的图像是一条沿着 x 轴正方向下降的曲线,这时曲线上任一点处切线的倾斜角 α 都是钝角,即斜率均为负值,因此恒有 $f'(x)=\tan\alpha<0$,如图 16-1(b)所示.

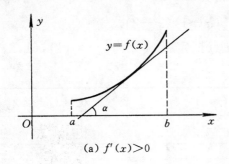
(a) $f'(x)>0$

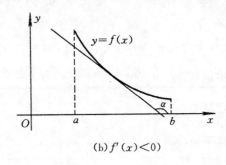
(b) $f'(x)<0$

图 16-1

由此可见,函数的单调性与导数的符号有关.能否利用导数的符号来判定

函数的单调性呢？回答是肯定的,一般有下面的判定定理:

定理 设函数 $y=f(x)$ 在区间 (a,b) 内可导,那么

（1）如果在 (a,b) 内, $f'(x)>0$,则 $f(x)$ 在 (a,b) 内单调增加;

（2）如果在 (a,b) 内, $f'(x)<0$,则 $f(x)$ 在 (a,b) 内单调减少.（证明从略）

应当指出,在区间 (a,b) 内如果恒有 $f'(x)\geqslant0$ （或 $f'(x)\leqslant0$ ）,等号仅在有限个点处成立,那么函数 $f(x)$ 在区间 (a,b) 内是单调增加（或减少）的.例如,幂函数 $y=x^3$ 的导数 $y'=3x^2\geqslant0$,等号仅在 $x=0$ 时成立,由它的图像可知,函数在 $(-\infty,+\infty)$ 内是单调增加的.

例1 判定函数 $f(x)=e^x-x-1$ 的单调性.

解 函数的定义域为 $(-\infty,+\infty)$,由 $f'(x)=e^x-1$ 可知

当 $x>0$ 时, $e^x>1$,故 $f'(x)>0$;

当 $x<0$ 时, $e^x<1$,故 $f'(x)<0$;

当 $x=0$ 时, $e^x=1$,故 $f'(x)=0$.

由上述讨论可知,函数的单调性如下表所示.

x	$(-\infty,0)$	0	$(0,+\infty)$
y'	$-$	0	$+$
y	↘		↗

即函数在 $(-\infty,0)$ 内单调减少,在 $(0,+\infty)$ 内单调增加.

由例1可知,此函数在其定义区间上并不是单调的,但是,我们可以用使导数等于0的点来划分它的定义区间,使导数 $f'(x)$ 在各个部分区间上保持固定符号,从而可判定函数在各个部分区间上的单调性,并由此确定函数的单调区间.这种使导数 $f'(x_0)=0$ 的点 x_0 ,称为函数的**驻点**.

例2 确定函数 $f(x)=2x^3-9x^2+12x-3$ 的单调区间.

解 函数 $f(x)$ 的定义域为 $(-\infty,+\infty)$,求导数得

$$f'(x)=6x^2-18x+12=6(x-1)(x-2).$$

令 $f'(x)=0$,得 $x_1=1,x_2=2$,这两个驻点把定义域分为 $(-\infty,1),(1,2),(2,+\infty)$ 三个区间,由此列表讨论如下:

x	$(-\infty,1)$	1	$(1,2)$	2	$(2,+\infty)$
$f'(x)$	$+$	0	$-$	0	$+$
$f(x)$	↗		↘		↗

由表可知,函数 $f(x)$ 单调增加区间是 $(-\infty,1)$ 及 $(2,+\infty)$,单调减少区间是 $(1,2)$.

应当指出：使导数不存在的点也可能是函数单调区间的分界点.例如,函数 $y=|x|$ 在点 $x=0$ 处不可导(由于 $\lim\limits_{\Delta x \to 0} \dfrac{\Delta y}{\Delta x} = \lim\limits_{\Delta x \to 0} \dfrac{|\Delta x|}{\Delta x}$ 极限不存在),但是在区间 $(-\infty,0)$ 内 $y'=-1<0$;在区间 $(0,+\infty)$ 内, $y'=1>0$. 所以,点 $x=0$ 是函数单调区间的分界点(如图 16-2 所示).

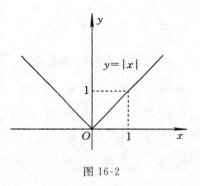

图 16-2

习题 16-1(A 组)

1. 判定下列函数在指定区间内的单调性.

(1) $f(x)=\tan x$, $\left(-\dfrac{\pi}{2},\dfrac{\pi}{2}\right)$;

(2) $f(x)=x+\cos x$, $(0,2\pi)$.

2. 确定下列函数的单调区间.

(1) $f(x)=2x^3-6x^2-18x-7$;

(2) $f(x)=2x^2-\ln x$.

扫一扫,获取参考答案

习题 16-1(B 组)

1. 是非题.

(1)若函数 $f(x)$ 在 (a,b) 内单调递增,且在 (a,b) 内可导,则必有 $f'(x)>0$;

(2)若函数 $f(x)=g(x)$ 且可导,则 $f'(x)=g'(x)$,反之也成立;

(3)若函数 $f(x)$ 和 $g(x)$ 在 (a,b) 可导,且 $f(x)>g(x)$,则在 (a,b) 内必有 $f'(x)>g'(x)$.

2. 求下列函数的单调区间.

(1) $f(x)=(x-1)(x+1)^3$;

(2) $f(x)=e^{-x^2}$;

(3) $f(x)=x-2\sin x$ $(0\leqslant x\leqslant 2\pi)$.

扫一扫,获取参考答案

16.2 函数的极值及其求法

极值是函数的一种局部性态,它能帮助我们进一步把握函数图像的变化状况,为描绘函数图形提供不可或缺的信息,也是研究函数最大值、最小值问题的关键所在.

一、函数极值的定义

由图 16-3 可以看出，$y = f(x)$ 在点 x_1，x_4 的函数值 $f(x_1)$，$f(x_4)$ 比它们近旁各点的函数值都大，而在点 x_2，x_5 的函数值 $f(x_2)$，$f(x_5)$ 比它们近旁各点的函数值都小，对于这种性质的点和对应的函数值，我们给出如下定义．

定义 设函数 $y = f(x)$ 在点 x_0 及其近旁有定义，对于点 x_0 附近任意一点 x（$x \neq x_0$），如果满足：

（1）恒有 $f(x) < f(x_0)$，则称 $f(x_0)$ 为函数 $f(x)$ 的**极大值**，x_0 称为 $f(x)$ 的**极大值点**；

（2）恒有 $f(x) > f(x_0)$，则称 $f(x_0)$ 为函数 $f(x)$ 的**极小值**，x_0 称为 $f(x)$ 的**极小值点**．

函数的极大值、极小值统称为**极值**，极大值点、极小值点统称为**极值点**．

例如，在图 16-3 中，$f(x_1)$，$f(x_4)$ 是极大值，x_1，x_4 是极大值点；$f(x_2)$，$f(x_5)$ 是极小值，x_2，x_5 是极小值点．

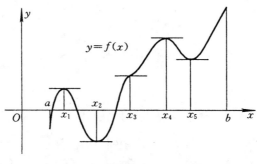

图 16-3

关于函数极值，应当注意以下几点：

（1）函数的极值是一个局部性概念，即极值只是函数在某点附近局部范围内的最大值与最小值，不能与函数在定义区间上的最大值、最小值这个整体性概念混淆．

（2）函数的极大值不一定比极小值大，从图 16-3 中可以看出，极大值 $f(x_1)$ 就比极小值 $f(x_5)$ 小．

（3）函数的极值一定在区间内部取得，区间端点处不能取得极值．而函数的最大值、最小值既可能出现在区间内部，也可能出现在区间的端点处．如图 16-3 所示，$f(b)$，$f(x_2)$ 分别是函数在区间 $[a, b]$ 上的最大值与最小值．

二、函数极值的判定及其求法

从图 16-3 可以看出,函数 $f(x)$ 的极值对应的是曲线的凸起部分的峰顶(或凹下部分的谷底),它是函数由增到减(或由减到增)的分界点.若函数是可导的,则该点处有切线,并且切线是水平的,即极值点处函数的导数为零.

函数取得极值的必要条件如下:

定理 1 设函数 $f(x)$ 在点 x_0 可导,且在点 x_0 取得极值,则必有 $f'(x_0)=0$.(证明从略)

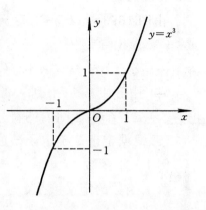

图 16-4

该定理说明,可导函数的极值点必定是驻点.应当注意,可导函数的驻点未必是极值点.例如函数 $f(x)=x^3$,虽然有 $f'(0)=0$,但是由图 16-4 可知 $x=0$ 点并不是函数的极值点.因此 $f'(x_0)=0$ 是可导函数 $f(x)$ 在 x_0 点取得极值的必要条件,而不是充分条件.

当我们求得函数的驻点后,如何判定它是不是极值点?是极大值点还是极小值点?为解决这个问题,下面介绍函数取得极值的充分条件.

定理 2 设函数 $f(x)$ 在点 x_0 的近旁可导,且 $f'(x_0)=0$.

(1) 如果 $x<x_0$ 时,$f'(x)>0$,而 $x>x_0$ 时,$f'(x)<0$,则 $f(x)$ 在点 x_0 取得极大值;

(2) 如果 $x<x_0$ 时,$f'(x)<0$,而 $x>x_0$ 时,$f'(x)>0$,则 $f(x)$ 在点 x_0 取得极小值;

(3) 如果 $f'(x)$ 在 x_0 左、右两侧的符号不变,则点 x_0 不是极值点.

证明从略.从几何图形可以看出,定理的正确性是明显的.如果 $f'(x)$ 的符号由 $f'(x)>0$ 到 $f'(x_0)=0$ 再变为 $f'(x)<0$,则表示函数由单调增加变为单调减少,函数 $y=f(x)$ 对应的曲线也就由上升达到局部高点后再变为下降,因此函数 $f(x)$ 在点 x_0 取得极大值.同理可说明 $f(x)$ 在 x_0 点取得极小值的情形(如图 16-5 所示).

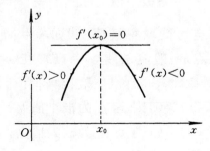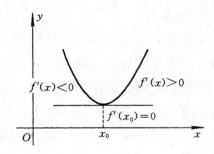

图 16-5

根据定理 1、定理 2，如果 $f(x)$ 是可导函数，则可按下列步骤求 $f(x)$ 的极值点和极值：

（1）求出函数 $f(x)$ 的定义域；

（2）求出导数 $f'(x)$；

（3）令 $f'(x)=0$，求出 $f(x)$ 的全部驻点；

（4）用驻点按从小到大的顺序，将定义域划分为若干个小区间，列表讨论 $f'(x)$ 在各个小区间内的符号；

（5）根据定理 2 确定函数的极值点，进而求出各极值.

例 1 求函数 $f(x)=x^3-3x^2+2$ 的极值.

解 函数的定义域是 $(-\infty,+\infty)$，令

$$f'(x)=3x^2-6x=3x(x-2)=0,$$

得驻点：$x_1=0$，$x_2=2$. 列表讨论 $f'(x)$ 的符号：

x	$(-\infty,0)$	0	$(0,2)$	2	$(2,+\infty)$
$f'(x)$	$+$	0	$-$	0	$+$
$f(x)$	↗	极大值	↘	极小值	↗

由上表可知，函数的极大值 $f(0)=2$，极小值 $f(2)=-2$.

例 2 求函数 $f(x)=x+2\cos x$ 在区间 $[0,\pi]$ 上的极值.

解 讨论区间为 $[0,\pi]$，令

$$f'(x)=1-2\sin x=0,$$

得讨论区间内的驻点：$x_1=\dfrac{\pi}{6}$，$x_2=\dfrac{5\pi}{6}$，列表讨论 $f'(x)$ 的符号：

x	$\left(0,\dfrac{\pi}{6}\right)$	$\dfrac{\pi}{6}$	$\left(\dfrac{\pi}{6},\dfrac{5\pi}{6}\right)$	$\dfrac{5\pi}{6}$	$\left(\dfrac{5\pi}{6},\pi\right)$
$f'(x)$	$+$	0	$-$	0	$+$
$f(x)$	↗	极大值	↘	极小值	↗

由上表可知，函数的极大值为 $f\left(\dfrac{\pi}{6}\right)=\dfrac{\pi}{6}+\sqrt{3}$；极小值为 $f\left(\dfrac{5\pi}{6}\right)=\dfrac{5\pi}{6}-\sqrt{3}$.

特别指出，函数在导数不存在的点处，也可能取得极值. 例如 $y=|x|$ 在 $x=0$ 处不可导，但 $x=0$ 是 $y=|x|$ 的极小值点. 一般地，如果 $y=f(x)$ 在 $x=x_0$ 点处有定义且导数不存在，则

（1）若 $x<x_0$ 时，$f'(x)<0$，$x>x_0$ 时，$f'(x)>0$，则 x_0 点为极小值点；

（2）若 $x<x_0$ 时，$f'(x)>0$，$x>x_0$ 时，$f'(x)<0$，则 x_0 点为极大值点；

（3）若在 x_0 点左、右近旁，$f'(x)$ 不变号，则 x_0 点不是极值点.

例3 求函数 $f(x)=3x^{\frac{2}{3}}-x$ 的极值.

解 （1）函数 $f(x)$ 的定义域为 $(-\infty,+\infty)$；

（2）$f'(x)=2x^{-\frac{1}{3}}-1=\dfrac{2-\sqrt[3]{x}}{\sqrt[3]{x}}$，令 $f'(x)=0$，解得驻点 $x=8$. 另外，由于 $x=0$ 时，导数 $f'(0)$ 不存在，即 $x=0$ 为不可导点. 以 $0,8$ 为分界点，将定义域 $(-\infty,+\infty)$ 分成三个区间 $(-\infty,0)$，$(0,8)$，$(8,+\infty)$；

（3）列表讨论：

x	$(-\infty,0)$	0	$(0,8)$	8	$(8,+\infty)$
$f'(x)$	$-$	不存在	$+$	0	$-$
$f(x)$	↘	极小值0	↗	极大值4	↘

由上表可知，函数 $f(x)$ 的极小值为 $f(0)=0$，极大值为 $f(8)=4$.

需要指出的是，有时候用二阶导数值的符号来判定驻点是不是极值点比较容易. 为此，我们介绍下面的定理：

定理3 设函数 $f(x)$ 在驻点 x_0 处二阶导数存在且 $f''(x_0)\neq 0$，则

（1）如果 $f''(x_0)<0$，那么函数 $f(x)$ 在驻点 x_0 处取得极大值；

（2）如果 $f''(x_0)>0$，那么函数 $f(x)$ 在驻点 x_0 处取得极小值.

例如，例1中，$f''(x)=6x-6=6(x-1)$，驻点 $x_1=0$，$x_2=2$. 因为 $f''(0)=-6<0$，$f''(2)=6>0$，由定理3可知，函数 $f(x)$ 的极大值为 $f(0)=2$，极小值为 $f(2)=-2$.

习题 16-2（A 组）

1. 求下列函数的极值点和极值.

（1）$y=4x^3-3x^2-6x+2$；　　　（2）$y=x-\ln(1+x)$；

（3）$y=2e^x+e^{-x}$；　　　（4）$y=(x-3)^3(x-2)$.

2. 求下列函数在指定区间内的极值.

（1）$f(x)=\sin x+\cos x$，$(0,2\pi)$；

（2）$f(x)=x^4-2x^2+5$，$(0,2)$.

3. 如果函数 $f(x)=(x+a)e^x$ 在 $x=1$ 处取得极值，试求出常数 a 及该极值并指出是极大值还是极小值.

扫一扫，获取参考答案

习题 16-2（B组）

1. 求下列函数的极值点和极值.

    （1）$y=x^{\frac{2}{3}}$;   （2）$y=x+\sqrt{1-x}$.

2. 如果函数 $f(x)=a\sin x+\dfrac{1}{3}\sin 3x$ 在 $x=\dfrac{\pi}{3}$ 取得极值，试求 a 的值，指出它是极大值还是极小值，并求此极值.

扫一扫，获取参考答案

16.3 函数的最大值和最小值应用举例

在生产实践、经济活动和科学技术研究中，常常要求在一定条件下，设法达到"用料最省""强度最大""造价最低"等. 解决这一类问题，就需要用到函数的最大值和最小值的知识. 这一节我们将以函数极值的知识为基础进一步讨论如何求函数的最大值和最小值.

设函数 $y=f(x)$ 在闭区间 $[a,b]$ 上连续，在开区间 (a,b) 内可导，则函数的最大值与最小值只可能在开区间 (a,b) 内，或者在区间的端点 $x=a$，$x=b$ 处取得. 如果最大（小）值在开区间 (a,b) 内取得，则由图 16-6 可知，最大（小）值点一定是函数的极大（小）值点. 又因为可导函数在 (a,b) 内的极大（小）值点一定是函数的驻点，所以，求出函数 $f(x)$ 在 (a,b) 内的全部驻点处的函数值以及在区间两个端点处的函数值 $f(a)$，$f(b)$，将它们加以比较，其中最大者即为 $f(x)$ 在 $[a,b]$ 上的最大值，最小者就是 $f(x)$ 在 $[a,b]$ 上的最小值. 具体求法可按以下步骤进行：

（1）令 $f'(x)=0$，求出 $f(x)$ 在 (a,b) 内的所有驻点 $x_i(i=1,2,\cdots,n)$;

（2）计算各点处的函数值 $f(x_i)$ $(i=1,2,\cdots,n)$，以及区间端点处的函数值 $f(a)$，$f(b)$;

（3）比较这些函数值，得

最大值 $M=\max\{f(a),f(x_1),f(x_2),\cdots,f(x_n),f(b)\}$

最小值 $m=\min\{f(a),f(x_1),f(x_2),\cdots,f(x_n),f(b)\}$

注意：由于极值点也有可能是导数不存在的点，因此当 $f(x)$ 在区间 (a,b) 内具有导数不存在的诸点 x_j，则应当求出 $f(x_j)$ 一并加入上述函数值中加以比较. 例如，函数 $f(x)=|x|$ 在 $[-1,1]$ 上的最大值为 $f(-1)=f(1)=1$，最小值为 $f(0)=0$，其中 $x=0$ 为不可导点.

例1 求函数 $f(x)=x^3-3x^2-9x+5$ 在区间 $[-2,6]$ 上的最大值与最小值.

解 (1) 令 $f'(x)=3x^2-6x-9=3(x+1)(x-3)=0$,得驻点 $x_1=-1$, $x_2=3$;

(2) $f(-1)=10$,$f(3)=-22$,$f(-2)=3$,$f(6)=59$;

(3) 通过比较可知,在区间 $[-2,6]$ 上函数的最大值为 $f(6)=59$,最小值为 $f(3)=-22$.

在解决实际问题时,引用下述结论会使讨论更简洁.

(1) 如图 16-6、16-7 所示,若函数 $f(x)$ 在某区间内仅有一个可能极值点 x_0,则当 $f(x_0)$ 为极大值时,它必是该区间上的最大值;当 $f(x_0)$ 为极小值时,它必为该区间上的最小值.

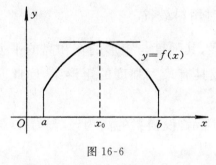

图 16-6 图 16-7

(2)在实际应用问题中,若由分析得知确实存在最大值或最小值,同时所讨论区间内仅有一个驻点,那么该点处的函数值就一定是对应的最大值或最小值.

例2 要制造一个容积为定值 V 的圆柱形无盖茶杯,为使用料最省,问茶杯的底面半径和高的尺寸应各取多少?

解 所谓用料最省,就是要使茶杯的表面积最小. 如图 16-8 所示,设茶杯的底面半径为 r,高为 h,则它的表面积

$$S=\pi r^2+2\pi rh.$$

因为容积 V 是常数,由 $V=\pi r^2 h$ 得

$$h=\frac{V}{\pi r^2},$$

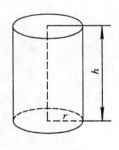

图 16-8

于是表面积 S 可表示为

$$S(r)=\pi r^2+\frac{2V}{r} \quad (r>0).$$

至此,问题可归结为在区间 $(0,+\infty)$ 内 r 取何值时,函数 $S(r)$ 取得最小值. 在数学中,我们把一个实际问题转换为一个函数关系式,并在定义域上优化该

函数的方法称为建立函数模型,简称为**建模**.

现在来求 $S(r)$ 在区间 $(0,+\infty)$ 内的最小值. 因为

$$S'(r)=2\pi r-\frac{2V}{r^2},$$

令 $S'(r)=0$,得驻点 $r=\sqrt[3]{\dfrac{V}{\pi}}$. 这是函数 $S(r)$ 在 $(0,+\infty)$ 内的唯一驻点. 因为容积一定时表面积一定有最小值,所以,当 $r=\sqrt[3]{\dfrac{V}{\pi}}$ 时表面积 $S(r)$ 取得最小值. 此时,

$$h=\frac{V}{\pi r^2}=\sqrt[3]{\frac{V}{\pi}}=r,$$

即茶杯的底面半径与高相等且 $h=r=\sqrt[3]{\dfrac{V}{\pi}}$ 时用料最省.

例 3 横截面为矩形的横梁称为矩形梁,其强度与矩形的宽和高的平方的乘积成正比. 要将一直径为 d 的圆木切割成具有最大强度的矩形梁,问此时矩形梁的高与宽之比是多少?

解 (1)建立函数模型. 如图 16-9(a)所示,设横梁的高为 y,宽为 x,强度为 W,则由题意可知

$$W=Kxy^2 \quad (\text{其中 } K \text{ 为比例系数}).$$

由于有 $x^2+y^2=d^2$,可得

$$W(x)=Kx(d^2-x^2) \quad (0<x<d).$$

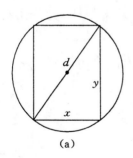
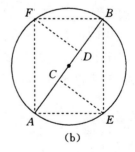

(a)   (b)

图 16-9

(2)求函数最大值. 现在问题归结为,当 x 在 $(0,d)$ 内取何值时,函数 $W(x)$ 有最大值.

令 $W'(x)=K(d^2-3x^2)=0$,得 $x_1=\dfrac{d}{\sqrt{3}}$,$x_2=-\dfrac{d}{\sqrt{3}}$,其中 x_2 不在函数的定

义域内,故在定义域内 $x_1 = \dfrac{d}{\sqrt{3}}$ 是唯一的驻点. 又因为将圆木切割成矩形梁必定

有最大强度,所以,当矩形梁的宽为 $\dfrac{d}{\sqrt{3}}$ 时,强度取得最大值. 此时

$$y = \sqrt{d^2 - x^2} = \sqrt{d^2 - \frac{1}{3}d^2} = \frac{\sqrt{2}}{\sqrt{3}}d = \frac{\sqrt{6}}{3}d,$$

即高:宽 $= y : x = \sqrt{2} : 1$ 时矩形梁的强度最大.

容易证明:将圆木的直径 AB 三等分,过分点 C,D 作 AB 的垂线,分别交圆周于 E,F,那么以 $AEBF$ 为截面的矩形梁强度最大,如图 16-9(b)所示. 早在公元 1100 年,北宋建筑学家李诫撰写的《营造法式》中就已用文字表述了 $y : x = \sqrt{2} : 1 \approx 7 : 5$ 这一结果.

通过前面的例子可知,解决与最大(小)值有关的实际应用问题时,可采用以下步骤:

(1) 根据题意建立函数模型. 一般是将问题中能取得最大(小)值的变量设为函数 y,而将与函数有关联的条件变量设为自变量 x,再利用变量之间的等量关系列出函数关系式 $y = f(x)$,并确定函数的定义域.

(2) 求模型函数在定义域内的最大(小)值. 先求出函数在定义域内的驻点,再判定函数是否在驻点处取到最大值或最小值. 如果驻点只有一个,并且由题意可知函数在定义域内必定存在最大值或最小值,则该驻点对应的函数值就是问题所求的最大值或最小值;如果驻点不止一个,则可根据前面求最大(小)值的一般方法去求解.

习题 16-3(A组)

1. 求下列函数在所给区间上的最大值和最小值.

(1) $y = x^4 - 2x^2$, $[-2, 2]$;

(2) $y = \sin 2x - x$, $\left[-\dfrac{\pi}{2}, \dfrac{\pi}{2}\right]$.

2. 要制造一个圆柱形有盖的油桶,若油桶的容积 V 是常数. 问底面半径 r 和高 h 之比等于多少时,才能使用料最省?

3. 某窗户的形状上部为一半圆,下部是矩形(如图 16-10 所示),若窗框 L 为一定长,试确定矩形的宽 x 和高 y,使通过的光线最充足.

4. 把长为 24 厘米的铁丝剪成两段,一段做成圆形,一段做成正方形,问如何剪才能使圆和正方形面积之和最小?

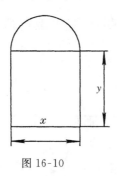

图 16-10

扫一扫,获取参考答案

习题 16-3(B 组)

1. 求下列函数在所给区间上的最大值和最小值.

(1) $y = x + 2\sqrt{x}, x \in [0, 4]$;

(2) $y = \sin^3 x + \cos^3 x, x \in [0, \pi]$;

(3) $y = \dfrac{x}{1 + x^2}, x \in [0, +\infty)$.

2. 甲、乙两生产队合用一变压器,其位置如图 16-11 所示,问变压器放置在输电干线上何处,所需电线最短?

3. 某车间要靠墙壁盖一间长方形小屋,现有存砖只够砌 20 米长的墙壁.问应围成怎样的长方形才能使这间小屋的面积最大?

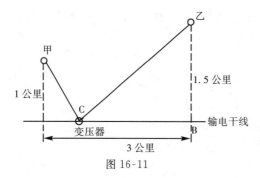

图 16-11

扫一扫,获取参考答案

16.4 函数图形

一、曲线的凹凸与拐点

函数 $y = f(x)$ 的图像就是方程 $y = f(x)$ 所对应的曲线,因此,今后我们通

常将函数 $y=f(x)$ 的图像称为**曲线**. 曲线的凹凸性与拐点是曲线的一个重要的几何性态.

从图 16-12 可以看出，曲线弧 $\overparen{ABC}$ 在区间 (a,c) 内是向上凸起的，此时 $\overparen{ABC}$ 位于该弧上任一点切线的下方；曲线弧 $\overparen{CDE}$ 在区间 (c,b) 内是向下凹陷的，此时 $\overparen{CDE}$ 位于该弧上任一点切线的上方. 关于曲线弯曲的方向，我们给出下面的定义.

定义 1 如果在某区间内曲线弧位于其任一点切线的上方，那么称此曲线弧在该区间内是**凹的**，此区间称为该曲线弧的**凹区间**；如果在某区间内曲线弧位于其任一点切线的下方，那么称此曲线弧在该区间内是**凸的**，此区间称为该曲线弧的**凸区间**.

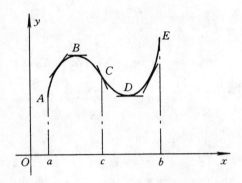

图 16-12

从图 16-12 还可以看出，对于曲线弧 $\overparen{ABC}$，曲线上切线的斜率随 x 的增大而减小；对于曲线弧 $\overparen{CDE}$，曲线上切线的斜率随 x 的增大而增大. 由于切线的斜率就是函数 $y=f(x)$ 的一阶导数，因此，凸的曲线弧，一阶导数是单调减少的，凹的曲线弧，一阶导数是单调增加的. 由此可见，曲线 $y=f(x)$ 的凹凸性可以用导数 $f'(x)$ 的单调性来判定，而 $f'(x)$ 的单调性又可用它的导数，即 $f(x)$ 的二阶导数 $f''(x)$ 的符号来判定，故曲线 $y=f(x)$ 的凹凸性与 $f''(x)$ 的符号有关. 下面给出曲线凹凸性的判定定理：

定理 1 设函数 $f(x)$ 在区间 $[a,b]$ 上连续，在区间 (a,b) 内具有二阶导数.

(1) 如果在区间 (a,b) 内 $f''(x)>0$，则曲线 $y=f(x)$ 在该区间内是凹的；

(2) 如果在区间 (a,b) 内 $f''(x)<0$，则曲线 $y=f(x)$ 在该区间内是凸的.

证明从略.

例 1 判定曲线 $y=\ln(1+x^2)$ 的凹凸性 $(x>0)$.

解 函数的定义域为 $(0,+\infty)$.

$$y'=\frac{2x}{1+x^2}, \qquad y''=\frac{2(1-x^2)}{(1+x^2)^2}.$$

因此，当 $x=1$ 时，$y''=0$，可把 $(0,+\infty)$ 分成两个小区间，列表讨论如下：

x	$(0,1)$	1	$(1,+\infty)$
y''	$+$	0	$-$
$y=f(x)$	凹		凸

所以曲线在区间$(0,1)$内是凹的,在$(1,+\infty)$是凸的.

定义2 设函数$y=f(x)$在某区间内连续,则曲线$y=f(x)$在该区间内的凹凸分界点,称为该曲线的**拐点**.

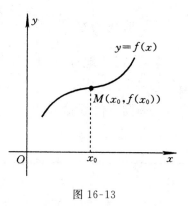

图 16-13

应当注意,拐点是曲线上的点,因此,拐点的坐标需用一对有序数组(x,y)表示,如图 16-13 所示的拐点为$M(x_0,f(x_0))$.

我们知道,由$f''(x)$的符号可以确定曲线的凹凸,如果$f''(x)$连续,那么当$f''(x)$的符号由正变负或由负变正时,必定有一点x_0,使$f''(x_0)=0$.这样,点$(x_0,f(x_0))$就是曲线的一个拐点.下面给出曲线拐点的判定定理:

定理2 若函数$y=f(x)$在点x_0处有$f''(x_0)=0$,且在点x_0两侧的二阶导数异号,则点$(x_0,f(x_0))$为曲线$y=f(x)$的拐点.

证明从略.

例2 讨论曲线$f(x)=x^3-6x^2+9x+1$的凹凸区间与拐点.

解 定义域为$(-\infty,+\infty)$.因为
$$f'(x)=3x^2-12x+9,$$
$$f''(x)=6x-12=6(x-2),$$
令$f''(x)=0$,可得$x=2$.

当$x\in(-\infty,2)$时,$f''(x)<0$,此区间是凸区间;

当$x\in(2,+\infty)$时,$f''(x)>0$,此区间是凹区间.

因为$f''(x)$在$x=2$的两侧异号,而$f(2)=3$,所以点$(2,3)$是该曲线的拐点.

本题也可以用下表给出解答.

x	$(-\infty,2)$	2	$(2,+\infty)$
$f''(x)$	$-$	0	$+$
$f(x)$	$\cap$	拐点 $(2,3)$	$\cup$

其中$\cap$,$\cup$分别表示曲线的凸和凹.

注意:有时,虽然在点x_0处二阶导数$f''(x_0)$不存在,但点$(x_0,f(x_0))$仍可能是拐点.例如,$f(x)=x^{\frac{5}{3}}$,$f''(x)=\dfrac{10}{9\sqrt[3]{x}}$,$f''(0)$不存在,但点$(0,0)$是曲线的拐点.

二、曲线的水平渐近线和垂直渐近线

为了完整地描绘函数的图形,除了知道其升降、凹凸、极值和拐点等性态外,还应当了解曲线无限远离坐标原点时的变化状况,这就涉及曲线的渐近线问题,我们只介绍下面两种特殊情况:

(1)若 $\lim\limits_{x\to x_0^-}f(x)=\infty$ 或 $\lim\limits_{x\to x_0^+}f(x)=\infty$,则称直线 $x=x_0$ 为曲线 $y=f(x)$ 的**垂直渐近线**;

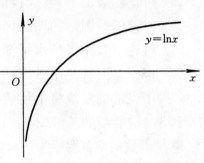

(2)若 $\lim\limits_{x\to-\infty}f(x)=b$ 或 $\lim\limits_{x\to+\infty}f(x)=b$,则称直线 $y=b$ 为曲线 $y=f(x)$ 的**水平渐近线**.

例如,对曲线 $y=\ln x$ 来说,因为
$$\lim_{x\to0^+}\ln x=-\infty,$$
所以直线 $x=0$ 为曲线 $y=\ln x$ 的垂直渐近线,如图 16-14 所示.

图 16-14

又如,对曲线 $y=\dfrac{1}{x-1}$ 来说,因为 $\lim\limits_{x\to1}\dfrac{1}{x-1}=\infty$,所以直线 $x=1$ 为曲线 $y=\dfrac{1}{x-1}$ 的垂直渐近线.又因为 $\lim\limits_{x\to\infty}\dfrac{1}{x-1}=0$,所以直线 $y=0$ 是曲线 $y=\dfrac{1}{x-1}$ 的水平渐近线,如图 16-15 所示.

再如曲线 $y=\arctan x$,因为
$$\lim_{x\to-\infty}\arctan x=-\frac{\pi}{2},$$
$$\lim_{x\to+\infty}\arctan x=\frac{\pi}{2},$$
所以直线 $y=-\dfrac{\pi}{2}$ 与 $y=\dfrac{\pi}{2}$ 都是该曲线的水平渐近线,如图 16-16 所示.

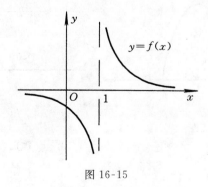

图 16-15

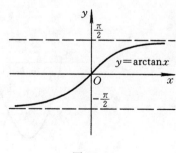

图 16-16

三、函数图形的描绘

描绘函数图形的一般步骤如下：

（1）确定函数的定义域，并讨论其奇偶性和周期性；

（2）计算函数的一阶导数和二阶导数，并求出定义域内使一阶导数、二阶导数为零的点和一阶、二阶导数不存在的点；

（3）讨论函数的单调性、极值点和极值；

（4）讨论函数图形的凹凸区间和拐点；

（5）讨论函数图形的水平渐近线和垂直渐近线；

（6）根据需要补充函数图形上的若干点（如与坐标轴的交点等）；

（7）用光滑的曲线将上述诸点连接起来，描出函数图形.

例 3 描绘函数 $y = 3x - x^3$ 的图形.

解 函数的定义域为 $(-\infty, +\infty)$，且为奇函数. 求一阶、二阶导数，得

$$y' = 3 - 3x^2, \quad y'' = -6x.$$

令 $y' = 0$，得驻点 $x = \pm 1$；令 $y'' = 0$，得 $x = 0$.

列表讨论 y'，y'' 的符号，确定函数的单调区间和极值、凹凸区间和拐点：

x	$(-\infty, -1)$	-1	$(-1, 0)$	0	$(0, 1)$	1	$(1, +\infty)$
y'	$-$	0	$+$	$+$	$+$	0	$-$
y''	$+$	$+$	$+$	0	$-$	$-$	$-$
y	$\searrow$	极小值 -2	$\nearrow$	拐点 $(0,0)$	$\nearrow$	极大值 2	$\searrow$

令 $y = 0$，可得曲线 $y = 3x - x^3$ 与 x 轴交点的横坐标为 $x = \pm\sqrt{3}, 0$.

显然，曲线 $y = 3x - x^3$ 无水平渐近线和垂直渐近线. 综合上述讨论，即可描出所给函数的图形，如图 16-17 所示.

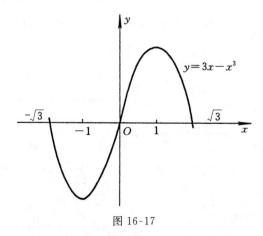

图 16-17

因为 $y=3x-x^3$ 为奇函数,所以,该函数的图形关于坐标原点对称.因此,本题也可以仅在区间 $(0,+\infty)$ 内进行讨论,在描出函数在 $(0,+\infty)$ 内的图形之后,根据图形的对称性得到在 $(-\infty,0)$ 内的图形.

例 4　描绘函数 $y=e^{-x^2}$ 的图形.

解　函数的定义域为 $(-\infty,+\infty)$,且为偶函数.求一阶、二阶导数得

$$y'=-2xe^{-x^2},\ y''=2e^{-x^2}(2x^2-1),$$

令 $y'=0$,得驻点 $x=0$;令 $y''=0$,得 $x=\pm\dfrac{\sqrt{2}}{2}$.

列表讨论 y',y'' 的符号,确定函数的单调区间和极值、凹凸区间和拐点:

x	$\left(-\infty,-\dfrac{\sqrt{2}}{2}\right)$	$-\dfrac{\sqrt{2}}{2}$	$\left(-\dfrac{\sqrt{2}}{2},0\right)$	0	$\left(0,\dfrac{\sqrt{2}}{2}\right)$	$\dfrac{\sqrt{2}}{2}$	$\left(\dfrac{\sqrt{2}}{2},+\infty\right)$
y'	$+$	$+$	$+$	0	$-$	$-$	$-$
y''	$+$	0	$-$	$-$	$-$	0	$+$
y	↗	拐点 $\left(-\dfrac{\sqrt{2}}{2},e^{-\frac{1}{2}}\right)$	↗	极大值 $f(0)=1$	↘	拐点 $\left(\dfrac{\sqrt{2}}{2},e^{-\frac{1}{2}}\right)$	↘

当 $x\to\infty$ 时,$y\to0$,所以 $y=0$ 为该函数图形的水平渐近线.

根据以上讨论,即可描绘所给函数的图形,如图 16-18 所示.

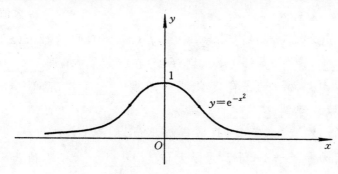

图 16-18

习题 16-4(A 组)

1. 求下列曲线的凸凹区间和拐点.

(1) $y=x^3-6x^2+x-1$;　　　　(2) $y=x^4-12x^3+48x^2-50$;

(3) $y=\ln(1+x^2)$;　　　　(4) $y=(x+1)^4+e^x$.

2. 已知曲线 $y=x^3+ax^2-9x+4$ 在 $x=1$ 有拐点，试确定系数 a，并求曲线的拐点坐标和凹凸区间.

3. 试确定 a,b,c 的值，使 $y=ax^3+bx^2+cx$ 有一拐点 $(1,2)$，且在该点处的切线斜率为 -1.

4. 研究下列函数的性态并作出其图形.

(1) $y=x^3-6x^2+9x-4$；   (2) $y=e^x-x-1$.

扫一扫，获取参考答案

习题 16-4（B 组）

1. 求下列曲线的拐点和凹凸区间.

(1) $y=x+\dfrac{x}{x-1}$； (2) $y=xe^{-x}$； (3) $y=x^4(12\ln x-7)$.

2. 试决定 $y=k(x^2-3)^2$ 中的 k 值，使曲线在拐点处的法线通过原点.

3. 求下列曲线的水平、垂直渐近线.

(1) $y=\dfrac{1}{1-x^2}$； (2) $y=1+\dfrac{36x}{(x+3)^2}$； (3) $y=x^2+\dfrac{1}{x}$.

4. 作出函数 $y=xe^{-x^2}$ 的图像.

复习题 16

1. 填空题

(1) 设函数 $f(x)$ 在 (a,b) 内可导，如果 $f'(x)>0$，则函数 $f(x)$ 在 (a,b) 内单调_____；如果 $f'(x)<0$，则 $f(x)$ 在 (a,b) 内单调_____；

(2) 函数 $f(x)=\cos x-x$ 在定义域内单调_____；函数 $g(x)=\sin x+x$ 在定义域内单调_____；

(3) 如果 $f(x)$ 在点 x_0 可导，且取得极小值，则 $f'(x_0)=$_____；

(4) 函数 $f(x)=x^3-3x^2+7$ 的极大值为_____，极小值为_____；

(5) 若函数 $f(x)=xe^{-ax}$ 在点 $x=\dfrac{1}{2}$ 处取得极值，则 $a=$_____；

(6) 函数 $f(x)=\ln(1+x^2)$ 在 $[-1,2]$ 上的最大值为_____，最小值为_____；

(7) 函数 $y=f(x)$ 在 (a,b) 内具有二阶导数，如果曲线 $y=f(x)$ 在 (a,b) 内是凸的，则有 $f''(x)$_____ 0；如果曲线 $y=f(x)$ 在 (a,b) 内是凹的，则有 $f''(x)$_____ 0；

(8) 曲线 $y=x^3-3x^2-9x+1$ 的凸区间为_____，凹区间为_____，拐点为_____.

2. 选择题

(1) 函数 $f(x)=x-\ln(1+x)$ 的单调减少区间是(　　);

  A. $(0,+\infty)$　　　　B. $(-\infty,0)$　　　　C. $(0,1)$　　　　D. $(-1,0)$

(2) 对于可导函数 $y=f(x)$, $f'(x_0)=0$ 是 $f(x)$ 在点 x_0 处取得极值的(　　);

  A. 充分条件　　　　　　　　　　B. 必要条件

  C. 充要条件　　　　　　　　　　D. 既非必要又非充分条件

(3) 函数 $y=x\ln x$ 在 $x=a$ 点取得极小值 m, 则有(　　);

  A. $a=e, m=-e^{-1}$　　　　　　　　B. $a=e^{-1}, m=e^{-1}$

  C. $a=e^{-1}, m=-e^{-1}$　　　　　　D. $a=e, m=e^{-1}$

(4) 曲线 $y=x\arctan x$ 的凹凸性是(　　);

  A. 在 $(-\infty,+\infty)$ 是凸的

  B. 在 $(-\infty,0)$ 是凸的, 在 $(0,+\infty)$ 是凹的

  C. 在 $(-\infty,+\infty)$ 是凹的

  D. 在 $(-\infty,0)$ 是凹的, 在 $(0,+\infty)$ 是凸的

(5) 曲线 $y=(x-1)^3$ 的拐点是(　　).

  A. $(-1,8)$　　　　B. $(1,0)$　　　　C. $(0,-1)$　　　　D. $(2,1)$

3. 求下列函数的单调区间和极值.

(1) $y=x^3-\dfrac{3}{2}x^2-\dfrac{3}{2}$;　　　　　　(2) $y=x^2-x-\ln x$.

4. 已知函数 $f(x)=ax^3+bx^2+cx+d$ 有极小值 $f(-3)=2$, 极大值 $f(3)=6$, 求 a,b,c,d 的值.

5. 要建造一个容积为 8000 立方米的无盖长方体蓄水池, 已知池底为正方形且单位造价为侧壁造价的两倍, 问蓄水池的尺寸如何设计才能使总造价最低?

6. 求下列函数在给定区间上的最大值和最小值.

(1) $y=x+\sqrt{x}, [0,4]$;　　　　　(2) $y=2\tan x-\tan^2 x, \left[0,\dfrac{\pi}{3}\right]$.

7. 求下列曲线的凹凸区间和拐点.

(1) $y=x^3-6x^2+x+14$;　　　　　(2) $y=3x^4-4x^3+1$.

8. 当 a,b 为何值时, 点 $(1,3)$ 是曲线 $y=ax^3+bx^2$ 的拐点?

9. 作出下列函数的图形.

(1) $y=1+x+x^2-x^3$;　　　　　(2) $y=\dfrac{x}{x^2-1}$.

扫一扫, 获取参考答案

曲率、边际与弹性

1. 曲率

曲率是用于定量地描述曲线弯曲程度的一个概念. 平面曲线弧 $\overset{\frown}{MN}$ 的弯曲程度可以用弧两端切线的转角 $\Delta\alpha$ 与该弧长 Δs 之比的绝对值 $\left|\dfrac{\Delta\alpha}{\Delta s}\right|$ 来描述, 如图 16-19 所示. 显然, $\left|\dfrac{\Delta\alpha}{\Delta s}\right|$ 越大, 曲线弧 $\overset{\frown}{MN}$ 弯曲得越厉害, 称 $\left|\dfrac{\Delta\alpha}{\Delta s}\right|$ 为弧 $\overset{\frown}{MN}$ 的平均曲率, 记为 $\overline{K}$, 即

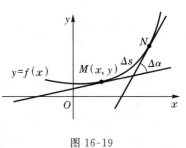

图 16-19

$$\overline{K} = \left|\frac{\Delta\alpha}{\Delta s}\right|.$$

但是, 平均曲率只能表示整段弧的平均弯曲程度, 曲线上各点附近的弯曲程度不一定处处相同. 当弧越短时, 平均曲率就越能近似地表示弧上某一点附近的弯曲程度. 当点 N 沿曲线趋近于点 M, 即当 $\Delta s \to 0$ 时, 弧 $\overset{\frown}{MN}$ 的平均曲率的极限称为曲线在点 M 处的**曲率**, 记作 K, 即

$$K = \lim_{\Delta s \to 0} \left|\frac{\Delta\alpha}{\Delta s}\right| = \left|\frac{\mathrm{d}\alpha}{\mathrm{d}s}\right|.$$

也就是说, 平面曲线的曲率就是曲线上某个点的切线方向角对弧长的转动率. 从微分定义的角度来看, 曲率反映的是曲线偏离直线的程度. 曲率越大, 曲线的弯曲程度越大.

可以证明, 曲线 $y = f(x)$ 在任意点 $M(x, y)$ 处的曲率的计算公式为

$$K = \left|\frac{\mathrm{d}\alpha}{\mathrm{d}s}\right| = \frac{|y''|}{\sqrt{(1 + y'^2)^3}}.$$

由曲率的定义可得: 半径为 R 的圆上任一点的曲率 K 都相等, 且 $K = \dfrac{1}{R}$.

设曲线 $y = f(x)$ 在点 $M(x, y)$ 处的曲率为 K ($K \neq 0$), 在点 M 处的曲线的凹的一侧的法线上取一点 D, 使 $DM = \dfrac{1}{K} = R$. 以 D 为圆心, R 为半径作圆, 这个圆叫作曲线在点 M 处的**曲率圆**, 曲率圆的圆心 D 叫作曲线在点 M 处

的**曲率中心**.曲率圆的半径 R 叫作曲线在点 M 处的**曲率半径**.即

$$R = \frac{1}{K} = \frac{\sqrt{(1+y'^2)^3}}{|y''|}.$$

例 1 求双曲线 $xy = 1$ 在点处 $(1,1)$ 的曲率.

解 因为 $y = \frac{1}{x}$,$y' = -\frac{1}{x^2}$,$y'' = \frac{2}{x^3}$,所以 $y'|_{x=1} = -1$,$y''|_{x=1} = 2$.
故双曲线在点处 $(1,1)$ 的曲率为

$$K = \frac{|y''|}{\sqrt{(1+y'^2)^3}} = \frac{2}{\sqrt{[1+(-1)^2]^3}} = \frac{1}{\sqrt{2}} = \frac{\sqrt{2}}{2}.$$

例 2 设工件表面的截线为抛物线 $y = 0.4x^2$,现在要用砂轮磨削其内表面.请问用直径多大的砂轮才比较合适?

解 砂轮的半径应小于或等于抛物线上各点处曲率半径的最小值.因为
$y' = 0.8x$,$y'' = 0.8$,所以 $R = \frac{\sqrt{(1+y'^2)^3}}{|y''|} = \frac{\sqrt{(1+0.64x^2)^3}}{0.8}$.

当 $x = 0$ 时,R 有最小值 $R = \frac{1}{0.8} = 1.25$.

故选用砂轮的半径不得超过 1.25 个单位,即直径不得超过 2.50 个单位.

2. 边际

一个经济函数 $f(x)$ 的导数 $f'(x)$ 称为该函数的**边际函数**.$f(x)$ 在点 $x = x_0$ 处的导数 $f'(x_0)$ 称为 $f(x)$ 在点 $x = x_0$ 处的**变化率**,也称为**边际值**,它表示 $f(x)$ 在点 $x = x_0$ 处的变化速度.边际值 $f'(x_0)$ 的**经济意义**:经济函数 $y = f(x)$ 在点 $x = x_0$ 处,当自变量 x 再增加 1 个单位时,因变量 y 的改变量的近似值.在实际应用中时,常略去"近似"两字.边际的含义就是因变量关于自变量的变化率,或者说是自变量变化一个单位时因变量的改变量.在经济管理研究中,经常考虑的边际值有,边际收益 MR、边际成本 MC、边际利润 ML 等.

(1)**边际收益** 总收益函数为 $R(Q)$,Q 为销量,其导数 $R'(Q)$ 称为**边际收益函数**,记为 MR.边际收益 $R'(Q_0)$ 的经济意义:在销量为 Q_0 时,再多销售 1 个单位产品所引起总收益的改变量为 $R'(Q_0)$ 个单位.

(2)**边际成本** 总成本函数 $C = C(Q)$,Q 为产量,其导数 $C'(Q)$ 称为**边际成本函数**,记为 MC.$C'(Q_0)$ 的经济意义:产量在 Q_0 水平的基础上,产量每改变(增加或减少)1 个单位时,所引起的总成本 $C(Q)$ 的改变量(增加或减少)为 $C'(Q_0)$ 个单位.

(3)**边际利润** 总利润函数为 $L(Q)$,Q 为销量,其导数 $L'(Q)$ 称为**边际利润函数**,记为 ML.边际利润 $L'(Q_0)$ 的经济意义:在销量为 Q_0 时,再多销售

1 个单位产品所引起总利润的改变量为 $L'(Q_0)$ 个单位. 总利润函数为总收益函数减去总成本函数，即

$$L(Q) = R(Q) - C(Q).$$

例 3 已知某商品的成本函数为 $C(Q) = 100 + \dfrac{Q^2}{4}$，求当 $Q = 10$ 时的总成本，平均成本和边际成本，并说明边际成本的经济意义.

解 当 $Q = 10$ 时，总成本 $C(10) = 100 + \dfrac{100}{4} = 125$.

平均成本函数为 $\overline{C}(Q) = \dfrac{C(Q)}{Q} = \dfrac{100}{Q} + \dfrac{Q}{4}$，

$$\overline{C}(10) = \frac{C(10)}{10} = \frac{125}{10} = 12.5.$$

边际成本函数为 $C'(Q) = \dfrac{Q}{2}$，$C'(10) = \dfrac{10}{2} = 5$.

当 $Q = 10$ 时，边际成本 $C'(10) = 5$ 的经济意义：当产量在 10 个单位的基础上，再多生产 1 个单位产品，总成本将增加 5 个单位，即生产第 11 个单位产品时，所需的成本是 5 个单位.

由例 3 可以看出：

(1) 当产量为 10 个单位时，有 $C'(10) = 5 < \overline{C}(10) = 12.5$，此时应继续增加产量；

(2) 当产量增加到 20 个单位时，有 $C'(20) = 10 = \overline{C}(20)$，此时平均成本最小，生产最合理；

(3) 若再继续增加产量，平均成本反而增加，事实上，当产量为 21 个单位时，有

$$C'(21) = 10.5 > \overline{C}(21) = 10.012.$$

3. 弹性

设经济函数 $y = f(x)$ 在点 $x_0(x_0 \neq 0)$ 的某个邻域内有定义，且 $f(x_0) \neq 0$，函数的相对改变量 $\dfrac{\Delta y}{y_0}$ 与自变量的相对改变量 $\dfrac{\Delta x}{x_0}$ 之比在 $\Delta x \to 0$ 时的极限

$\lim\limits_{\Delta x \to 0} \dfrac{\Delta y / f(x_0)}{\Delta x / x_0}$ 称为函数 $f(x)$ 在点 x_0 处的弹性，记为 $\left.\dfrac{Ey}{Ex}\right|_{x=x_0}$，即

$$\left.\frac{Ey}{Ex}\right|_{x=x_0} = \lim_{\Delta x \to 0} \frac{\Delta y / f(x_0)}{\Delta x / x_0} = \lim_{\Delta x \to 0} \frac{[f(x_0 + \Delta x) - f(x_0)] / f(x_0)}{\Delta x / x_0}$$

$$= \frac{x_0}{f(x_0)} f'(x_0).$$

弹性表示因变量的相对变化对自变量相对变化的反应程度或灵敏程度.

在经济上 $\dfrac{Ey}{Ex}\Big|_{x=x_0}$ 表示在点 x_0 处,当 x 产生 $1‰$ 的改变时,$f(x)$ 近似(应用中常略去"近似"二字)改变 $\left(\dfrac{Ey}{Ex}\Big|_{x=x_0}\right)\%$. 即自变量变动百分之一时,因变量变动的百分数.

例如,某种产品的价格上涨 $1‰$,销售量下降 $1.5‰$,此种产品的弹性即为 1.5.

若函数 $f(x)$ 在 (a,b) 内可导,且对 $x\in(a,b)$,$f(x)\neq 0$,则称

$$\frac{Ey}{Ex}=\frac{x}{f(x)}f'(x)=\frac{\dfrac{dy}{dx}}{\dfrac{y}{x}}=\frac{\text{边际函数}}{\text{平均函数}}$$

为函数 $f(x)$ 在 (a,b) 内的**弹性函数**. 在经济学中,弹性又可解释为边际函数与平均函数之比. 它包括需求弹性和供给弹性.

下面简要介绍经济学中常见的弹性函数——需求的价格弹性.

设商品的需求量为 Q,价格为 p,需求函数 $Q=Q(p)$ 可导,则称 $\dfrac{EQ}{Ep}=\dfrac{p}{Q(p)}Q'(p)$ 为该商品的需求的价格弹性,简称为**需求弹性**,记为 $\varepsilon(p)$,表示某商品当价格变化一定的百分比以后引起需求量的反映程度. 当价格上涨时,需求减少,因而 $Q(p)$ 是递减函数,有 $Q'(p)<0$,从而 $\varepsilon(p)$ 一般为负值.

需求的价格弹性在经济学中的意义:

(1) 当 $\varepsilon(p)=-1$,即 $|\varepsilon(p)|=1$ 时,称为**单位弹性**,此时商品需求量的变动与价格变动按相同百分比进行;

(2) 当 $\varepsilon(p)<-1$,即 $|\varepsilon(p)|>1$ 时,称为**高弹性**,此时商品需求量的变动的百分比高于价格变动的百分比,说明需求量对价格的变动较敏感;

(3) 当 $-1<\varepsilon(p)<0$,即 $|\varepsilon(p)|<1$ 时,称为**低弹性**,此时商品需求量的变动的百分比低于价格变动的百分比,说明价格变动对需求影响不大.

例 4 设每天从甲地到乙地的飞机票的需求为

$$Q(p)=500\sqrt{900-p}\,,\quad 0<p<900.$$

其中 p 为机票的价格,问价格在什么范围内,需求为高弹性和低弹性?

解 由于 $Q'(p)=\dfrac{-250}{\sqrt{900-p}}$,

$$\varepsilon(p)=\frac{EQ}{Ep}=\frac{p}{500\sqrt{900-p}}\cdot\frac{-250}{\sqrt{900-p}}=\frac{-p}{2(900-p)}\,,$$

由此可知,当 $|\varepsilon(p)|=\dfrac{p}{2(900-p)}>1$,即 $600<p<900$ 时,为高弹性;当 $0<p<600$ 时,为低弹性.

第16章单元自测

1. 选择题

(1) $y=x^3+12x+1$ 在定义域内（　　）；

　A. 单调增加　　　　B. 单调减少　　　　C. 凸曲线　　　　D. 凹曲线

(2) 条件 $f''(x_0)=0$ 是 $f(x)$ 在点 $(x_0,f(x_0))$ 处有拐点的（　　）条件；

　A. 必要　　　　　　B. 充分　　　　　　C. 充分必要　　　　D. 以上都不对

(3) 点 $(0,1)$ 是曲线 $y=ax^3+bx^2+c$ 的拐点，则有（　　）；

　A. $a=1,b=-3,c=1$ 　　　　　　　　　B. $a\neq0,b=0,c=1$

　C. $a=1,b=0,c$ 为任意值　　　　　　　D. a,b 为任意值，$c=1$

(4) 若在区间 (a,b) 内，函数 $f(x)$ 满足 $f'(x)>0,f''(x)<0$，则函数 $f(x)$ 在 (a,b) 内（　　）；

　A. 单调减，曲线凸　　　　　　　　　　B. 单调减，曲线凹

　C. 单调增，曲线凸　　　　　　　　　　D. 单调增，曲线凹

(5) 下列曲线中，同时具有水平和垂直渐近线的是（　　）.

　A. $y=\dfrac{x^2}{(x+1)(x-1)}$ 　　B. $y=x+\dfrac{\ln x}{x}$ 　　C. $y=\dfrac{1}{x}+4x^2$ 　　D. $y=x^2\mathrm{e}^{-x}$

2. 填空题

(1) $y=\sqrt[3]{x}$ 的拐点是_____；

(2) 曲线 $y=\mathrm{e}^{-\frac{1}{x}}$ 的水平渐近线是_____；

(3) 曲线 $xy-y-1=0$ 的垂直渐近线是_____；

(4) 函数 $y=x\mathrm{e}^{-x}$ 的凹区间_____，凸区间_____；

(5) 函数 $f(x)=3x-x^2$ 在区间 $[1,6]$ 上最大值_____，最小值_____；

(6) 函数 $f(x)=\dfrac{x}{1+x^2}$ 的驻点是_____，递增区间为_____，递减区间为_____，

　极大值点为_____，极小值点为_____，极大值为_____极小值为_____.

3. 求下列函数的极值点和极值.

(1) $f(x)=2x^2-\ln x$；　　　(2) $f(x)=(x+1)^4(x-3)^2$.

4. 讨论下列函数的凹凸性和拐点.

(1) $f(x)=\dfrac{2x}{1+x^2}$；　　　(2) $f(x)=(\ln x)^2$.

5. 已知半径为 r 的圆的内接矩形，问矩形的长和宽多大，才能使矩形的面积最大？

扫一扫，获取参考答案

第 17 章

*积分及其应用

定积分是积分学中的一个基本概念,它有着十分广泛的实际应用背景,如求平面图形的面积、旋转体的体积,求变速直线运动的路程及变力做功的计算等.尽管这些问题的实际意义各不相同,但它们的最后解决,从数量关系上看,数学结构是相同的,都可归结为求某类和式的极限问题.本章将从实际问题出发,引出定积分的定义,介绍简便而有效的定积分计算方法以及定积分在几何、物理等方面的简单应用.

17.1 定积分的概念

一、两个引例

1.曲边梯形的面积

生产实际和科学技术中,常常需要计算平面图形的面积.虽然在初等数学中我们已经介绍了多边形及圆面积的计算,但是由任意连续曲线所围成的平面图形面积的计算尚未涉及.曲边梯形是此类图形中最基本的一种图形,是指在平面直角坐标系中,由连续曲线 $y=f(x)$ 与三条直线 $x=a,x=b$ 和 $y=0$ 所围成的图形(如图 17-1 所示).

一般地,由任意曲线围成的封闭图形的面积,在适当选择坐标系后,往往可以化为两个曲边梯形的面积的和或差.如图 17-2 所示,由 $y=f(x)$ 及 $y=g(x)$ 围成的封闭图形的面积为 S.若 A 是由 $x=a,x=b,y=0$ 及 $y=f(x)$ 围成的曲边梯形的面积,B 是由 $x=a,x=b,y=0$ 及 $y=g(x)$ 围成的曲边梯形的面

积，由图可知有

$$S=A-B.$$

因此，计算曲线围成的封闭图形的面积，就归结为求曲边梯形的面积问题．

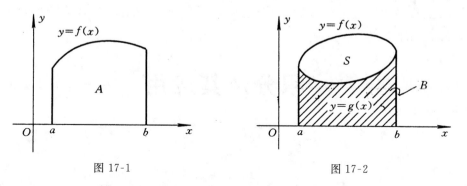

图 17-1　　　　　　　　　图 17-2

我们知道，长方形面积的计算只需用简单的乘法，即

$$面积＝底×高.$$

对于曲边梯形，我们用一组平行于 y 轴的直线将曲边梯形分割成许多小曲边梯形．此时，每个小曲边梯形的面积仍无法求出，但由于小曲边梯形的底边很窄，其面积可以用相应的小矩形来近似代替（二者非常接近），如图 17-3 所示．把这些小矩形的面积累加起来，就得到曲边梯形面积的一个近似值．当分割无限变细时，如果这个近似值的极限存在，则将此极限值定义为所求曲边梯形的面积．根据上面的分析，求以连续曲线 $y=f(x)$（设 $f(x)\geqslant0$）为曲边，以 $[a,b]$ 为底的曲边梯形的面积，可按下列步骤计算：

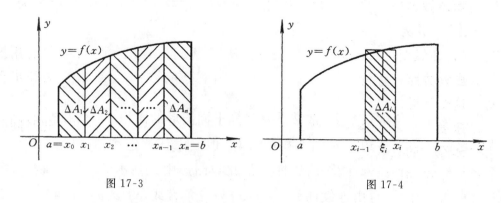

图 17-3　　　　　　　　　图 17-4

（1）分割．把区间 $[a,b]$ 任意分成 n 个小区间，设分点为

$$a=x_0<x_1<x_2<\cdots<x_{n-1}<x_n=b,$$

每个小区间的长度为

$$\Delta x_i=x_i-x_{i-1}\quad(i=1,2,\cdots,n),$$

过每个分点作垂直于 x 轴的直线，把整个曲边梯形分割成 n 个小曲边梯形（如

图 17-3 所示),并记它们的面积分别为
$$\Delta A_1,\Delta A_2,\Delta A_3,\cdots,\Delta A_n.$$

(2) 近似. 在每个小区间 $[x_{i-1},x_i]$ 上任取一点 $\xi_i(x_{i-1}\leqslant\xi_i\leqslant x_i)$,用以 $f(\xi_i)$ 为高,以 Δx_i 为底的小矩形面积来近似代替同底的小曲边梯形的面积(如图 17-4所示),即
$$\Delta A_i\approx f(\xi_i)\Delta x_i \quad (i=1,2,\cdots,n).$$

(3) 求和. 把 n 个小矩形的面积相加,就得到原来曲边梯形面积 A 的一个近似值,即
$$A=\sum_{i=1}^{n}\Delta A_i\approx\sum_{i=1}^{n}f(\xi_i)\Delta x_i.$$

(4) 取极限. 分割越细,和式 $\sum_{i=1}^{n}f(\xi_i)\Delta x_i$ 就越接近于曲边梯形的面积 A,当最大的小区间长度 $\|\Delta x_i\|$ 趋近于零时,和式 $\sum_{i=1}^{n}f(\xi_i)\Delta x_i$ 的极限就是所求曲边梯形面积 A 的精确值,即
$$A=\lim_{\|\Delta x_i\|\to 0}\sum_{i=1}^{n}f(\xi_i)\Delta x_i \quad (\|\Delta x_i\|=\max_{i}\{\Delta x_i\}).$$
由此可见,曲边梯形的面积是一个和式的极限.

2. 变速直线运动的路程

当物体做匀速直线运动时,由于速度 v 是一常数,其路程的计算公式为
$$路程=速度\times时间.$$
但是,当物体做变速直线运动时,由于速度 v 不再是常数,所以不能直接运用这个公式去计算路程. 我们可以用类似于解决曲边梯形面积问题的方法和步骤去解决这个问题.

设速度 $v=v(t)$ 是时间区间 $[a,b]$ 上 t 的连续函数,且 $v(t)\geqslant 0$,在此时间间隔中物体经过的路程为 s.

(1) 分割. 把时间区间 $[a,b]$ 任意分成 n 个小区间,设分点为
$$a=t_0<t_1<t_2<\cdots<t_{n-1}<t_n=b,$$
每个小区间的长度为
$$\Delta t_i=t_i-t_{i-1} \quad (i=1,2,\cdots,n),$$
并设物体在第 i 个时间间隔 $[t_{i-1},t_i]$ 内所走过的路程为
$$\Delta s_i \quad (i=1,2,\cdots,n).$$

(2) 近似. 在每个时间间隔 $[t_{i-1},t_i]$ 上任取一个时刻 $\xi_i(t_{i-1}\leqslant\xi_i\leqslant t_i)$,用速

度 $v(\xi_i)$ 去近似代替变化的速度 $v(t)$，得到在时间间隔 $[t_{i-1}, t_i]$ 内，物体经过的路程的近似值

$$\Delta s_i \approx v(\xi_i)\Delta t_i \quad (i=1,2,\cdots,n).$$

（3）求和. 把这些近似值加起来，就得到总路程 s 的一个近似值，即

$$s = \sum_{i=1}^{n} \Delta s_i \approx \sum_{i=1}^{n} v(\xi_i)\Delta t_i.$$

（4）取极限. 分割越细，和式 $\sum\limits_{i=1}^{n} v(\xi_i)\Delta t_i$ 就越接近路程 s. 当最大的时间间隔 $\|\Delta t_i\|$ 趋近于零时，和式 $\sum\limits_{i=1}^{n} v(\xi_i)\Delta t_i$ 的极限就是所求路程 s 的精确值，即

$$s = \lim_{\|\Delta t_i\| \to 0} \sum_{i=1}^{n} v(\xi_i)\Delta t_i \quad (\|\Delta t_i\| = \max_i\{\Delta t_i\}).$$

显然，变速直线运动的路程也是一个和式的极限.

以上两个问题，一个是几何问题，另一个是物理问题，虽然计算的量的实际意义不同，但是解决问题的数学方法和解答步骤都是相同的，并且最终都归结为求一个和式的极限问题. 抽去这些问题的具体的实际意义，只保留其数学的结构，就可以得到定积分的定义.

二、定积分定义

定义 设函数 $y=f(x)$ 在区间 $[a,b]$ 上有定义，任取分点 $a=x_0 < x_1 < x_2 < \cdots < x_n = b$，将区间 $[a,b]$ 分成 n 个小区间 $[x_{i-1}, x_i]$ $(i=1,2,\cdots,n)$，其长度为 $\Delta x_i = x_i - x_{i-1}$ $(i=1,2,\cdots,n)$. 在每个小区间 $[x_{i-1}, x_i]$ 上任取一点 $\xi_i \in [x_{i-1}, x_i]$ $(i=1,2,\cdots,n)$，作和式

$$\sum_{i=1}^{n} f(\xi_i)\Delta x_i.$$

如果不论对区间 $[a,b]$ 采取何种分法及 ξ_i 如何选取，当最大的小区间的长度趋于零，即 $\|\Delta x_i\| \to 0$ 时，上述和式的极限存在，则此极限值称为函数 $f(x)$ 在区间 $[a,b]$ 上的**定积分**，记作 $\int_a^b f(x)\mathrm{d}x$，即

$$\int_a^b f(x)\mathrm{d}x = \lim_{\|\Delta x_i\| \to 0} \sum_{i=1}^{n} f(\xi_i)\Delta x_i,$$

其中"$\int$"称为积分号，$f(x)$ 称为**被积函数**，$f(x)\mathrm{d}x$ 称为**被积表达式**，x 称为积

分变量,a 与 b 分别称为**积分的下限与上限**,$[a,b]$ 称为**积分区间**.

根据定积分的定义,本章开始的两个引例可以写成定积分的形式.

引例 1 曲边梯形的面积是曲边对应的函数 $y=f(x)$ 在区间 $[a,b]$ 上的定积分,即

$$A=\int_a^b f(x)\mathrm{d}x.$$

引例 2 变速直线运动的路程是速度函数 $v=v(t)$ 在时间区间 $[a,b]$ 上的定积分,即

$$s=\int_a^b v(t)\mathrm{d}t.$$

关于定积分的定义,有如下几点说明.

(1)定积分是一个和式的极限值,它只与被积函数及积分区间有关,而与积分变量用什么字母表示无关,即有

$$\int_a^b f(x)\mathrm{d}x=\int_a^b f(t)\mathrm{d}t=\int_a^b f(u)\mathrm{d}u.$$

(2)定义中 a 总是小于 b 的,为了以后计算方便起见,对 $a>b$,及 $a=b$ 的情况,作出以下补充定义:

$$\int_a^b f(x)\mathrm{d}x=-\int_b^a f(x)\mathrm{d}x;\quad \int_a^a f(x)\mathrm{d}x=0.$$

(3)当定义中的和式的极限存在时,通常也称 $f(x)$ 在 $[a,b]$ 上**可积**.可以证明:如果函数 $y=f(x)$ 在闭区间 $[a,b]$ 上连续,则此函数在 $[a,b]$ 上一定可积.

三、定积分的几何意义

如果函数 $y=f(x)$ 在区间 $[a,b]$ 上连续且 $f(x)\geqslant 0$,由前面引例 1 已经知道,定积分 $\int_a^b f(x)\mathrm{d}x$ 在几何上表示以 $y=f(x)$ 为曲边的曲边梯形的面积.

如果函数 $y=f(x)$ 在区间 $[a,b]$ 上连续且 $f(x)\leqslant 0$,由定积分的定义

$$\int_a^b f(x)\mathrm{d}x=\lim_{\|\Delta x_i\|\to 0}\sum_{i=1}^n f(\xi_i)\Delta x_i$$

可知,右端和式中的每一项 $f(\xi_i)\Delta x_i$ 都是负值($\Delta x_i>0$),其绝对值表示小矩形的面积.此时,定积分 $\int_a^b f(x)\mathrm{d}x$ 是一负值.因此,$\int_a^b f(x)\mathrm{d}x=-A$,或 $-\int_a^b f(x)\mathrm{d}x=A$,其中 A 表示图 17-5 中曲边梯形的面积.

如果函数 $y=f(x)$ 在区间 $[a,b]$ 上连续且有正有负,如图 17-6 所示.此时,定积分表示 x 轴上方图形的面积与 x 轴下方图形的面积的代数和(在 x 轴上

方的面积取正号,在 x 轴下方的面积取负号),即

$$\int_a^b f(x)\mathrm{d}x = A_1 - A_2 + A_3.$$

综上所述,定积分 $\int_a^b f(x)\mathrm{d}x$ 在各种实际问题中所代表的意义尽管不相同,但它的数值在几何上都可以用曲边梯形面积的代数和来表示,这就是定积分的几何意义.

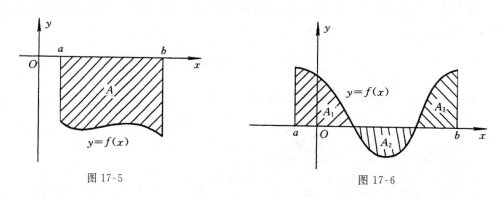

图 17-5 　　　　　　　　　　　图 17-6

例 1 利用定积分表示图 17-7 中各个阴影部分的面积.

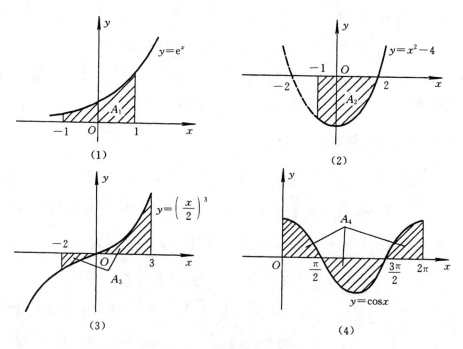

图 17-7

解 如图 17-7(1)所示,$A_1 = \int_{-1}^{1} \mathrm{e}^x \mathrm{d}x$;

如图 17-7(2)所示,$A_2 = -\int_{-1}^{2} (x^2 - 4)\mathrm{d}x$;

如图 17-7(3)所示，$A_3 = -\int_{-2}^{0} \left(\frac{x}{2}\right)^3 \mathrm{d}x + \int_{0}^{3} \left(\frac{x}{2}\right)^3 \mathrm{d}x$；

如图 17-7(4)所示，$A_4 = \int_{0}^{\frac{\pi}{2}} \cos x \mathrm{d}x - \int_{\frac{\pi}{2}}^{\frac{3\pi}{2}} \cos x \mathrm{d}x + \int_{\frac{3\pi}{2}}^{2\pi} \cos x \mathrm{d}x$.

例 2 利用定积分的几何意义，求下列各定积分的值.

(1) $\int_{a}^{b} \mathrm{d}x$；　　(2) $\int_{0}^{2} x \mathrm{d}x$；　　(3) $\int_{0}^{R} \sqrt{R^2 - x^2}\, \mathrm{d}x$.

解 (1) 如图 17-8(1)所示.定积分(1)表示的是由 $y=1, y=0, x=a$ 和 $x=b$ 所围成的矩形面积，即

$$\int_{a}^{b} \mathrm{d}x = (b-a) \times 1 = b-a$$；

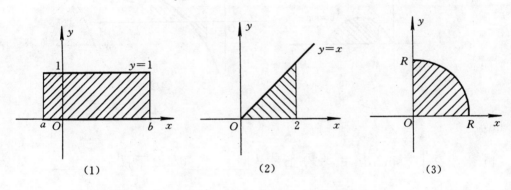

图 17-8

(2) 如图 17-8(2)所示.定积分(2)表示的是由直线 $y=x, y=0$ 和 $x=2$ 围成的三角形面积，即

$$\int_{0}^{2} x \mathrm{d}x = \frac{1}{2} \times 2 \times 2 = 2$$；

(3) 如图 17-8(3)所示.定积分(3)表示的是由 $y=\sqrt{R^2-x^2}, y=0$ 和 $x=0$ 围成的四分之一圆的面积，即

$$\int_{0}^{R} \sqrt{R^2 - x^2}\, \mathrm{d}x = \frac{1}{4} \pi R^2.$$

根据定积分的几何意义及奇、偶函数的图像的对称性，容易知道，如果 $f(x)$ 在 $[-a, a]$ 上连续且为奇函数，那么 $\int_{-a}^{a} f(x) \mathrm{d}x = 0$；如果 $f(x)$ 在 $[-a, a]$ 上连续且为偶函数，那么

$$\int_{-a}^{a} f(x) \mathrm{d}x = 2 \int_{0}^{a} f(x) \mathrm{d}x.$$

例如，$\int_{-\pi}^{\pi} \sin x \mathrm{d}x = 0, \int_{-1}^{1} |x| \mathrm{d}x = 2 \int_{0}^{1} |x| \mathrm{d}x = 2 \int_{0}^{1} x \mathrm{d}x$ 等.

习题 17-1（A 组）

1. 试用定积分表示由曲线 $y=x^2+1$，直线 $x=1$，$x=3$ 及 x 轴围成的曲边梯形的面积.

2. 已知变速直线运动的速度 $v(t)=3+gt$，其中 g 是重力加速度，试用定积分表示物体从第 2 秒开始，经过 4 秒钟后所经过的路程.

3. 如图 17-9 所示，利用定积分表示下列各图中阴影部分的面积.

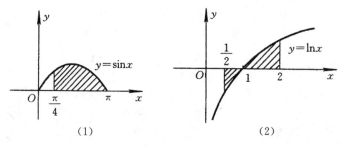

图 17-9

4. 填空

(1) 定积分 $\displaystyle\int_{-3}^{3}\sin 2t\,\mathrm{d}t$ 中，积分上限是_____，积分下限是_____，积分变量是_____，被积函数是_____，积分区间是_____.

(2) 如图 17-10 所示，

$$\int_{a}^{b}f(x)\mathrm{d}x=\underline{\qquad},\quad\int_{a}^{d}f(x)\mathrm{d}x=\underline{\qquad},\quad\int_{0}^{d}f(x)\mathrm{d}x=\underline{\qquad}.$$

(3) $\displaystyle\int_{-1}^{2}\mathrm{d}x=\underline{\qquad}$，$\displaystyle\int_{-\frac{\pi}{2}}^{\frac{\pi}{2}}\sin x\,\mathrm{d}x=\underline{\qquad}$.

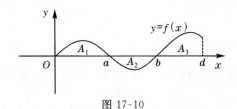

图 17-10

扫一扫，获取参考答案

习题 17-1（B 组）

1. 利用定积分的几何意义，判断下列定积分的值正负（不必计算）.

(1) $\displaystyle\int_{0}^{\frac{\pi}{2}}\sin x\,\mathrm{d}x$；　(2) $\displaystyle\int_{-\frac{\pi}{2}}^{0}\sin x\cos x\,\mathrm{d}x$；　(3) $\displaystyle\int_{-1}^{2}x^2\,\mathrm{d}x$.

2. 利用定积分几何意义,计算:

(1) $\displaystyle\int_0^{2\pi} \cos x\,\mathrm{d}x$;

(2) $\displaystyle\int_0^a \sqrt{a^2-x^2}\,\mathrm{d}x \quad (a>0)$;

(3) $\displaystyle\int_0^1 (x+1)\,\mathrm{d}x$.

扫一扫,获取参考答案

17.2 牛顿-莱布尼兹公式

一、原函数

按照定义求定积分的值,最终要计算一个和式的极限,这往往是十分困难的,有时甚至无法计算.因此,从定义出发计算定积分的值是不切实际的,下面我们来研究计算定积分的简便方法.

我们先回顾变速直线运动的路程问题.如果已知物体以速度 $v(t)$ 做变速直线运动,那么该物体在时间间隔 $[a,b]$ 内经过的路程 s,可以用定积分表示为

$$s=\int_a^b v(t)\,\mathrm{d}t.$$

另一方面,该物体运动的路程 $s=s(t)$ 也是时间 t 的函数.在这个时间间隔内,物体经过的路程 s 还可以表示为

$$s=s(b)-s(a).$$

因此有

$$\int_a^b v(t)\,\mathrm{d}t=s(b)-s(a),$$

即一个定积分的值可以用一个函数在积分区间 $[a,b]$ 上的改变量 $s(b)-s(a)$ 来表示.又因为 $s'(t)=v(t)$,所以,已知导函数 $v(t)$,如何求函数 $s(t)$ 就成为计算定积分的关键.下面我们来研究已知某个函数的导数,如何求这个函数的问题.

定义 设 $f(x)$ 是定义在区间 I 上的一个已知函数,如果存在函数 $F(x)$,在区间 I 上任何一点 x 处均有

$$F'(x)=f(x),$$

则称 $F(x)$ 为函数 $f(x)$ 在区间 I 上的一个原函数.

由定义可知,求函数 $f(x)$ 的原函数,就是要求一个函数 $F(x)$,使得它的导数 $F'(x)$ 等于 $f(x)$.

例 1 求下列函数的一个原函数.

(1) $f(x)=2x$；   (2) $f(x)=\cos x$.

解 (1) 因为 $(x^2)'=2x$，所以 $F(x)=x^2$ 是函数 $f(x)=2x$ 的一个原函数；

(2) 因为 $(\sin x)'=\cos x$，所以 $F(x)=\sin x$ 是函数 $f(x)=\cos x$ 的一个原函数.

是否任何函数 $f(x)$ 都存在原函数呢？我们不加证明地给出一个结论：

定理 1（原函数存在定理） 如果函数 $f(x)$ 在区间 $[a,b]$ 上连续，则 $f(x)$ 在 $[a,b]$ 上的原函数必定存在.

有了原函数的概念，前面讨论的变速直线运动的路程可以表述为，函数 $v(t)$ 在区间 $[a,b]$ 上的定积分等于它的一个原函数 $s(t)$ 在积分区间 $[a,b]$ 上的改变量 $s(b)-s(a)$.一般地，有下面的定理.

二、牛顿-莱布尼兹公式

定理 2 设函数 $F(x)$ 是连续函数 $f(x)$ 在区间 $[a,b]$ 上的一个原函数，即 $F'(x)=f(x)$，则

$$\int_a^b f(x)\mathrm{d}x=F(b)-F(a) \qquad (17\text{-}1)$$

这个公式称为**牛顿-莱布尼兹公式**.因为它不仅使得定积分的计算简便、快捷，还揭示了导数、微分，原函数和定积分之间的内在联系，所以又常被称为**微积分学基本公式**.

为了使用方便，牛顿-莱布尼兹公式还可以简记作如下形式：

$$\int_a^b f(x)\mathrm{d}x=[F(x)]_a^b=F(x)\Big|_a^b=F(b)-F(a).$$

注意：$[kF(x)]_a^b=k[f(x)]_a^b$，其中 k 为常数.

由公式可知，定积分 $\int_a^b f(x)\mathrm{d}x$ 的计算可以分成以下两步：

(1) 求 $f(x)$ 在区间 $[a,b]$ 上的一个原函数 $F(x)$；

(2) 计算函数值的改变量 $F(b)-F(a)$.

例 2 计算下列定积分.

(1) $\int_0^1 3x^2\mathrm{d}x$；   (2) $\int_0^2 3e^x\mathrm{d}x$；

(3) $\int_{-2}^{-1} \dfrac{1}{x}\mathrm{d}x$；   (4) $\int_0^{\frac{\pi}{2}} \cos x\mathrm{d}x$.

解 （1）因为 $(x^3)'=3x^2$，所以 x^3 是函数 $3x^2$ 的一个原函数，于是

$$\int_0^1 3x^2 \mathrm{d}x = \left[x^3\right]_0^1 = 1^3 - 0^3 = 1;$$

（2）因为 $(3\mathrm{e}^x)'=3\mathrm{e}^x$，所以 $3\mathrm{e}^x$ 是函数 $3\mathrm{e}^x$ 的一个原函数，于是

$$\int_0^2 3\mathrm{e}^x \mathrm{d}x = \left[3\mathrm{e}^x\right]_0^2 = 3\left[\mathrm{e}^x\right]_0^2 = 3(\mathrm{e}^2 - \mathrm{e}^0) = 3\mathrm{e}^2 - 3;$$

（3）因为 $(\ln|x|)'=\dfrac{1}{x}$，所以 $\ln|x|$ 是函数 $\dfrac{1}{x}$ 的一个原函数，于是

$$\int_{-2}^{-1} \frac{1}{x} \mathrm{d}x = \left[\ln|x|\right]_{-2}^{-1} = \ln|-1| - \ln|-2| = -\ln 2;$$

（4）因为 $(\sin x)'=\cos x$，所以 $\sin x$ 是函数 $\cos x$ 的一个原函数，于是

$$\int_0^{\frac{\pi}{2}} \cos x \mathrm{d}x = \left[\sin x\right]_0^{\frac{\pi}{2}} = \sin\frac{\pi}{2} - \sin 0 = 1 - 0 = 1.$$

在使用牛顿-莱布尼兹公式时，应当注意，被积函数 $f(x)$ 必须满足在积分区间 $[a,b]$ 内连续的条件，否则容易产生错误. 我们看下面的计算：

$$\int_{-1}^{1} \frac{1}{x^2} \mathrm{d}x = \left[-\frac{1}{x}\right]_{-1}^{1} = -1 - 1 = -2.$$

事实上，由于 $f(x)=\dfrac{1}{x^2}>0$，根据定积分的几何意义，上述积分表示曲边梯形的面积，其值应当大于 0，显然计算结果是错误的. 其原因是被积函数 $f(x)=\dfrac{1}{x^2}$ 在积分区间 $[-1,1]$ 内不连续，$x=0$ 是它的一个间断点.

例3 设 $f(x)=\begin{cases} \mathrm{e}^x, & -1 \leqslant x \leqslant 0, \\ \cos x, & 0 < x \leqslant \dfrac{\pi}{2}, \end{cases}$ 计算定积分 $\displaystyle\int_{-1}^{\frac{\pi}{2}} f(x)\mathrm{d}x$.

解 如图 17-11 所示，被积函数 $f(x)$ 是一个分段函数，在区间 $[-1,0]$ 和 $\left(0,\dfrac{\pi}{2}\right]$ 内的表达式不相同. 因此它的原函数在不同区间内也各不相同. 所以，不能直接使用牛顿-莱布尼兹公式进行计算. 但由定积分的几何意义可知，所求定积分的值即为图 17-11 中阴影部分的面积 $A_1 + A_2$，于是

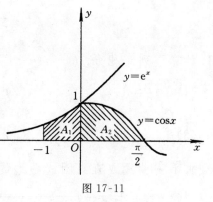

图 17-11

$$\int_{-1}^{\frac{\pi}{2}} f(x)\mathrm{d}x = A_1 + A_2 = \int_{-1}^{0} \mathrm{e}^x \mathrm{d}x + \int_0^{\frac{\pi}{2}} \cos x \mathrm{d}x = \left[\mathrm{e}^x\right]_{-1}^{0} + \left[\sin x\right]_0^{\frac{\pi}{2}}$$
$$= (1 - \mathrm{e}^{-1}) + (1 - 0) = 2 - \mathrm{e}^{-1}.$$

一般地，如果积分区间 $[a,b]$ 被 c 点分成两个区间 $[a,c]$ 和 $[c,b]$，则有

$$\int_a^b f(x)\mathrm{d}x = \int_a^c f(x)\mathrm{d}x + \int_c^b f(x)\mathrm{d}x \qquad (17\text{-}2)$$

这个性质称为定积分对区间的可加性.（证略）

例 4　求 $\displaystyle\int_{-1}^1 \frac{1}{1+x^2}\mathrm{d}x$.

解　因为 $f(x)=\dfrac{1}{1+x^2}$ 在 $[-1,1]$ 上是偶函数，所以由图像的对称性得

$$\int_{-1}^1 \frac{1}{1+x^2}\mathrm{d}x = 2\int_0^1 \frac{1}{1+x^2}\mathrm{d}x = 2[\arctan x]_0^1$$

$$= 2(\arctan 1 - \arctan 0) = \frac{\pi}{2}.$$

习题 17-2（A 组）

1. 计算下列定积分.

(1) $\displaystyle\int_1^2 x\mathrm{d}x$;

(2) $\displaystyle\int_{-\frac{1}{2}}^{\frac{1}{2}} \frac{1}{\sqrt{1-x^2}}\mathrm{d}x$;

(3) $\displaystyle\int_0^1 \frac{1}{1+x^2}\mathrm{d}x$;

(4) $\displaystyle\int_1^2 \frac{1}{x}\mathrm{d}x$;

(5) $\displaystyle\int_0^{\frac{\pi}{2}} \sin x\mathrm{d}x$;

(6) $\displaystyle\int_{-1}^1 \mathrm{e}^x\mathrm{d}x$.

2. 设 $f(x)=\begin{cases} x^2, & -1\leqslant x\leqslant 0, \\ x, & 0<x\leqslant 1, \end{cases}$ 求 $\displaystyle\int_{-1}^1 f(x)\mathrm{d}x$.

扫一扫，获取参考答案

习题 17-2（B 组）

1. 计算下列定积分.

(1) $\displaystyle\int_1^4 \frac{x^{\frac{3}{2}}}{2x^2}\mathrm{d}x$;

(2) $\displaystyle\int_{-\frac{\pi}{4}}^{\frac{\pi}{4}} |x|\sin x\mathrm{d}x$;

(3) $\displaystyle\int_{-2}^{-1} \frac{1}{x^2}\mathrm{d}x$;

(4) $\displaystyle\int_{-1}^1 |x|\mathrm{d}x$.

2. 求下列曲线或直线围成图形的面积.

(1) $y=2\sqrt{x}$, $x=4$, $x=0$, $y=0$;

(2) $y=\cos x$, $x=0$, $x=\pi$, $y=0$.

17.3　不定积分的概念

由牛顿–莱布尼兹公式已经知道,如何求被积函数的一个原函数是计算定积分的关键.下面我们研究与原函数有关的定理以及如何求原函数的问题.

一、原函数族定理

由原函数的概念可知,如果函数 $f(x)$ 有一个原函数 $F(x)$,那么 $f(x)$ 的原函数 $F(x)$ 是不是唯一的? 如果不唯一,那么原函数有多少个? 我们先看下面的例子,因为

$$(x^2)'=2x,$$
$$(x^2+1)'=2x,$$
$$(x^2-1)'=2x,$$
$$\cdots$$
$$(x^2+C)'=2x \quad (C 为任意常数).$$

所以 $x^2,x^2+1,x^2-1,\cdots,x^2+C$ 都是函数 $2x$ 的原函数.由此可知,函数 $2x$ 的原函数有无穷多个.

一般地,有下面的定理:

定理 1　如果函数 $f(x)$ 在区间 I 上有一个原函数 $F(x)$,那么,对于任意常数 C,函数

$$F(x)+C$$

也是 $f(x)$ 在区间 I 上的原函数.

这表明函数 $f(x)$ 如果有原函数,则它的原函数必然有无穷多个,因为原函数 $F(x)+C$ 中的任意常数 C 可取无穷多个值.那么,函数 $F(x)+C$ 是否包含了函数 $f(x)$ 的所有的原函数? 我们有下面的定理.

定理 2　如果函数 $f(x)$ 在区间 I 上有一个原函数 $F(x)$,则函数 $f(x)$ 在区间 I 上的任何一个原函数都可以表示成 $F(x)+C$ 的形式,其中 C 为任意常数.

这表明,若 $F(x)$ 为 $f(x)$ 在区间 I 上的一个原函数,则 $F(x)+C$ (C 为任意常数)为 $f(x)$ 在区间 I 上的全部原函数,我们把 $F(x)+C$ 称为 $f(x)$ 的**原函数族**.

由于求原函数族是一类很重要的运算,为方便计算,我们引入不定积分的概念和符号.

二、不定积分

1. 不定积分的定义

定义　函数 $f(x)$ 的原函数的全体称为 $f(x)$ 的**不定积分**，记为

$$\int f(x)\mathrm{d}x,$$

其中"$\int$"称为积分号，$f(x)$ 称为**被积函数**，$f(x)\mathrm{d}x$ 称为**被积(表达)式**，x 称为**积分变量**.

由原函数族概念知，若 $F(x)$ 为 $f(x)$ 的一个原函数，则有

$$\int f(x)\mathrm{d}x = F(x)+C,$$

其中 C 为任意常数，在这里称为**积分常数**. 也就是说，一个函数的不定积分即为它的一个原函数加上一个积分常数(注意，这个常数必不可少). 今后在不致混淆的情形下，我们可把不定积分简称为**积分**.

2. 不定积分的性质

性质 1　不定积分与导数(或微分)互为逆运算.

(1) $\left[\int f(x)\mathrm{d}x\right]' = f(x)$ 或 $\mathrm{d}\left[\int f(x)\mathrm{d}x\right] = f(x)\mathrm{d}x$；

(2) $\int F'(x)\mathrm{d}x = F(x)+C$ 或 $\int \mathrm{d}F(x) = F(x)+C$.

性质 2　函数的代数和的积分等于各个函数积分的代数和，即

$$\int \left[f(x)\pm g(x)\right]\mathrm{d}x = \int f(x)\mathrm{d}x \pm \int g(x)\mathrm{d}x \tag{17-3}$$

性质 2 也适用于有限个函数的代数和.

性质 3　被积函数的常数因子可以提到积分号外，即

$$\int kf(x)\mathrm{d}x = k\int f(x)\mathrm{d}x \tag{17-4}$$

在实际运算中，经常需要把性质 2 与性质 3 结合起来使用，称为线性性质.

$$\int \left[\alpha f(x)\pm \beta g(x)\right]\mathrm{d}x = \alpha\int f(x)\mathrm{d}x \pm \beta\int g(x)\mathrm{d}x \tag{17-5}$$

可以证明,定积分运算也具有线性性质,即有

$$\int_a^b \left[\alpha f(x) \pm \beta g(x) \right] \mathrm{d}x = \alpha \int_a^b f(x) \mathrm{d}x \pm \beta \int_a^b g(x) \mathrm{d}x \qquad (17\text{-}6)$$

例1 求 $\int \left(x^2 + \dfrac{3}{1+x^2} - \mathrm{e}^x \right) \mathrm{d}x$.

解 由积分的线性性质知

$$原式 = \int x^2 \mathrm{d}x + 3 \int \frac{1}{1+x^2} \mathrm{d}x - \int \mathrm{e}^x \mathrm{d}x = \frac{x^3}{3} + 3\arctan x - \mathrm{e}^x + C.$$

注意:在上例运算中每一项积分结果均含有一个积分常数,但注意常数的代数和仍然是常数. 因此,在运算最后带上一个积分常数 C 即可,以后照此处理.

如果想检验积分结果是否正确,只需把积分结果求导,观察是否等于被积函数即可,如上例中因为

$$\left(\frac{x^3}{3} + 3\arctan x - \mathrm{e}^x + C \right)' = x^2 + \frac{3}{1+x^2} - \mathrm{e}^x,$$

所以积分结果正确.

3. 不定积分的几何意义

一般地,设 $F(x)$ 是 $f(x)$ 的一个原函数,则 $f(x)$ 的不定积分

$$\int f(x) \mathrm{d}x = F(x) + C$$

是 $f(x)$ 的原函数族,在直角坐标系下它由无数条曲线

$$y = F(x) + C$$

组成,我们把它称为 $f(x)$ 的**积分曲线族**,如图 17-12所示,它可由曲线 $y=F(x)$ 沿 y 轴平移形成. 对 C 每取一个值 C_0,确定 $f(x)$ 的一个原函数 $y=F(x)+C_0$,曲线 $y=F(x)+C_0$ 称为 $f(x)$ 的一条积分曲线;$f(x)$ 的任意两条积分曲线上,相对于同一横坐标 x 的纵坐标总差一个常数;对于同一横坐标 x,积分曲线族中每一条曲线上对应点的切线总相互平行.

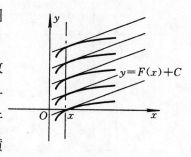

图 17-12

例如

$$\int 2x\mathrm{d}x = x^2 + C,$$

即函数 $2x$ 的不定积分（原函数族）是无穷多条曲线

$$y = x^2 + C.$$

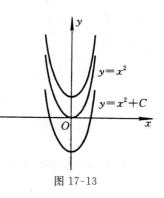

图 17-13

我们把这个曲线的集合，称为 $2x$ 的**积分曲线族**，如图 17-13所示.进一步观察可知，该曲线族中任何一条曲线均可由曲线 $y = x^2$ 沿 y 轴方向平移得到.

三、基本积分公式

求不定积分的方法称为积分法，积分运算是求导运算的逆运算（忽略任意常数 C），如同加法与减法、乘法与除法的关系.积分运算自然可以在求导运算基础上倒过来完成.例如，

$$(x^2)' = 2x \Rightarrow \int 2x\mathrm{d}x = x^2 + C,$$

$$\left(\frac{x^2}{2}\right)' = x \Rightarrow \int x\mathrm{d}x = \frac{1}{2}x^2 + C.$$

为方便直接运算，我们从求导的基本公式，推出相应的基本积分公式，现列表对照，如表 17-1 所示.

表 17-1　基本积分公式表

序　号	基本积分公式	相应导数公式
0	$\int f(x)\mathrm{d}x = F(x) + C$	$F'(x) = f(x)$
1	$\int \mathrm{d}x = x + C$	$(x)' = 1$
2	$\int x^a \mathrm{d}x = \dfrac{x^{a+1}}{a+1} + C \quad (\alpha \neq -1)$	$\left(\dfrac{x^{a+1}}{a+1}\right)' = x^a$
3	$\int \dfrac{1}{x}\mathrm{d}x = \ln|x| + C$	$(\ln|x|)' = \dfrac{1}{x}$
4	$\int \dfrac{1}{1+x^2}\mathrm{d}x = \arctan x + C$	$(\arctan x)' = \dfrac{1}{1+x^2}$
5	$\int \dfrac{1}{\sqrt{1-x^2}}\mathrm{d}x = \arcsin x + C$	$(\arcsin x)' = \dfrac{1}{\sqrt{1-x^2}}$
6	$\int a^x \mathrm{d}x = \dfrac{a^x}{\ln a} + C$	$\left(\dfrac{a^x}{\ln a}\right)' = a^x$
7	$\int \mathrm{e}^x \mathrm{d}x = \mathrm{e}^x + C$	$(\mathrm{e}^x)' = \mathrm{e}^x$

续表

序　号	基本积分公式	相应导数公式
8	$\displaystyle\int \cos x \mathrm{d}x = \sin x + C$	$(\sin x)' = \cos x$
9	$\displaystyle\int \sin x \mathrm{d}x = -\cos x + C$	$(-\cos x)' = \sin x$
10	$\displaystyle\int \sec^2 x \mathrm{d}x = \tan x + C$	$(\tan x)' = \sec^2 x$
11	$\displaystyle\int \csc^2 x \mathrm{d}x = -\cot x + C$	$(-\cot x)' = \csc^2 x$
12	$\displaystyle\int \sec x \tan x \mathrm{d}x = \sec x + C$	$(\sec x)' = \sec x \tan x$
13	$\displaystyle\int \csc x \cot x \mathrm{d}x = -\csc x + C$	$(-\csc x)' = \csc x \cot x$

注意:公式$\displaystyle\int \frac{1}{x^2}\mathrm{d}x = -\frac{1}{x} + C$,$\displaystyle\int \frac{1}{2\sqrt{x}}\mathrm{d}x = \sqrt{x} + C$也是两个常用公式,最好要记住.

基本积分公式是进行积分运算的出发点,求积分时,遇到表中被积函数可以直接套用.

例2　求$\displaystyle\int \frac{\mathrm{d}t}{t^3}$.

解　$\displaystyle\int \frac{\mathrm{d}t}{t^3} = \int t^{-3}\mathrm{d}t = \frac{t^{-3+1}}{-3+1} + C = -\frac{1}{2t^2} + C$.

例3　求$\displaystyle\int \frac{\mathrm{d}x}{x^2\sqrt{x}}$.

解　$\displaystyle\int \frac{\mathrm{d}x}{x^2\sqrt{x}} = \int x^{-\frac{5}{2}}\mathrm{d}x = \frac{x^{-\frac{5}{2}+1}}{-\frac{5}{2}+1} + C = -\frac{2}{3\sqrt{x^3}} + C$.

上述两例的被积函数均为幂函数,凡此类函数,一般可先化为x^α的形式,然后代公式2或公式3即可.

例4　求$\displaystyle\int_0^1 2^x \mathrm{d}x$.

解　查表17-1得

$$\int_0^1 2^x \mathrm{d}x = \left[\frac{1}{\ln 2}2^x\right]_0^1 = \frac{1}{\ln 2}2^1 - \frac{1}{\ln 2}2^0 = \frac{1}{\ln 2}.$$

例5　已知某曲线上任意一点(x,y)处切线的斜率为x^2,且曲线过点$M(0,1)$,求曲线的方程.

解 设该曲线的方程为 $y = f(x)$，由题意知，$f'(x) = x^2$，则有

$$f(x) = \int x^2 \mathrm{d}x = \frac{1}{3}x^3 + C.$$

而曲线过点 $M(0,1)$，即有 $f(0) = 1$，代入上式，求得 $C = 1$.

故所要求的曲线方程为 $y = \frac{1}{3}x^3 + 1$.

习题 17-3（A 组）

1. 什么是一个函数的原函数？什么是一个函数的不定积分？

2. 试求下列函数 $f(x)$ 的一个原函数.

   (1) $f(x) = x^{-1}$；　　　　　(2) $f(x) = \sqrt[3]{x}$；

   (2) $f(x) = 10^x$；　　　　　(4) $f(x) = \dfrac{1}{\cos^2 x}$.

3. 计算下列积分.

   (1) $\displaystyle\int \frac{1}{x\sqrt{x}}\mathrm{d}x$；　　　　　(2) $\displaystyle\int_1^9 \frac{1}{2\sqrt{x}}\mathrm{d}x$.

4. 已知某曲线上任意一点 (x, y) 处切线的斜率为 x，且曲线通过点 $M(0, 1)$，求曲线的方程.

扫一扫，获取参考答案

习题 17-3（B 组）

1. 写出下列各式的结果.

   (1) $\displaystyle\int \mathrm{d}\left(\frac{1}{\arcsin x \cdot \sqrt{1-x^2}}\right)$；　　　　(2) $\mathrm{d}\displaystyle\int \frac{1}{\sqrt{x}(1+x^2)}\mathrm{d}x$；

   (3) $\displaystyle\int (x\sin x \cdot \ln x)' \mathrm{d}x$；　　　　(4) $\left[\displaystyle\int \mathrm{e}^x(\sin x + \cos x)\mathrm{d}x\right]'$.

2. 用微分法验证下列各等式.

   (1) $\displaystyle\int \frac{1}{x^2}\mathrm{d}x = -\frac{1}{x} + C$；

   (2) $\displaystyle\int \cos^2 x \mathrm{d}x = \frac{x}{2} + \frac{1}{4}\sin 2x + C$；

   (3) $\displaystyle\int \frac{x}{\sqrt{a^2+x^2}}\mathrm{d}x = \sqrt{a^2+x^2} + C$.

扫一扫，获取参考答案

3. 设 $f(x)$ 是 x^3 的一个原函数，求 $\displaystyle\int f'(x)\mathrm{d}x$.

17.4 直接积分法与换元积分法

一、直接积分法

在求积分时,有很多被积函数可以直接查用基本积分公式或先用积分运算的线性法则然后查用基本积分公式,还有一些被积函数须先经过适当的恒等变形(包括代数或三角的恒等变换),然后再用上述方法积分. 我们把以上两类的积分方法称为**直接积分法**.

请看下面一些例子.

例 1 求 $\int \dfrac{2x^3-x^2+3x-1}{x^2}\mathrm{d}x$.

解 先将被积函数拆项,然后积分:

$$原式=\int\left(2x-1+\frac{3}{x}-\frac{1}{x^2}\right)\mathrm{d}x=2\int x\,\mathrm{d}x-\int\mathrm{d}x+3\int\frac{\mathrm{d}x}{x}-\int x^{-2}\mathrm{d}x$$

$$=x^2-x+3\ln|x|+\frac{1}{x}+C.$$

例 2 求 $\int(1-\sqrt{x})\left(\dfrac{1}{\sqrt{x}}+x\right)\mathrm{d}x$.

解 先将被积函数展开再积分:

$$原式=\int\left(\frac{1}{\sqrt{x}}-1+x-x\sqrt{x}\right)\mathrm{d}x$$

$$=\int x^{-\frac{1}{2}}\mathrm{d}x-\int\mathrm{d}x+\int x\,\mathrm{d}x-\int x^{\frac{3}{2}}\mathrm{d}x$$

$$=2x^{\frac{1}{2}}-x+\frac{1}{2}x^2-\frac{2}{5}x^{\frac{5}{2}}+C.$$

例 3 求 $\int\dfrac{x^4}{1+x^2}\mathrm{d}x$.

解 运用简单的技巧,将分式分项再积分:

$$原式=\int\frac{(x^4-1)+1}{1+x^2}\mathrm{d}x=\int(x^2-1)\mathrm{d}x+\int\frac{1}{1+x^2}\mathrm{d}x$$

$$=\frac{x^3}{3}-x+\arctan x+C.$$

例 4 求 $\int\tan^2 x\,\mathrm{d}x$.

解 用同角三角关系进行变形再积分:

$$原式=\int(\sec^2 x-1)\mathrm{d}x=\int\sec^2 x\,\mathrm{d}x-\int\mathrm{d}x=\tan x-x+C.$$

例 5 求 $\int_0^1 \frac{x^2}{1+x^2}\mathrm{d}x$.

解 $\int_0^1 \frac{x^2}{1+x^2}\mathrm{d}x = \int_0^1 \frac{x^2+1-1}{1+x^2}\mathrm{d}x = \int_0^1 \left(1-\frac{1}{1+x^2}\right)\mathrm{d}x$

$\qquad = \int_0^1 \mathrm{d}x - \int_0^1 \frac{1}{1+x^2}\mathrm{d}x = 1-0-[\arctan x]_0^1$

$\qquad = 1-(\arctan 1 - \arctan 0) = 1-\frac{\pi}{4}$.

例 6 求 $\int_{\frac{\pi}{4}}^{\frac{\pi}{2}} \frac{\cos 2x}{\cos x + \sin x}\mathrm{d}x$.

解 由于 $\int \frac{\cos 2x}{\cos x + \sin x}\mathrm{d}x = \int \frac{\cos^2 x - \sin^2 x}{\cos x + \sin x}\mathrm{d}x$

$\qquad = \int \frac{(\cos x + \sin x)(\cos x - \sin x)}{\cos x + \sin x}\mathrm{d}x$

$\qquad = \int (\cos x - \sin x)\mathrm{d}x = \sin x + \cos x + C$.

所以 原式 $= \left[\sin x + \cos x\right]_{\frac{\pi}{4}}^{\frac{\pi}{2}} = \left(\sin\frac{\pi}{2} + \cos\frac{\pi}{2}\right) - \left(\sin\frac{\pi}{4} + \cos\frac{\pi}{4}\right) = 1-\sqrt{2}$.

例 7 设一质点以速度 $v=(3t^2+2t)$ m/s 做直线运动,当 $t=2$ s 时质点经过的路程为 20 m,求该质点运动规律.

解 设该质点的运动规律为 $s=s(t)$.

因为 $\qquad\qquad\qquad s'(t)=v(t)=3t^2+2t$,

所以 $\qquad\qquad\qquad s(t)=\int (3t^2+2t)\mathrm{d}t=t^3+t^2+C$.

又由题设条件知,$t=2$ 时 $s=20$,代入上式,得

$$s(2)=12+C=20,$$

于是 $C=8$,从而质点运动规律为

$$s(t)=t^3+t^2+8.$$

用直接积分法所能计算的积分是十分有限的,因此,有必要研究计算积分的其他方法.下面介绍积分的换元积分法.

二、第一类换元积分法

先看一个例子,计算积分 $\int \sin 2x\,\mathrm{d}x$.在基本积分公式里虽然有

$$\int \sin x\,\mathrm{d}x = -\cos x + C,$$

但这里不能直接应用,因为被积函数 $\sin 2x$ 是一个复合函数.为了利用这个公

式,我们可作如下变形:

$$\int \sin 2x \mathrm{d}x = \frac{1}{2}\int \sin 2x \mathrm{d}(2x) \xrightarrow{\text{令 } 2x=u} \frac{1}{2}\int \sin u \mathrm{d}u$$

$$= -\frac{1}{2}\cos u + C \xrightarrow{\text{回代 } u=2x} -\frac{1}{2}\cos 2x + C.$$

可以对结果进行验证,$-\dfrac{1}{2}\cos 2x + C$ 确实是 $\sin 2x$ 的原函数. 这种解法的特点是引入新变量 $u=2x$,从而把原积分化为以 u 为积分变量的积分,再利用基本积分公式求解.

一般地,若积分的被积表达式能写成

$$f[\varphi(x)]\varphi'(x)\mathrm{d}x = f[\varphi(x)]\mathrm{d}\varphi(x)$$

的形式,则令 $\varphi(x)=u$. 当积分 $\displaystyle\int f(u)\mathrm{d}u = F(u)+C$ 容易用直接积分法求得,那么就可按下述方法计算积分:

$$\int f[\varphi(x)]\mathrm{d}\varphi(x) \xrightarrow{\text{令 } \varphi(x)=u} \int f(u)\mathrm{d}u = F(u)+C \xrightarrow{\text{回代 } u=\varphi(x)} F[\varphi(x)]+C$$

$$(17\text{-}7)$$

通常把这样的积分方法称为**第一类换元积分法**(也称**凑微分法**).

这个结论表明:在基本积分公式中,自变量 x 换成任一可导函数 $u=\varphi(x)$ 时,公式仍成立,这就大大扩大了基本积分公式的使用范围.

例8 求 $\displaystyle\int (3x-2)^5 \mathrm{d}x$.

解 因为 $(3x-2)^5 \mathrm{d}x = \dfrac{1}{3}(3x-2)^5(3x-2)'\mathrm{d}x$

$$= \frac{1}{3}(3x-2)^5 \mathrm{d}(3x-2) \text{(注:此过程为凑微分)},$$

所以 $\displaystyle\int (3x-2)^5 \mathrm{d}x = \frac{1}{3}\int (3x-2)^5 \mathrm{d}(3x-2) \xrightarrow{\text{令 } 3x-2=u} \frac{1}{3}\int u^5 \mathrm{d}u$

$$= \frac{1}{18}u^6 + C \xrightarrow{\text{回代 } u=3x-2} \frac{1}{18}(3x-2)^6 + C.$$

从上例可以看出,在凑微分时,常用到下列微分的性质:

(1) $\mathrm{d}[Cf(x)] = C\mathrm{d}[f(x)]$;

(2) $\mathrm{d}[f(x)] = \mathrm{d}[f(x)\pm C]$.

其中 C 为任意常数.

当运算熟练之后,解题过程可以写得更简洁些,甚至可以不写出代换式和新变量 u.

例 9　求 $\int_0^1 x e^{x^2} dx$.

解　因为　$\int x e^{x^2} dx = \dfrac{1}{2} \int e^{x^2} d(x^2) = \dfrac{1}{2} e^{x^2} + C$,

所以　　　　$\int_0^1 x e^{x^2} dx = \dfrac{1}{2} \left[e^{x^2} \right]_0^1 = \dfrac{1}{2}(e-1)$.

例 10　求 $\int_1^e \dfrac{\ln x}{x} dx$.

解　$\int_1^e \dfrac{\ln x}{x} dx = \int_1^e \ln x \cdot \dfrac{1}{x} dx = \int_1^e \ln x \, d(\ln x)$,

$\dfrac{1}{2} \left[(\ln x)^2 \right]_1^e = \dfrac{1}{2}(1-0) = \dfrac{1}{2}$.

由上面例题可以看出，用第一类换元积分法计算积分时，关键是把被积表达式凑成两部分，使其中一部分为 $d\varphi(x)$，另一部分为 $\varphi(x)$ 的函数 $f[\varphi(x)]$.

在凑微分时，常要用到下列的微分式，熟悉它们有助于求不定积分.

$$dx = \frac{1}{a} d(ax+b); \qquad\qquad x\,dx = \frac{1}{2} d(x^2);$$

$$\frac{1}{x} dx = d\ln(|x|); \qquad\qquad \frac{1}{2\sqrt{x}} dx = d(\sqrt{x});$$

$$\frac{1}{x^2} dx = -d\left(\frac{1}{x}\right); \qquad\qquad \frac{1}{1+x^2} dx = d(\arctan x);$$

$$\frac{1}{\sqrt{1-x^2}} dx = d(\arcsin x); \qquad\qquad e^x dx = d(e^x);$$

$$\sin x\,dx = -d(\cos x); \qquad\qquad \cos x\,dx = d(\sin x);$$

$$\sec^2 x\,dx = d(\tan x); \qquad\qquad \csc^2 x\,dx = -d(\cot x);$$

$$\sec x \tan x\,dx = d(\sec x); \qquad\qquad \csc x \cot x\,dx = -d(\csc x).$$

显然，微分式绝非只有这些，要根据具体问题具体分析. 读者应在熟记基本积分公式和一些常用微分式的基础上，通过大量的练习来积累经验，逐步掌握这一重要的积分方法.

例 11　求 $\int \dfrac{1}{\sqrt{a^2-x^2}} dx$ $(a>0)$.

解　$\int \dfrac{1}{\sqrt{a^2-x^2}} dx = \int \dfrac{1}{a\sqrt{1-\left(\dfrac{x}{a}\right)^2}} dx = \int \dfrac{1}{\sqrt{1-\left(\dfrac{x}{a}\right)^2}} d\left(\dfrac{x}{a}\right)$

$$= \arcsin\left(\frac{x}{a}\right) + C.$$

例 12 求 $\displaystyle\int \frac{1}{a^2-x^2}\mathrm{d}x$ $(a\neq 0)$.

解 由于
$$\frac{1}{a^2-x^2}=\frac{1}{2a}\left(\frac{1}{a+x}+\frac{1}{a-x}\right),$$

所以
$$\int \frac{\mathrm{d}x}{a^2-x^2}=\frac{1}{2a}\left(\int \frac{\mathrm{d}x}{a+x}+\int \frac{\mathrm{d}x}{a-x}\right)$$

$$=\frac{1}{2a}\left(\int \frac{\mathrm{d}(a+x)}{a+x}-\int \frac{\mathrm{d}(a-x)}{a-x}\right)$$

$$=\frac{1}{2a}\left(\ln|a+x|-\ln|a-x|\right)+C=\frac{1}{2a}\ln\left|\frac{a+x}{a-x}\right|+C.$$

例 13 求 $\displaystyle\int \tan x\mathrm{d}x$.

解 $\displaystyle\int \tan x\mathrm{d}x=\int \frac{\sin x}{\cos x}\mathrm{d}x=-\int \frac{\mathrm{d}(\cos x)}{\cos x}=-\ln|\cos x|+C.$

类似地，有 $\displaystyle\int \cot x\mathrm{d}x=\ln|\sin x|+C.$

例 14 求 $\displaystyle\int_0^{\frac{\pi}{2}} \cos^3 x\mathrm{d}x$.

解 $\displaystyle\int_0^{\frac{\pi}{2}} \cos^3 x\mathrm{d}x=\int_0^{\frac{\pi}{2}} \cos^2 x\cos x\mathrm{d}x=\int_0^{\frac{\pi}{2}} (1-\sin^2 x)\mathrm{d}(\sin x)$

$$=\int_0^{\frac{\pi}{2}} \mathrm{d}(\sin x)-\int_0^{\frac{\pi}{2}} \sin^2 x\mathrm{d}(\sin x)=\left[\sin x\right]_0^{\frac{\pi}{2}}-\frac{1}{3}\left[\sin^3 x\right]_0^{\frac{\pi}{2}}=\frac{2}{3}.$$

三、第二类换元积分法

1. 不定积分的第二类换元积分法

若函数 $f(x)$ 连续，$x=\varphi(t)$ 单调可微，则有不定积分换元公式

$$\int f(x)\mathrm{d}x \xrightarrow{\text{令}\ x=\varphi(t)} \int f[\varphi(t)]\varphi'(t)\mathrm{d}t=F(t)+C$$

$$\xrightarrow{\text{回代}\ t=\varphi^{-1}(x)} F[\varphi^{-1}(x)]+C$$

(17-8)

虽然 $\displaystyle\int f(x)\mathrm{d}x$ 不易计算，但 $\displaystyle\int f[\varphi(t)]\varphi'(t)\mathrm{d}t$ 容易计算.

例 15 求 $\displaystyle\int \frac{1}{1+\sqrt{x}}\mathrm{d}x$.

解 令 $\sqrt{x}=t$，则 $x=t^2$，$\mathrm{d}x=2t\mathrm{d}t$. 所以

$$\int \frac{1}{1+\sqrt{x}} \mathrm{d}x = \int \frac{2t}{1+t} \mathrm{d}t = 2\int \frac{t+1-1}{1+t} \mathrm{d}t$$

$$= 2\int (1-\frac{1}{1+t}) \mathrm{d}t = 2\int \mathrm{d}t - 2\int \frac{1}{1+t} \mathrm{d}t$$

$$= 2t - 2\int \frac{1}{1+t} \mathrm{d}(1+t) = 2t - 2\ln|1+t| + C$$

$$= 2\sqrt{x} - 2\ln(1+\sqrt{x}) + C.$$

试一试:若令例 15 中 $1+\sqrt{x} = t$,试计算 $\int \frac{1}{1+\sqrt{x}} \mathrm{d}x$.

例 16　求 $\int \frac{1}{\sqrt{x} + \sqrt[4]{x}} \mathrm{d}x$.

解　令 $\sqrt[4]{x} = t$,则 $x = t^4$, $\mathrm{d}x = 4t^3 \mathrm{d}t$. 所以

$$\int \frac{1}{\sqrt{x} + \sqrt[4]{x}} \mathrm{d}x = \int \frac{4t^3}{t^2+t} \mathrm{d}t = 4\int \frac{t^2}{t+1} \mathrm{d}t$$

$$= 4\int \frac{t^2-1+1}{1+t} \mathrm{d}t$$

$$= 4\int (t-1+\frac{1}{t+1}) \mathrm{d}t$$

$$= 4\int (t-1) \mathrm{d}t + 4\int \frac{1}{t+1} \mathrm{d}t$$

$$= 4(\frac{1}{2}t^2 - t) + 4\ln|t+1| + C$$

$$= 2\sqrt{x} - 4\sqrt[4]{x} + 4\ln(\sqrt[4]{x}+1) + C.$$

2. 定积分的第二类换元积分法

设函数 $f(x)$ 在区间 $[a,b]$ 上连续,若函数 $x = \varphi(t)$ 满足下列条件:

(1) $x = \varphi(t)$ 在区间 $[\alpha,\beta]$ 上有连续的导数;

(2) 若 $\varphi(\alpha) = a$, $\varphi(\beta) = b$,且当 $t \in [\alpha,\beta]$ 时, $\varphi(t) \in [a,b]$.

则有定积分换元公式

$$\boxed{\int_a^b f(x) \mathrm{d}x \xeq{\text{令 } x=\varphi(t)} \int_\alpha^\beta f[\varphi(t)]\varphi'(t) \mathrm{d}t} \tag{17-9}$$

例 17　求 $\int_0^4 \frac{1}{\sqrt{x}+1} \mathrm{d}x$.

解　令 $\sqrt{x} = t$,则 $x = t^2$, $\mathrm{d}x = 2t\mathrm{d}t$,当 $x = 0$ 时, $t = 0$;当 $x = 4$ 时, $t = 2$. 所以

$$\int_0^4 \frac{1}{\sqrt{x}+1}dx = \int_0^2 \frac{2t}{t+1}dt = 2\int_0^2 \frac{t+1-1}{t+1}dt$$

$$= 2\int_0^2 (1-\frac{1}{t+1})dt = 2\int_0^2 dt - 2\int_0^2 \frac{1}{t+1}dt$$

$$= 2(2-0) - 2\int_0^2 \frac{1}{t+1}d(t+1)$$

$$= 4 - 2\big[\ln|t+1|\big]_0^2$$

$$= 4 - 2\ln3.$$

例 18 求 $\int_0^a \sqrt{a^2-x^2}dx$.

解 令 $x = a\sin t$, $0 \leqslant t \leqslant \frac{\pi}{2}$,则 $\sqrt{a^2-x^2} = \sqrt{a^2-(a\sin t)^2} = a\cos t$,

$dx = a\cos t dt$. 当 $x=0$ 时, $t=0$;当 $x=a$ 时, $t=\frac{\pi}{2}$. 所以

$$\int_0^a \sqrt{a^2-x^2}dx = \int_0^{\frac{\pi}{2}} a\cos t \cdot a\cos t dt = a^2 \int_0^{\frac{\pi}{2}} \cos^2 t dt$$

$$= a^2 \int_0^{\frac{\pi}{2}} \frac{1+\cos 2t}{2}dt = \frac{a^2}{2}\left(\int_0^{\frac{\pi}{2}} dt + \int_0^{\frac{\pi}{2}} \cos 2t dt\right)$$

$$= \frac{a^2}{2}\left(\frac{\pi}{2} + \frac{1}{2}\int_0^{\frac{\pi}{2}} \cos 2t d(2t)\right)$$

$$= \frac{a^2}{2}\left(\frac{\pi}{2} + \frac{1}{2}\big[\sin 2x\big]_0^{\frac{\pi}{2}}\right) = \frac{\pi a^2}{4} .$$

例 19 求 $\int \frac{dx}{\sqrt{a^2+x^2}}$ ($a>0$).

解 为了去根号,令 $x=a\tan t$,则 $dx = a\sec^2 t dt$, $\sqrt{a^2+x^2} = \sqrt{a^2+a^2\tan^2 t} = a\sec t$. 于是

$$\int \frac{dx}{\sqrt{a^2+x^2}} \xlongequal{x=a\tan t} \int \frac{a\sec^2 t}{a\sec t}dt = \int \sec t dt = \ln|\sec t + \tan t| + C.$$

为了把 $\sec t, \tan t$ 换回 x 的函数,可用三角形法. 由

代换式 $x=a\tan t$,有 $\tan t = \frac{x}{a}$. 作辅助直角三角形(如图

17-14 所示),使它的一个锐角为 t ,角 t 的对边为 x ,相

邻的直角边为 a ,则斜边为 $\sqrt{a^2+x^2}$,得 $\sec t = \frac{\sqrt{a^2+x^2}}{a}$.

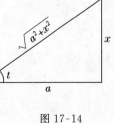

图 17-14

因此所求的积分为

$$\int \frac{dx}{\sqrt{a^2+x^2}} = \ln\left|\frac{\sqrt{a^2+x^2}}{a} + \frac{x}{a}\right| + C_1 = \ln|x+\sqrt{a^2+x^2}| + C,$$

其中 $C=C_1 - \ln a$ 仍为任意常数.

从上面的例子中可以看出，当被积函数含有根式 $\sqrt{a^2-x^2}$ 或 $\sqrt{x^2\pm a^2}$ 时，可将被积表达式作如下的变换：

（1）含有 $\sqrt{a^2-x^2}$ 时，令 $x=a\sin t$ 或 $x=a\cos t$；

（2）含有 $\sqrt{x^2+a^2}$ 时，令 $x=a\tan t$ 或 $x=a\cot t$；

（3）含有 $\sqrt{x^2-a^2}$ 时，令 $x=a\sec t$ 或 $x=a\csc t$.

这三种变换称为三角代换.

应用换元积分法时，选择适当的变量代换是个关键，如果选择不当，就可能引起计算上的麻烦或者根本求不出积分.但是究竟如何选择代换式，应根据被积函数的具体情况进行分析，不要拘泥于上述规定.例如 $\displaystyle\int\frac{\mathrm{d}x}{\sqrt{a^2-x^2}}$ 用第一类换元法比较简便，但 $\displaystyle\int\sqrt{a^2-x^2}\,\mathrm{d}x$ 却要用第二类换元法.

在本节例题中，有一些积分是以后经常会遇到的，所以也可作为基本公式，具体如下：

$$\int\tan x\,\mathrm{d}x=-\ln|\cos x|+C \qquad\qquad \int\frac{\mathrm{d}x}{a^2+x^2}=\frac{1}{a}\arctan\frac{x}{a}+C$$

$$\int\cot x\,\mathrm{d}x=\ln|\sin x|+C \qquad\qquad \int\frac{\mathrm{d}x}{x^2-a^2}=\frac{1}{2a}\ln\left|\frac{x-a}{x+a}\right|+C$$

$$\int\sec x\,\mathrm{d}x=\ln|\sec x+\tan x|+C \qquad \int\frac{\mathrm{d}x}{\sqrt{a^2-x^2}}=\arcsin\frac{x}{a}+C$$

$$\int\csc x\,\mathrm{d}x=\ln|\csc x-\cot x|+C \qquad \int\frac{\mathrm{d}x}{\sqrt{x^2\pm a^2}}=\ln|x+\sqrt{x^2\pm a^2}|+C$$

习题 17-4（A 组）

1. 求下列各不定积分.

（1）$\displaystyle\int(ax^2+bx+c)\,\mathrm{d}x$；

（2）$\displaystyle\int\frac{\mathrm{d}h}{\sqrt{2gh}}$；

（3）$\displaystyle\int(\sqrt{x}+1)(x-1)\,\mathrm{d}x$；

（4）$\displaystyle\int\left(\frac{2}{\sqrt{1-x^2}}-3\mathrm{e}^x\right)\mathrm{d}x$；

（5）$\displaystyle\int\sin(3x+2)\,\mathrm{d}x$；

（6）$\displaystyle\int x\,(1+x^2)^5\,\mathrm{d}x$；

（7）$\displaystyle\int\frac{2x+3}{1+x^2}\,\mathrm{d}x$；

（8）$\displaystyle\int\frac{x}{\sqrt{x^2-2}}\,\mathrm{d}x$；

(9) $\int e^{-x} dx$；

(10) $\int e^x \sqrt{2+e^x} dx$；

(11) $\int \dfrac{1}{x \ln^2 x} dx$；

(12) $\int \sin^3 x \cos x dx$.

2. 求下列定积分.

(1) $\int_1^2 \dfrac{3x^2-x+2x\sqrt{x}-1}{x^2} dx$；

(2) $\int_0^1 \dfrac{x^2+3}{1+x^2} dx$；

(3) $\int_{\frac{\pi}{3}}^{\frac{\pi}{2}} \dfrac{\cos 2u}{\cos u - \sin u} du$；

(4) $\int_0^{\frac{\pi}{2}} 2\cos^2 \dfrac{x}{2} dx$；

(5) $\int_0^{\frac{\pi}{2}} \cos^5 x \sin x dx$；

(6) $\int_1^{e^2} \dfrac{dx}{x \sqrt{1+\ln x}}$；

(7) $\int_0^{\pi} \sqrt{1+\cos 2x} dx$；

(8) $\int_4^9 \dfrac{1}{\sqrt{x}-1} dx$.

3. 已知某函数的导数是 $\sin x + \cos x$，又知当 $x=\dfrac{\pi}{2}$ 时，函数值等于 2. 求此函数.

4. 一物体以速度 $v=(3t^2+4t)$ m/s 做直线运动，当 $t=2$ 时，物体经过的路径 $s=16$ m，试求这物体的运动规律.

扫一扫，获取参考答案

习题 17-4 (B 组)

1. 求下列不定积分.

(1) $\int 2^x \cdot e^{x+1} dx$；

(2) $\int \dfrac{(x+1)^2}{x(x^2+1)} dx$；

(3) $\int \dfrac{1}{x^2(1+x^2)} dx$；

(4) $\int \dfrac{1}{x(x+1)} dx$；

(5) $\int \dfrac{x^4}{1+x^2} dx$；

(6) $\int \dfrac{x^3}{\sqrt{4+x^2}} dx$；

(7) $\int \cos^2 2x dx$；

(8) $\int \dfrac{1}{1+\sqrt[3]{x+1}} dx$；

(9) $\int \dfrac{x}{1+\sqrt{x}} dx$；

(10) $\int \dfrac{x^2}{\sqrt{4-x^2}} dx$；

(11) $\int \dfrac{\sqrt{x^2-9}}{x} dx$.

2. 求下列定积分.

(1) $\int_0^2 |1-x| dx$；

(2) $\int_{\frac{\pi}{4}}^{\frac{\pi}{3}} \dfrac{\cos 2x}{\sin^2 x} dx$；

$(3)\ \displaystyle\int_0^\pi \sqrt{\sin^3 x - \sin^5 x}\,\mathrm{d}x$ ； $(4)\ \displaystyle\int_{-1}^1 (x^3 - x + 1)\sin^2 x\,\mathrm{d}x$ ；

$(5)\ \displaystyle\int_1^2 x^2 (2-x)^5\,\mathrm{d}x$（令 $t = 2-x$）； $(6)\ \displaystyle\int_0^1 \dfrac{1}{\sqrt{1+x^2}}\,\mathrm{d}x$（令 $x = \tan t$）.

3. 已知 $\displaystyle\int f(x)\,\mathrm{d}x = \sin x - x^2 + C$，求 $\displaystyle\int_0^{\frac{\pi}{2}} f'(x)\,\mathrm{d}x$.

4. 若 $F'(x) = \mathrm{e}^x - \dfrac{2}{\sqrt{1-x^2}} + 1$，求 $F(x)$.

扫一扫，获取参考答案

17.5　分部积分法

当被积函数是两种不同类型的函数乘积时，一般不能用换元积分法来计算. 为了计算这些积分，下面我们介绍另一种基本积分方法——分部积分法.

设函数 $u = u(x)$，$v = v(x)$ 具有连续的导数，则有下面的不定积分的分部积分公式

$$\int u\,\mathrm{d}v = uv - \int v\,\mathrm{d}u \tag{17-10}$$

同样，设函数 $u = u(x)$，$v = v(x)$ 在区间 $[a,b]$ 上具有连续的导数，则有下面的定积分的**分部积分公式**

$$\int_a^b u\,\mathrm{d}v = \left[uv\right]_a^b - \int_a^b v\,\mathrm{d}u \tag{17-11}$$

分部积分公式的作用在于把不易求的积分 $\displaystyle\int u\,\mathrm{d}v$（或 $\displaystyle\int_a^b u\,\mathrm{d}v$）化为易求的积分 $\displaystyle\int v\,\mathrm{d}u$（或 $\displaystyle\int_a^b v\,\mathrm{d}u$）.

注意：使用分部积分公式关键是公式中函数 $u(x)$ 的选取.

例1　求 $\displaystyle\int x\mathrm{e}^x\,\mathrm{d}x$.

解　$\displaystyle\int x\mathrm{e}^x\,\mathrm{d}x = \int x\,\mathrm{d}(\mathrm{e}^x) = x\mathrm{e}^x - \int \mathrm{e}^x\,\mathrm{d}x = x\mathrm{e}^x - \mathrm{e}^x + C$.

例2　求 $\displaystyle\int x\sin x\,\mathrm{d}x$.

解　$\displaystyle\int x\sin x\,\mathrm{d}x = \int x\,\mathrm{d}(-\cos x) = -x\cos x + \int \cos x\,\mathrm{d}x$

$$= -x\cos x + \sin x + C.$$

例3 求 $\int \ln x \mathrm{d}x$.

解 $\int \ln x \mathrm{d}x = x\ln x - \int x \mathrm{d}(\ln x) = x\ln x - \int x \cdot \dfrac{1}{x}\mathrm{d}x = x\ln x - x + C$.

例4 求 $\int_1^e x\ln x \mathrm{d}x$.

解
$$\int_1^e x\ln x \mathrm{d}x = \int_1^e \ln x \cdot x \mathrm{d}x = \int_1^e \ln x \mathrm{d}\left(\frac{1}{2}x^2\right)$$
$$= \left[\frac{1}{2}x^2\ln x\right]_1^e - \frac{1}{2}\int_1^e x^2 \mathrm{d}(\ln x) = \frac{1}{2}e^2 - \frac{1}{2}\int_1^e x^2 \cdot \frac{1}{x}\mathrm{d}x$$
$$= \frac{1}{2}e^2 - \frac{1}{2}\int_1^e x \mathrm{d}x = \frac{1}{2}e^2 - \frac{1}{4}\left[x^2\right]_1^e = \frac{1}{2}e^2 - \frac{1}{4}(e^2 - 1^2)$$
$$= \frac{e^2 + 1}{4} .$$

例5 求 $\int x\arctan x \mathrm{d}x$.

解
$$\int x\arctan x \mathrm{d}x = \int \arctan x \mathrm{d}\left(\frac{x^2}{2}\right) = \frac{x^2}{2}\arctan x - \int \frac{x^2}{2}\mathrm{d}(\arctan x)$$
$$= \frac{x^2}{2}\arctan x - \frac{1}{2}\int \frac{x^2}{1+x^2}\mathrm{d}x$$
$$= \frac{x^2}{2}\arctan x - \frac{1}{2}\int \frac{x^2+1-1}{1+x^2}\mathrm{d}x$$
$$= \frac{x^2}{2}\arctan x - \frac{1}{2}\int \left(1 - \frac{1}{1+x^2}\right)\mathrm{d}x$$
$$= \frac{x^2}{2}\arctan x - \frac{x}{2} + \frac{1}{2}\arctan x + C$$
$$= \frac{1}{2}(x^2+1)\arctan x - \frac{x}{2} + C .$$

由上面的例子可以看出,如果被积函数是幂函数与指数函数(或者正弦、余弦函数)的乘积,就可以考虑用分部积分法,并把幂函数选作 u;如果被积函数是幂函数与对数函数(或反三角函数)的乘积,则应把对数函数(或反三角函数)选作 u.

例6 求 $\int_0^\pi x^2\cos x \mathrm{d}x$.

解 由于 $\int x^2\cos x \mathrm{d}x = \int x^2 \mathrm{d}(\sin x) = x^2\sin x - \int 2x\sin x \mathrm{d}x$

$$= x^2\sin x + 2\int x \mathrm{d}(\cos x) = x^2\sin x + 2\left(x\cos x - \int \cos x \mathrm{d}x\right)$$
$$= x^2\sin x + 2x\cos x - 2\sin x + C,$$

所以
$$\int_0^\pi x^2 \cos x \,\mathrm{d}x = \left[x^2 \sin x + 2x\cos x - 2\sin x \right]_0^\pi$$
$$= (\pi^2 \sin\pi + 2\pi\cos\pi - 2\sin\pi) - (-2\sin0) = -2\pi.$$

例6表明，有时要多次运用分部积分法，才能求出结果．下面的例子是在多次运用分部积分法后又回到原来的积分，这时我们只要采用解方程的方法，就可得出结果．

例 7 求 $\int \mathrm{e}^x \cos x \,\mathrm{d}x$.

解 $\int \mathrm{e}^x \cos x \,\mathrm{d}x = \int \cos x \,\mathrm{d}(\mathrm{e}^x) = \mathrm{e}^x \cos x + \int \mathrm{e}^x \sin x \,\mathrm{d}x.$

等式右端的积分与等式左端的积分是同一类型，对右端的积分再用一次分部积分法.

$$\int \mathrm{e}^x \sin x \,\mathrm{d}x = \mathrm{e}^x \sin x - \int \mathrm{e}^x \cos x \,\mathrm{d}x.$$

故
$$\int \mathrm{e}^x \cos x \,\mathrm{d}x = \mathrm{e}^x \cos x + \mathrm{e}^x \sin x - \int \mathrm{e}^x \cos x \,\mathrm{d}x.$$

移项化简得
$$2\int \mathrm{e}^x \cos x \,\mathrm{d}x = \mathrm{e}^x (\cos x + \sin x) + C_1.$$

所以
$$\int \mathrm{e}^x \cos x \,\mathrm{d}x = \frac{1}{2}\mathrm{e}^x (\cos x + \sin x) + C \quad \left(\text{其中 } C = \frac{1}{2}C_1\right).$$

例 8 求 $\int_0^9 \mathrm{e}^{\sqrt{x}} \,\mathrm{d}x$.

解 令 $t = \sqrt{x}$，则 $x = t^2$，$\mathrm{d}x = 2t\mathrm{d}t$．当 $x = 0$ 时，$t = 0$；当 $x = 9$ 时，$t = 3$．所以

$$\int_0^9 \mathrm{e}^{\sqrt{x}} \,\mathrm{d}x = \int_0^3 \mathrm{e}^t \cdot 2t\mathrm{d}t = 2\int_0^3 t\,\mathrm{d}(\mathrm{e}^t) = 2\left[t\mathrm{e}^t\right]_0^3 - 2\int_0^3 \mathrm{e}^t \,\mathrm{d}t$$
$$= 6\mathrm{e}^3 - 2\left[\mathrm{e}^t\right]_0^3 = 6\mathrm{e}^3 - 2(\mathrm{e}^3 - \mathrm{e}^0) = 4\mathrm{e}^3 + 2.$$

关于不定积分，还有一点需要说明．对初等函数来说，由于它在定义区间内是连续的，因此，它们的原函数一定存在．但事实上，还有相当多的初等函数的原函数却不能用初等函数表示出来．如果初等函数的原函数不是初等函数，我们就说 $\int f(x)\mathrm{d}x$ "积不出来"．例如

$$\int \mathrm{e}^{-x^2}\mathrm{d}x, \quad \int \frac{\sin x}{x}\mathrm{d}x, \quad \int \frac{\mathrm{d}x}{\ln x}, \quad \int \frac{\mathrm{d}x}{\sqrt{1+x^4}}, \quad \int \sqrt{1-k^2\cos^2 t}\,\mathrm{d}t \quad (0<k<1)$$

等，这些积分看起来很简单，但实际上它们都是积不出来的．

习题 17-5(A 组)

1.求下列不定积分.

(1) $\int x\cos x\,\mathrm{d}x$;   (2) $\int \arctan x\,\mathrm{d}x$;

(3) $\int x^2\mathrm{e}^x\,\mathrm{d}x$;   (4) $\int x^2\ln x\,\mathrm{d}x$.

2.求下列定积分.

(1) $\int_0^1 x\mathrm{e}^x\,\mathrm{d}x$;   (2) $\int_1^2 \ln\dfrac{x}{2}\,\mathrm{d}x$.

扫一扫,获取参考答案

习题 17-5(B 组)

1.求下列不定积分.

(1) $\int x\mathrm{e}^{-x}\,\mathrm{d}x$;   (2) $\int x\cos^2 x\,\mathrm{d}x$;

(3) $\int \mathrm{e}^{\sqrt{x}}\,\mathrm{d}x$;   (4) $\int \mathrm{e}^{-3x}\cos 2x\,\mathrm{d}x$.

2.求下列定积分.

(1) $\int_0^{\frac{\pi^2}{4}} \cos\sqrt{x}\,\mathrm{d}x$;   (2) $\int_0^{\pi} \mathrm{e}^x\sin x\,\mathrm{d}x$.

扫一扫,获取参考答案

17.6 定积分的应用

由本章第一节中的两个引例可知,用定积分计算量,均采用"分割""近似代替(作乘积)""求和"" 取极限"这四个步骤.其中第一步是指所求量具有可加性,整体量等于各部分量之和;第二步最关键,因为它确定了被积表达式的形式;而第三、第四两步可以合并成一步,在 $[a,b]$ 上无限累加,即在 $[a,b]$ 上积分.因此,在解决具体问题时,确定了某个量 A 需要用定积分来度量之后,上述四个步骤可简化为两个步骤:

(1) 选取所求量 A 的积分变量 x ,并确定其变化区间 $[a,b]$(即积分区间).在区间 $[a,b]$ 上任取一个微小区间 $[x,x+\mathrm{d}x]$,写出这个小区间上的部分量 ΔA 的近似值 $f(x)\mathrm{d}x$,记为 $\mathrm{d}A$,即 $\mathrm{d}A = f(x)\mathrm{d}x$(称为 A 的**微元**);

(2) 将微元 $\mathrm{d}A$ 在 $[a,b]$ 上积分(无限累加),得 $A = \displaystyle\int_a^b f(x)\mathrm{d}x$.

通过上述两步解决问题的方法称为**微元法**(或**元素法**).

下面从计算平面图形面积开始,介绍如何用元素法求解定积分的应用问题.

一、平面图形的面积

设由上下两条曲线 $y = f(x)$、$y = g(x)$ 及直线 $x = a$、$x = b$ 所围成的图形如图 17-15 所示.用"微元法"求其面积的步骤如下：

第一步:选积分变量 $x \in [a,b]$ 和微小区间 $[x,x+\mathrm{d}x] \subset [a,b]$,在 $[x,x+\mathrm{d}x]$ 上用小矩形面积代替小曲边梯形面积 ΔA,得面积微元

$$\mathrm{d}A = \big[f(x) - g(x)\big]\mathrm{d}x.$$

第二步:将面积微元 $\mathrm{d}A$ 在 $[a,b]$ 上积分（无限累加）,得所求的平面图形的面积为

$$A = \int_a^b \big[f(x) - g(x)\big]\mathrm{d}x \tag{17-12}$$

用类似的方法,可求得由曲线 $x = \varphi(y)$、$x = \Psi(y)$ 及直线 $y = c$、$y = d$ 所围成的平面图形（如图 17-16 所示）的面积为

$$A = \int_c^d \big[\varphi(y) - \Psi(y)\big]\mathrm{d}y \tag{17-13}$$

注意:实际使用时,可根据图形直接套用上面的公式.

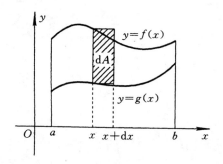

图 17-15

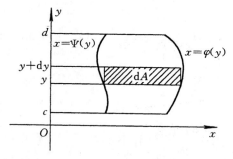

图 17-16

例 1 计算由抛物线 $y = 4 - x^2$ 和直线 $y = 2 - x$ 所围成的图形的面积.

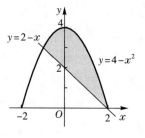

图 17-17

解 解方程组 $\begin{cases} y = 4 - x^2, \\ y = 2 - x, \end{cases}$ 得抛物线与直线的交点 $A(-1,3)$,$B(2,0)$,如图 17-17 所示.

取 x 为积分变量,积分区间为 $[-1,2]$,故所求图形的面积为

$$A = \int_{-1}^2 \big[(4 - x^2) - (2 - x)\big]\mathrm{d}x = \int_{-1}^2 (-x^2 + x + 2)\mathrm{d}x$$

$$= \Big[-\frac{1}{3}x^3 + \frac{1}{2}x^2 + 2x\Big]_{-1}^2 = \frac{9}{2}.$$

例 2 计算由抛物线 $y^2 = 2x$ 和直线 $y = x - 4$ 所围成的图形的面积.

解 解方程组 $\begin{cases} y^2 = 2x, \\ y = x - 4 \end{cases}$，得抛物线与

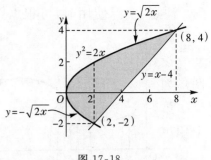

图 17-18

直线的交点 $A(2, -2)$，$B(8, 4)$. 如图 17-18 所示，用直线 $x = 2$ 将图形分成两个部分，取 x 为积分变量，积分区间分别为 $[0, 2]$ 和 $[2, 8]$，故所求图形的面积为

$$A = \int_0^2 [\sqrt{2x} - (-\sqrt{2x})]\mathrm{d}x + \int_2^8 [\sqrt{2x} - (x - 4)]\mathrm{d}x$$

$$= \int_0^2 2\sqrt{2x}\,\mathrm{d}x + \int_2^8 (\sqrt{2x} - x + 4)\,\mathrm{d}x$$

$$= \left[\frac{4\sqrt{2}}{3} x^{\frac{3}{2}}\right]_0^2 + \left[\frac{2\sqrt{2}}{3} x^{\frac{3}{2}} - \frac{1}{2} x^2 + 4x\right]_2^8 = 18.$$

注意：例 2 中，若取 y 为积分变量，积分区间为 $[-2, 4]$，则所求图形的面积为

$$A = \int_{-2}^4 \left[(y + 4) - \frac{1}{2} y^2\right]\mathrm{d}y = 18.$$

二、旋转体的体积

如图 17-19 所示，由连续曲线 $y = f(x)$ 和直线 $x = a$、$x = b$ 及 x 轴所围成的图形绕 x 轴旋转一周所得到的几何体称为**旋转体**，x 轴称为**旋转体的轴**.

用"微元法"求如图 17-19 所示的旋转体的体积的步骤如下：

第一步：选积分变量 $x \in [a, b]$ 和微小区间 $[x, x + \mathrm{d}x] \subset [a, b]$，在 $[x, x + \mathrm{d}x]$ 上，小旋转体的体积 ΔV 可以用以 $f(x)$ 为半径，$\mathrm{d}x$ 为高的小圆柱体的体积 $\pi f^2(x)\mathrm{d}x$ 代替，得体积微元

$$\mathrm{d}V = \pi [f(x)]^2 \mathrm{d}x.$$

第二步：将微元 $\mathrm{d}V$ 在 $[a, b]$ 上积分（无限累加），得所求的旋转体的体积为

$$\boxed{V_x = \pi \int_a^b [f(x)]^2 \mathrm{d}x} \qquad (17\text{-}14)$$

用类似的方法，可求得由曲线 $x = \varphi(y)$ 及直线 $y = c$、$y = d$ 及 y 轴所围成的图形绕 y 轴旋转一周所得到的旋转体（如图 17-20 所示）的体积为

$$\boxed{V_y = \pi \int_c^d [\varphi(y)]^2 \mathrm{d}y} \qquad (17\text{-}15)$$

注意：实际使用时，可根据图形直接套用上面的公式.

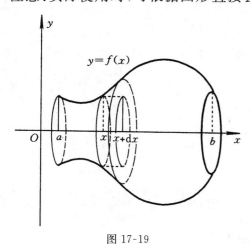

图 17-19

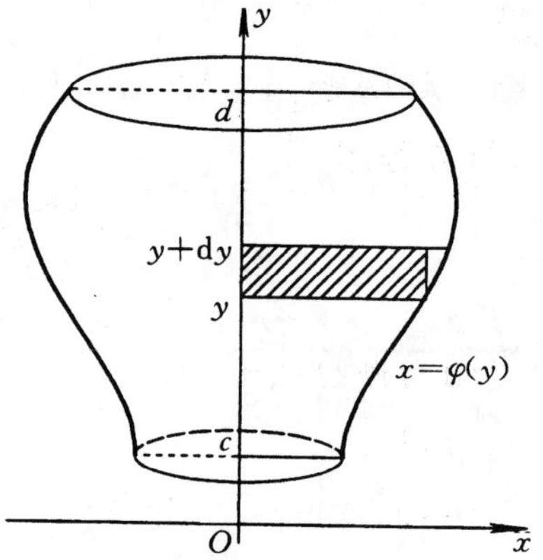

图 17-20

例 3　求曲线 $y=\sqrt{x}$ 与直线 $x=1$ 及 $y=0$ 围成的图形绕 x 轴旋转而成的旋转体的体积.

解　如图 17-21 所示，选择积分变量 x，积分区间为 $[0,1]$，由公式（17-14）可得所求的体积为

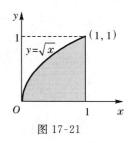

图 17-21

$$V_x=\pi\int_0^1(\sqrt{x})^2\mathrm{d}x=\frac{\pi}{2}\left[x^2\right]_0^1=\frac{\pi}{2}.$$

例 4　求椭圆 $\dfrac{x^2}{a^2}+\dfrac{y^2}{b^2}=1$ 绕 y 轴旋转所形成的椭球的体积.

解　如图 17-22 所示，此椭球可视作由曲线 $\overset{\frown}{B_1A_2B_2}$ 与 y 轴所围成的图形绕 y 轴旋转一周而成的，选择积分变量为 y，由所给方程解得曲线 $\overset{\frown}{B_1A_2B_2}$ 的方程为

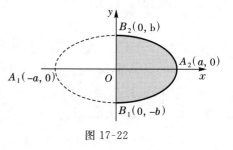

图 17-22

$$x=\frac{a}{b}\sqrt{b^2-y^2}\quad(-b\leqslant y\leqslant b).$$

故积分区间为 $[-b,b]$. 由公式（17-15），得

$$V_y=\pi\int_{-b}^b\left[\frac{a}{b}\sqrt{b^2-y^2}\right]^2\mathrm{d}y=\frac{\pi a^2}{b^2}\int_{-b}^b(b^2-y^2)\mathrm{d}y$$

$$=\frac{\pi a^2}{b^2}\left[b^2y-\frac{y^3}{3}\right]_{-b}^b=\frac{4}{3}\pi a^2b.$$

特别地，当 $a=b=R$ 时，得半径为 R 的球的体积为

$$V=\frac{4}{3}\pi R^3.$$

例 5 求由 $y=\sqrt{2-x^2}$ 和 $y=x^2$ 围成的图形绕 x 轴旋转而成的旋转体的体积.

解 如图 17-23 所示,取积分变量为 x,为了求积分区间,解方程组

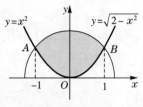
图 17-23

$$\begin{cases} y=\sqrt{2-x^2}, \\ y=x^2, \end{cases}$$

得上半圆与抛物线的交点为 $A(-1,1),B(1,1)$,积分区间为 $[-1,1]$.

于是,所得的旋转体的体积是两个曲边梯形绕 x 轴旋转所得的两个旋转体体积的差,即

$$V_x = \pi \int_{-1}^{1} (\sqrt{2-x^2})^2 \mathrm{d}x - \pi \int_{-1}^{1} (x^2)^2 \mathrm{d}x$$

$$= \pi \int_{-1}^{1} (2-x^2)\mathrm{d}x - \pi \int_{-1}^{1} x^4 \mathrm{d}x = \frac{44\pi}{15}.$$

三、平面曲线的弧长

设有光滑曲线 $y=f(x)$ (即 $f'(x)$ 是连续的),则从 $x=a$ 到 $x=b$ 的对应的一段弧的长度 s,可由下列公式求得(证明略).

$$s = \int_a^b \sqrt{1+(y')^2} \mathrm{d}x \tag{17-16}$$

对于有些曲线,利用参数方程计算它的弧长比较方便.

设曲线的参数方程为

$$\begin{cases} x=x(t) \\ y=y(t) \end{cases} (\alpha \leqslant t \leqslant \beta),$$

并且 $x'(t),y'(t)$ 在区间 $[\alpha,\beta]$ 上连续,则所求的弧长为

$$s = \int_\alpha^\beta \sqrt{[x'(t)]^2+[y'(t)]^2} \mathrm{d}t \tag{17-17}$$

例 6 求曲线 $y=\frac{2}{3}x^{\frac{3}{2}}$ 上相应于 x 从 2 到 8 的一段弧的长度.

解 $y'=x^{\frac{1}{2}}$,由公式(17-16),所求的弧长为

$$s = \int_2^8 \sqrt{1+(y')^2} \mathrm{d}x = \int_2^8 \sqrt{1+x} \mathrm{d}x$$

$$= \frac{2}{3} \left[(1+x)^{\frac{3}{2}} \right]_2^8 = 18 - 2\sqrt{3}.$$

例 7 求摆线

$$\begin{cases} x=a(t-\sin t) \\ y=a(1-\cos t) \end{cases} \quad (a>0)$$

一拱 $(0 \leqslant t \leqslant 2\pi)$ 的长度.

解 $\qquad x'(t)=a(1-\cos t),\ y'(t)=a\sin t.$

因为当 $0 \leqslant t \leqslant 2\pi$ 时，$0 \leqslant \dfrac{t}{2} \leqslant \pi$，所以 $\sin \dfrac{t}{2} \geqslant 0$.

因此 $\quad \sqrt{[x'(t)]^2+[y'(t)]^2}=\sqrt{a^2(1-\cos t)^2+a^2\sin^2 t}=a\sqrt{2(1-\cos t)}$

$$=a\sqrt{4\sin^2 \frac{t}{2}}=2a\left|\sin \frac{t}{2}\right|=2a\sin \frac{t}{2}.$$

从而摆线一拱的长度为

$$s=\int_0^{2\pi} 2a\sin \frac{t}{2}\mathrm{d}t=4a\left[-\cos \frac{t}{2}\right]_0^{2\pi}=8a.$$

四、变力所做的功

由物理学知道，当物体在一个常力 F 的作用下，沿力的方向做直线运动并且位移为 s 时，常力 F 所做的功为

$$W=F\cdot s.$$

但是，在实际问题中，作用在物体上的力往往是变化的，这就需要讨论变力做功的问题.

设物体在变力 $F(x)$ 的作用下，沿 Ox 轴方向由 a 移动到 b，如图 17-24 所示.当力的方向与 x 轴方向一致时，我们用定积分元素法来计算变力 $F(x)$ 在这一段路程中所做的功.

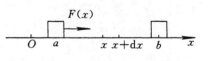

图 17-24

在区间 $[a,b]$ 上任取一个小区间 $[x,x+\mathrm{d}x]$，当物体从 x 移动到 $x+\mathrm{d}x$ 时，由于经过的路程 $\mathrm{d}x$ 很短，所以在这个小区间上力 $F(x)$ 可以近似看作不变，即变力所做的功的近似值为 $F(x)\mathrm{d}x$，于是得到功元素 $\mathrm{d}W=F(x)\mathrm{d}x$. 根据定积分元素法，变力 $F(x)$ 所做的功为

$$\boxed{W=\int_a^b F(x)\mathrm{d}x} \tag{17-18}$$

例 8 在弹性限度内，弹簧拉伸的长度与所受的外力成正比.已知弹簧每拉长 0.01 m 要用 5 N 的力，求把弹簧拉长 0.1 m 的过程中外力所做的功（如图 17-25所示）.

解 设弹簧所受的拉力为 $F(x)$(N),相应弹簧伸长量为 x,则由物理定律可知

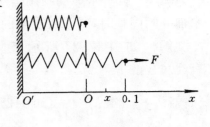

$$F(x)=kx \quad (其中 k 为弹性系数).$$

根据题意,当 $x=0.01$ m 时,$F(0.01)=5$ N,

所以 $$k=\frac{5}{0.01}=500 \ (N/m).$$

于是得到受力函数为

图 17-25

$$F(x)=500x.$$

由公式(17-18),得弹簧拉长 0.1 m 时,变力 $F(x)$ 所做的功为

$$W=\int_0^{0.1} 500x\mathrm{d}x=250\left[x^2\right]_0^{0.1}=2.5 \ (J).$$

五、液体的压力

由物理学知识可知,如果有一面积为 A 的平板,水平放置在深为 h 处的液体中,液体的密度为 ρ,则平板一侧所受的压力 F 等于以 A 为底,以 h 为高的液体柱的重量,即

$$F=\rho \cdot h \cdot A.$$

在实际问题中,往往要计算与液面垂直放置的平板一侧所受的压力.例如计算一个水库的闸门一侧所受到的压力时,由于不同深度处闸门上单位面积所受到的水的压力是不同的,所以不能直接利用上述公式计算闸门所受到的压力.下面用定积分元素法来计算垂直放置在液体中的平板一侧所受到的液体的压力.

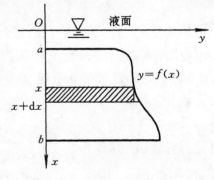

设由 $y=f(x)$,$x=a$,$x=b$ 及 $y=0$ 围成的曲边梯形平板,垂直放置在液面以下,如图 17-26 所示.

在区间 $[a,b]$ 上任取小区间 $[x,x+\mathrm{d}x]$,将相应的小曲边梯形平板上所受到的液体的压力,近似看作长为 $f(x)$,宽为 $\mathrm{d}x$ 的矩形平板水平放置在深为 x 处所受到的液体压力.即可得压力元素

图 17-26

$$\mathrm{d}F=\rho gxf(x)\mathrm{d}x.$$

在区间 $[a,b]$ 上,对压力元素积分,得所求的液体压力为

$$F=\int_a^b \rho gxf(x)\mathrm{d}x \tag{17-19}$$

例9 设一水库的闸门呈等腰梯形,上底为 12 m,下底为 8 m,高为 12 m,求水面齐闸门顶时,闸门所受到的水的压力.

解 如图 17-27 所示,建立坐标系,直线 AB 的方程为

$$y-4=\frac{6-4}{0-12}(x-12),$$

即曲边方程为

$$y=f(x)=6-\frac{x}{6}\quad(0\leqslant x\leqslant12).$$

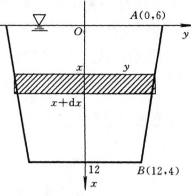

图 17-27

在区间 $[0,12]$ 上任取小区间 $[x,x+\mathrm{d}x]$,与它相应的闸门小窄条上所受到的水的压力,可近似看作长为 $2y$,宽为 $\mathrm{d}x$ 的矩形窄条水平放置在深为 x 处所受到的水的压力,即得压力元素

$$\mathrm{d}F=\rho qx2y\mathrm{d}x=9.8\times10^3\times\left(12x-\frac{x^2}{3}\right)\mathrm{d}x,$$

其中水的密度为 $\rho=1.0\times10^3\ \mathrm{kg/m^3}$,由公式(17-19),得闸门所受到的水的压力为

$$F=\int_0^{12}9.8\times10^3\times\left(12x-\frac{x^2}{3}\right)\mathrm{d}x=9.8\times10^3\left[6x^2-\frac{x^3}{9}\right]_0^{12}$$

$$=9.8\times10^3\times\left(6\times12^2-\frac{1}{9}\times12^3\right)=9.8\times10^3\times4\times12\times14$$

$$\approx6.59\times10^6(\mathrm{N}).$$

例10 一个横放着的圆柱形的水箱,箱中装了一半的水,设水箱底的半径为 R,计算水箱的底面所受的压力.

解 如图 17-28 所示建立坐标系,则圆的方程为

$$x^2+y^2=R^2,$$

由此得弧 $\overparen{AB}$ 的方程为

$$y=f(x)=\sqrt{R^2-x^2}\quad(0\leqslant x\leqslant R).$$

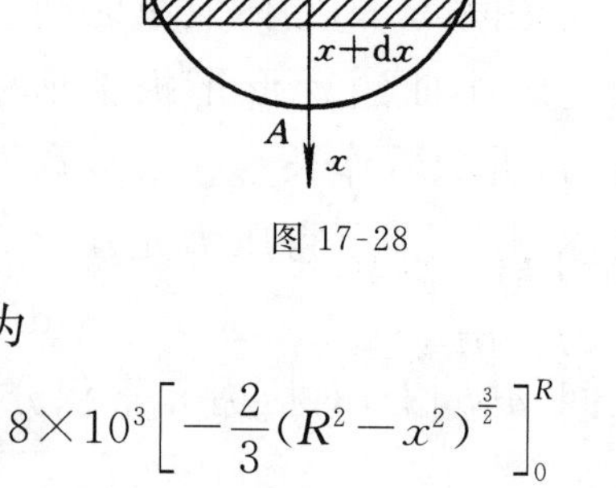

水的密度为 $1.0\times10^3\ \mathrm{kg/m^3}$,所以压力元素为

$$\mathrm{d}F=\rho g\cdot x\cdot 2f(x)\mathrm{d}x=9.8\times10^3\times2x$$

$$\sqrt{R^2-x^2}\mathrm{d}x.$$

图 17-28

由公式(17-19),水箱底面所受到的水的压力为

$$F=\int_0^R9.8\times10^3\times2x\sqrt{R^2-x^2}\mathrm{d}x=9.8\times10^3\left[-\frac{2}{3}(R^2-x^2)^{\frac{3}{2}}\right]_0^R$$

$$=9.8\times10^3\times\frac{2}{3}\times R^3\approx6533R^3(\mathrm{N}).$$

六、函数的平均值

我们常用一组数据的算术平均值来描述这组数据所反映的某类事物的概貌. 例如, 某地区小麦的平均亩产量, 反映了这个地区小麦生产的水平. 又如, 对某零件的长度进行 n 次测量, 各次测得的值为 $y_1, y_2, \cdots, y_n$, 通常用它们的算术平均值

$$\frac{1}{n}(y_1 + y_2 + \cdots + y_n) = \frac{1}{n} \sum_{i=1}^{n} y_i$$

作为这个零件长度的近似值.

在实际应用中, 有时还需要计算一个连续函数 $y = f(x)$ 在某区间 $[a, b]$ 上的平均值, 如平均速度、平均温度、平均功率等. 下面我们以计算平均速度为例, 介绍求连续函数在给定区间上的平均值的方法.

一个物体以速度 $v = v(t)$ 做变速直线运动, 如果它在时间间隔 $[T_1, T_2]$ 内经过的路程为 s, 则它在此时间间隔内的平均速度为

$$\overline{v} = \frac{s}{T_2 - T_1}.$$

又由定积分的物理意义可知, 物体在此时间间隔内所经过的路程为

$$s = \int_{T_1}^{T_2} v(t) \, dt,$$

于是物体在 $[T_1, T_2]$ 内的平均速度可表示为

$$\overline{v} = \frac{1}{T_2 - T_1} \int_{T_1}^{T_2} v(t) \, dt.$$

这就是速度函数 $v(t)$ 在区间 $[T_1, T_2]$ 上的平均值.

一般地, 设 $y = f(x)$ 为定义在区间 $[a, b]$ 上的连续函数, 那么它在 $[a, b]$ 上的平均值就等于它在 $[a, b]$ 上的定积分除以区间 $[a, b]$ 的长度 $b - a$, 即

$$\boxed{\overline{y} = \frac{1}{b - a} \int_a^b f(x) \, dx} \tag{17-20}$$

例 11 计算从 0 到 T 这段时间内自由落体的平均速度.

解 因为自由落体的速度为 $v(t) = gt$, 所以它的平均速度为

$$\overline{v} = \frac{1}{T - 0} \int_0^T gt \, dt = \frac{1}{T} \cdot \frac{gT^2}{2} = \frac{1}{2} gT.$$

习题 17-6（A 组）

1. 选择恰当的积分变量将图 17-29 中各阴影部分的面积表示为简单的定积分表达式.

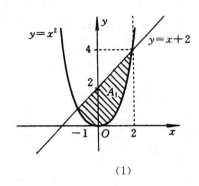

（1）

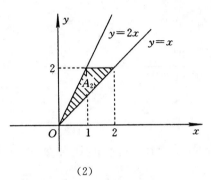

（2）

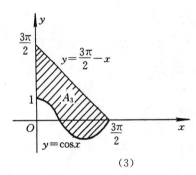

（3）

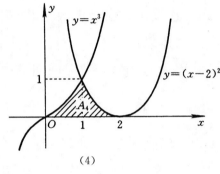

（4）

图 17-29

2. 计算由下列各曲线所围成的图形的面积.

（1）$y=\dfrac{1}{x}$，$y=x$，$x=2$；　　　　　　（2）$y=x^2-25$，$y=x-13$；

（3）$y=\ln x$，$y=\ln 2$，$y=\ln 7$，$x=0$；　　（4）$y^2=2x$，$y=x-4$.

3. 求下列曲线围成的图形绕指定的轴旋转所得旋转体的体积.

（1）$y=x^2-4$，$y=0$，绕 x 轴；　　　　（2）$\dfrac{x^2}{a^2}+\dfrac{y^2}{b^2}=1$，绕 x 轴；

（3）$y=x^3$，$x=0$，$y=1$，绕 y 轴；　　（4）$y=x^2$，$y^2=8x$，绕 y 轴.

4. 计算曲线 $y=\sqrt{1-x^2}$ 上相应于自点 $x=0$ 到 $x=\dfrac{1}{2}$ 一段弧的长.

5. 计算曲线

$$\begin{cases} x=\arctan t \\ y=\dfrac{1}{2}\ln(1+t^2) \end{cases}$$

上自 $t=-1$ 到 $t=0$ 一段弧的长.

6. 设把金属杆的长度从 a 拉长到 $a+x$ 时，所需的外力等于 $\dfrac{k}{a}x$，其中 k 为常数，试求将金属杆由长度 a 拉长到 b 时所做的功.

7. 一物体以速度 $v(t)=3t^2+2t$ 做直线运动，计算它从 $t=0$ 到 $t=3$ 一段时间内的平均速度.

习题 17-6（B 组）

1. 求由下列曲线所围成图形的面积.
   (1) $y=x^3$，$y=x$； (2) $y^2=x$，$2x^2+y^2=1(x\geqslant 0)$.

2. 求抛物线 $y=-x^2+4x-3$ 及其在点 $(0,-3)$ 和点 $(3,0)$ 处的切线所围成的图形的面积.

3. 求下列曲线所围成的图形绕指定轴旋转所得旋转体的体积.
  (1) $x^2+(y-2)^2=1$ 绕 y 轴；
  (2) $y=\sin x$，$y=\cos x$ 及 x 轴上线段 $\left[0,\dfrac{\pi}{2}\right]$，绕 x 轴.

4. 求曲线 $y=\ln(1-x^2)$ 上自 $(0,0)$ 至 $\left[\dfrac{1}{2},\ln\dfrac{3}{4}\right]$ 段曲线弧长度.

5. 求函数 $f(x)=10+2\sin x+3\cos x$ 在区间 $[0,2\pi]$ 上的平均值.

6. 水坝中有一直立的矩形闸门，尺寸如图 17-30 所示，试求水面越过门顶 1 m 时，闸门所受的水压力.

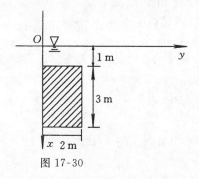

图 17-30

17.7 广义积分

一、无限区间上的广义积分

对于定积分 $\displaystyle\int_a^b f(x)\mathrm{d}x$，我们总假设积分区间 $[a,b]$ 是有限的，但在许多实际问题中，有时会遇到积分区间为无限的情形. 这类积分称之为积分区间为无限的广义积分.

先看下面的例子：

如图 17-31(1)所示，求曲线 $y=\dfrac{1}{x^2}$ 与 x 轴及直线 $x=1$ 右边所围成的阴影部分的面积 A. 因为这个图形在 x 轴正方向是开口的，不是封闭的曲边梯形，所以又称为"开口曲边梯形"，不能用前面学过的定积分来计算它的面积.

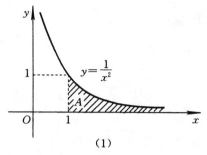 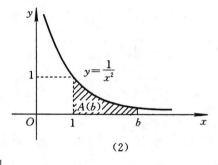

图 17-31

为了解决这个问题，我们先在无限区间 $[1,+\infty)$ 内任取一个数值 b，如图 17-31(2)所示，算出区间 $[1,b]$ 上曲边梯形的面积 $A(b)$. 很明显，当 b 改变时，该曲边梯形的面积 $A(b)$ 也随之改变，并且随着 b 趋向正无穷，它的极限就是所求面积 A，即

$$A=\lim_{b\to+\infty}A(b)=\lim_{b\to+\infty}\int_1^b\frac{1}{x^2}\mathrm{d}x=\lim_{b\to+\infty}\left[\frac{-1}{x}\right]_1^b=\lim_{b\to+\infty}\left(1-\frac{1}{b}\right)=1.$$

一般地，对于积分区间为无限的积分，有如下定义：

定义 1 设函数 $f(x)$ 在区间 $[a,+\infty)$ 内连续，b 是区间 $[a,+\infty)$ 内的任一数，如果极限 $\lim\limits_{b\to+\infty}\int_a^b f(x)\mathrm{d}x$ 存在，则称此极限值为函数 $f(x)$ 在无限区间 $[a,+\infty)$ 内的**广义积分**，记作 $\int_a^{+\infty}f(x)\mathrm{d}x$，即

$$\int_a^{+\infty}f(x)\mathrm{d}x=\lim_{b\to+\infty}\int_a^b f(x)\mathrm{d}x,$$

这时称广义积分 $\int_a^{+\infty}f(x)\mathrm{d}x$ **收敛**；如果极限不存在，则称广义积分 $\int_a^{+\infty}f(x)\mathrm{d}x$ **发散**.

类似地，可以定义积分下限为负无穷大或上、下限均为无穷大的广义积分：

$$\int_{-\infty}^b f(x)\mathrm{d}x=\lim_{a\to-\infty}\int_a^b f(x)\mathrm{d}x;$$

$$\int_{-\infty}^{+\infty}f(x)\mathrm{d}x=\int_{-\infty}^0 f(x)\mathrm{d}x+\int_0^{+\infty}f(x)\mathrm{d}x$$

$$=\lim_{a\to-\infty}\int_a^0 f(x)\mathrm{d}x+\lim_{b\to+\infty}\int_0^b f(x)\mathrm{d}x.$$

例 1 计算广义积分 $\displaystyle\int_0^{+\infty} x\mathrm{e}^{-x^2}\,\mathrm{d}x$.

解
$$\int_0^{+\infty} x\mathrm{e}^{-x^2}\,\mathrm{d}x = \lim_{b\to+\infty}\int_0^{b} x\mathrm{e}^{-x^2}\,\mathrm{d}x = \lim_{b\to+\infty}\left[-\frac{1}{2}\mathrm{e}^{-x^2}\right]_0^{b}$$
$$= -\frac{1}{2}\lim_{b\to+\infty}\mathrm{e}^{-b^2} + \frac{1}{2} = \frac{1}{2}.$$

上面的计算过程也可以简写成
$$\int_0^{+\infty} x\mathrm{e}^{-x^2}\,\mathrm{d}x = \left[-\frac{1}{2}\mathrm{e}^{-x^2}\right]_0^{+\infty} = 0 - \left(-\frac{1}{2}\right) = \frac{1}{2}.$$

例 2 计算广义积分 $\displaystyle\int_{-\infty}^{+\infty} \frac{1}{1+x^2}\,\mathrm{d}x$.

解
$$\int_{-\infty}^{+\infty} \frac{1}{1+x^2}\,\mathrm{d}x = \int_{-\infty}^{0} \frac{1}{1+x^2}\,\mathrm{d}x + \int_0^{+\infty} \frac{1}{1+x^2}\,\mathrm{d}x$$
$$= \left[\arctan x\right]_{-\infty}^{0} + \left[\arctan x\right]_0^{+\infty}$$
$$= 0 - \left(-\frac{\pi}{2}\right) + \frac{\pi}{2} - 0 = \pi.$$

例 3 计算广义积分 $\displaystyle\int_{-\infty}^{-1} \frac{1}{\sqrt[3]{x^2}}\,\mathrm{d}x$.

解 因为 $\displaystyle\int_{-\infty}^{-1} \frac{1}{\sqrt[3]{x^2}}\,\mathrm{d}x = \left[3\sqrt[3]{x}\right]_{-\infty}^{-1} = -3 - 3\lim_{x\to-\infty}\sqrt[3]{x} = -3 + \infty$

所以,广义积分 $\displaystyle\int_{-\infty}^{-1} \frac{1}{\sqrt[3]{x^2}}\,\mathrm{d}x$ 是发散的.

二、无界函数的广义积分

被积函数在积分区间内是无界函数的积分,如 $\displaystyle\int_0^1 \frac{1}{\sqrt{x}}\,\mathrm{d}x$,也不是通常意义的定积分. 一般地,有如下定义:

定义 2 设函数 $f(x)$ 在区间 $(a,b]$ 上连续,在点 a 的右侧近旁无界,称极限 $\displaystyle\lim_{\varepsilon\to0^+}\int_{a+\varepsilon}^{b} f(x)\,\mathrm{d}x\ (b>a)$ 为 $f(x)$ 在 $(a,b]$ 上的**广义积分**,记为
$$\int_a^b f(x)\,\mathrm{d}x = \lim_{\varepsilon\to0^+}\int_{a+\varepsilon}^{b} f(x)\,\mathrm{d}x.$$

$$\int_0^1 \frac{1}{\sqrt{x}}\,\mathrm{d}x = \lim_{\varepsilon\to0^+}\int_{0+\varepsilon}^{1} \frac{1}{\sqrt{x}}\,\mathrm{d}x = 2\lim_{\varepsilon\to0^+}\int_{\varepsilon}^{1} \frac{1}{2\sqrt{x}}\,\mathrm{d}x$$
$$= 2\lim_{\varepsilon\to0^+}\left[\sqrt{x}\right]_{\varepsilon}^{1} = 2\lim_{\varepsilon\to0^+}(1-\sqrt{\varepsilon}) = 2.$$

类似地,设函数 $f(x)$ 在区间 $[a,b)$ 上连续,在点 b 的左侧近旁无界,则

$$\int_a^b f(x)\mathrm{d}x = \lim_{\varepsilon \to 0^+} \int_a^{b-\varepsilon} f(x)\mathrm{d}x ;$$

设函数 $f(x)$ 在点 $c \in (a,b)$ 处无界,其他点处连续,则

$$\int_a^b f(x)\mathrm{d}x = \int_a^c f(x)\mathrm{d}x + \int_c^b f(x)\mathrm{d}x$$

$$= \lim_{\varepsilon \to 0^+} \int_a^{c-\varepsilon} f(x)\mathrm{d}x + \lim_{\varepsilon \to 0^+} \int_{c+\varepsilon}^b f(x)\mathrm{d}x .$$

以上三种形式的广义积分统称为**无界函数的广义积分**,也称为**瑕积分**.

例 4 求广义积分 $\int_{-1}^2 \dfrac{1}{x^2}\mathrm{d}x$.

解 因被积函数在 $x = 0$ 处无界,在 $[-1,2]$ 的其他点连续,故

$$\int_{-1}^2 \frac{1}{x^2}\mathrm{d}x = \int_{-1}^0 \frac{1}{x^2}\mathrm{d}x + \int_0^2 \frac{1}{x^2}\mathrm{d}x = \lim_{\varepsilon \to 0^+} \int_{-1}^{0-\varepsilon} \frac{1}{x^2}\mathrm{d}x + \lim_{\varepsilon \to 0^+} \int_{0+\varepsilon}^2 \frac{1}{x^2}\mathrm{d}x$$

$$= \lim_{\varepsilon \to 0^+} \left[-\frac{1}{x} \right]_{-1}^{-\varepsilon} + \lim_{\varepsilon \to 0^+} \left[-\frac{1}{x} \right]_{\varepsilon}^2$$

$$= \lim_{\varepsilon \to 0^+} (\frac{1}{\varepsilon} - 1) + \lim_{\varepsilon \to 0^+} (-\frac{1}{2} + \frac{1}{\varepsilon}) \text{（极限不存在）.}$$

所以 $\int_{-1}^2 \dfrac{1}{x^2}\mathrm{d}x$ 是发散的.

习题 17-7（A 组）

1. 计算下列广义积分.

(1) $\displaystyle\int_1^{+\infty} \frac{1}{x^4}\mathrm{d}x$;

(2) $\displaystyle\int_1^{+\infty} \frac{1}{\sqrt{x}}\mathrm{d}x$;

(3) $\displaystyle\int_e^{+\infty} \frac{1}{x\ln^2 x}\mathrm{d}x$;

(4) $\displaystyle\int_{-\infty}^0 \frac{2}{1+x^2}\mathrm{d}x$.

2. 求下列广义积分.

(1) $\displaystyle\int_0^1 \frac{1}{\sqrt[3]{x}}\mathrm{d}x$;

(2) $\displaystyle\int_{-1}^1 \frac{1}{x}\mathrm{d}x$.

扫一扫，获取参考答案

习题 17-7（B 组）

求广义积分 $\displaystyle\int_{-\infty}^{+\infty} \frac{1}{x^2+2x+2}\mathrm{d}x$.

扫一扫，获取参考答案

复习题 17

1. 填空题：

(1) 定积分 $\int_{-1}^{2} (x^2+x+1)\mathrm{d}x$ 中，积分上限是 _____，积分下限是 _____ 积分区间是 _____，被积函数是 _____，积分变量为 _____，被积表达式为 _____；

(2) 已知变速直线运动的速度 $v(t)=3+2t$，则物体从第 2 秒开始，经过 3 秒后所经过的路程用定积分表示为 _____；

(3) 曲线 $y=\cos x$ 在 $[0,\pi]$ 上和 x 轴围成图形的面积用定积分表示为 $A=$ _____；

(4) $\int_{-1}^{1} (x-\sin x)^5 \mathrm{d}x=$ _____；

(5) 设 $F(x),G(x)$ 都是函数 $f(x)$ 在区间 I 上的原函数，若 $F(x)=x^2$，则 $G(x)=$ _____；

(6) $\left(\int \mathrm{e}^{x^2}\mathrm{d}x\right)'=$ _____，$\int \mathrm{d}(\mathrm{e}^{x^2})=$ _____，$\mathrm{d}\left(\int \mathrm{e}^{x^2}\mathrm{d}x\right)=$ _____；

(7) 若 $F(x)$ 是 $f(x)$ 的一个原函数，则 $\int x f(x^2)\mathrm{d}x=$ _____；

(8) 若 $\int_{a}^{1} \frac{1}{x^2}\mathrm{d}x=-\frac{1}{2}$，则 $a=$ _____；

(9) 由曲线 $y=\sin x, x=0, x=\pi$ 及 $y=0$ 围成的平面图形绕 x 轴旋转所成旋转体体积用定积分可表示为 $V_x=$ _____；

*(10) 若 $\int_{-\infty}^{+\infty} \frac{m\mathrm{d}x}{1+x^2}=2$，则常数 $m=$ _____.

2. 选择题：

(1) 在下列因素中，不影响定积分 $\int_{a}^{b} f(x)\mathrm{d}x$ 的值的因素是（ ）；

    A. 被积函数 $f(x)$ B. 积分区间 $[a,b]$

    C. 被积表达式 $f(x)\mathrm{d}x$ D. 积分变量 x

(2) 根据定积分的几何意义，求由曲线 $y=f(x)$ 以及 $x=a, x=b, y=0$ 所围成的平面图形面积的积分表达式为（ ）；

    A. $\int_{a}^{b} f(x)\mathrm{d}x$ B. $\int_{a}^{b} |f(x)|\mathrm{d}x$

    C. $\left|\int_{a}^{b} f(x)\mathrm{d}x\right|$ D. $\int_{a}^{b} f(x)\mathrm{d}x$ 或 $\left|\int_{a}^{b} f(x)\mathrm{d}x\right|$

(3) 已知 $\displaystyle\int_0^1 x(a-x)\mathrm{d}x=1$，则常数 $a=(\quad)$；

    A. $\dfrac{8}{3}$ B. $\dfrac{1}{3}$ C. $\dfrac{4}{3}$ D. $\dfrac{2}{3}$

(4) 下列各组函数是同一个函数的原函数的是($\quad$)；

    A. $F(x)=4x^3$，$G(x)=4(1-x^3)$

    B. $F(x)=\ln x^2$，$G(x)=\ln 2x$

    C. $F(x)=\dfrac{1}{2}\sin^2 x+C$，$G(x)=-\dfrac{1}{4}\cos 2x+C$

    D. $F(x)=\mathrm{e}^{-x}+C$，$G(x)=-\mathrm{e}^x+C$

(5) 若 $F_1(x)$ 和 $F_2(x)$ 都是 $f(x)$ 的原函数，且 $F_1(x)\neq F_2(x)$，则 $\displaystyle\int\left[F_1(x)-F_2(x)\right]\mathrm{d}x$ 是($\quad$)；

    A. $f(x)+C$ B. 0 C. 一次函数   D. 常数

(6) 设 $f(x)$ 为可导函数，则下列式子中正确的是($\quad$)；

    A. $\left[\displaystyle\int f'(x)\mathrm{d}x\right]'=f(x)$ B. $\displaystyle\int f'(x)\mathrm{d}x=f(x)$

    C. $\left[\displaystyle\int f(x)\mathrm{d}x\right]'=f(x)$ D. $\left[\displaystyle\int f(x)\mathrm{d}x\right]'=f(x)+C$

(7) 不定积分 $\displaystyle\int x^{-2}\mathrm{e}^{-\frac{1}{x}}\mathrm{d}x=(\quad)$；

    A. $-\dfrac{1}{x}\mathrm{e}^{-\frac{1}{x}}+C$ B. $-\mathrm{e}^{-\frac{1}{x}}+C$ C. $\mathrm{e}^{-\frac{1}{x}}+C$ D. $\dfrac{1}{x}\mathrm{e}^{-\frac{1}{x}}+C$

(8) 设 $I=\displaystyle\int_{\pi}^{\frac{3\pi}{2}}(a\sin x+b\cos x)\mathrm{d}x$，则 $I=(\quad)$；

    A. $a+b$ B. $a-b$ C. $-a-b$ D. $-a+b$

(9) 由曲线 $y=\mathrm{e}^x$ 及直线 $x=0$ 和 $y=2$ 所围成的平面图形的面积 $A=(\quad)$；

    A. $\displaystyle\int_1^{\ln 2}\ln y\,\mathrm{d}y$ B. $\displaystyle\int_0^{e^2}\mathrm{e}^x\mathrm{d}x$ C. $\displaystyle\int_1^2\ln y\,\mathrm{d}y$ D. $\displaystyle\int_0^2(2-\mathrm{e}^x)\mathrm{d}x$

(10) 由曲线 $y=x^2$ 与直线 $y=1$ 所围成的平面图形绕 x 轴旋转所成的旋转体体积 $V_x=(\quad)$.

    A. $\pi\displaystyle\int_{-1}^1 x^4\mathrm{d}x$ B. $2\pi\left(1-\displaystyle\int_0^1 y^2\mathrm{d}y\right)$

    C. $2\pi\left(1-\displaystyle\int_0^1 x^4\mathrm{d}x\right)$ D. $\pi\displaystyle\int_{-1}^1 y\,\mathrm{d}y$

3. 求解下列各题(不必计算).

(1) 利用定积分的几何意义,判断下列定积分的值是正还是负;

$$A=\int_0^{\frac{\pi}{2}}\sin x\mathrm{d}x; \qquad B=\int_{-\frac{\pi}{2}}^0\sin x\cos x\mathrm{d}x; \qquad C=\int_{-1}^2 x^2\mathrm{d}x.$$

(2) 利用定积分表示下列各图中阴影部分的面积.

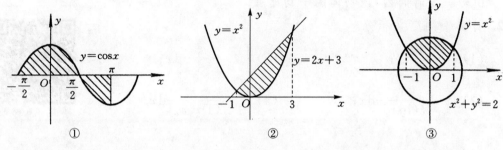

图 17-32

4. 求下列各不定积分.

(1) $\displaystyle\int\frac{1+3x+x^2}{4x(1+x^2)}\mathrm{d}x$;

(2) $\displaystyle\int\frac{2^{x+1}+3^{x-1}}{6^x}\mathrm{d}x$;

(3) $\displaystyle\int\sqrt{1+x}\mathrm{d}x$;

(4) $\displaystyle\int\frac{\cos x}{1+\sin x}\mathrm{d}x$;

(5) $\displaystyle\int\frac{1}{1+\cos x}\mathrm{d}x$;

(6) $\displaystyle\int\frac{\mathrm{e}^x+\mathrm{e}^{-x}}{\mathrm{e}^x-\mathrm{e}^{-x}}\mathrm{d}x$;

(7) $\displaystyle\int\frac{x^2}{\sqrt{9-x^2}}\mathrm{d}x$;

(8) $\displaystyle\int\frac{1}{\sqrt{(x^2+1)^3}}\mathrm{d}x$.

5. 求下列各定积分.

(1) $\displaystyle\int_3^4\frac{x^2+x-6}{x-2}\mathrm{d}x$;

(2) $\displaystyle\int_a^b(x-a)(x-b)\mathrm{d}x$;

(3) $\displaystyle\int_{\frac{\pi}{6}}^{\frac{\pi}{3}}\frac{\cos 2x}{\cos^2 x\sin^2 x}\mathrm{d}x$;

(4) $\displaystyle\int_{-2}^{-1}\frac{1}{(1+5x)^3}\mathrm{d}x$;

(5) $\displaystyle\int_0^{\frac{\pi}{2}}\cos^2 x\sin 2x\mathrm{d}x$;

(6) $\displaystyle\int_1^{\mathrm{e}}\frac{1+\ln x}{x}\mathrm{d}x$.

6. 求由曲线 $y=2-x^2$ 和直线 $y-2x=2$ 所围图形的面积.

7. 设曲线 $y=\sqrt{2x}$.

(1) 求过曲线上(2,2)点的切线方程;

(2) 求此切线与曲线 $y=\sqrt{2x}$ 及直线 $y=0$ 所围平面图形的面积.

8. 已知由 $y=x$ 与 $y^2=ax$ $(a>0)$ 所围成的图形绕 x 轴旋转而成的旋转体体积为 $V_x=\dfrac{9}{2}\pi$,求 a 的值.

*9. 计算曲线 $y=\ln(1-x^2)$ 上相应于 $0\leqslant x\leqslant\dfrac{1}{2}$ 的一段弧长.

10. 有一个弹簧,在弹性限度内已知每拉长 $0.02\,\mathrm{m}$,需用 $9.8\,\mathrm{N}$ 的力,试求把弹簧由平衡位置拉长 $0.1\,\mathrm{m}$ 时,外力所做的功.

11. 一物体以速度 $v(t)=(2t^2+3t+1)\,\mathrm{m/s}$ 做直线运动,计算在 $t=0(\mathrm{s})$ 到 $t=6(\mathrm{s})$ 一段时间内,该物体的平均速度.

12. 计算下列广义积分.

(1) $\displaystyle\int_{1}^{+\infty}\frac{1}{x^3}\mathrm{d}x$;

(2) $\displaystyle\int_{-\infty}^{+\infty}\frac{x}{x^2+1}\mathrm{d}x$;

(3) $\displaystyle\int_{e}^{+\infty}\frac{1}{x(\ln x)^2}\mathrm{d}x$;

(4) $\displaystyle\int_{0}^{+\infty}\frac{x}{(1+x)^3}\mathrm{d}x$.

扫一扫,获取参考答案

[阅读材料 17]

微积分创始人——牛顿与莱布尼兹

1. 牛顿(Isaac Newton)

牛顿是著名的英国物理学家、数学家和天文学家.他生于英国的一个农民家庭,幼年丧父,家境贫困,只上了两年中学,14 岁就回家务农.牛顿小时,对功课没有兴趣,成绩一般,是一位没有特殊才华的青年.一次,有一个学业在牛顿之上的同学欺侮了他,使他受到了极大的刺激.从此牛顿发愤图强,不久成绩冠于全班.牛顿于 1661 年以优异的成绩考入了剑桥大学三一学院,1664 年取得学士学位.

1665 年牛顿回到了自己的家乡,在这期间他开始了机械、数学和光学上的研究工作,发现了万有引力,获得了解决微积分问题的一般方法,通过光学实验发现了像太阳光那样的白光实际上是从紫到红的各种颜色光混合而成的.1669 年,牛顿的老师巴鲁(Isaac Barrow)宣布牛顿的学识已经超过自己,决定把具有很高荣誉的"路卡斯教授"(Lucas)的职位让给牛顿.此事一时间传为佳话,牛顿当时年仅 26 岁.

1669 年牛顿在《运用无限多项方程的分析》一文中第一次提到微积分,1671 年正式发表了关于微积分的著作《流数术与无穷级数》.该书的中心问题:(1)已知连续运动的路程,求给定时刻的速度;(2)已知运动的速度,求给定时间内所经过的路程.这正是我们微积分学中两个十分重要的问题.1676 年牛顿发现莱布尼兹正在研究同样的问题,于是在当年 10 月 24 日通过奥尔登堡写信给莱布尼兹．在这封信中,他用字谜的形式说了微积分的基本问题．将这封谜语式的信颠倒次序地译出来是"在一方程中已给的是任意多个量的流量,要求出流数以及倒过来",但没有给出一个有关他的方法的说明．之后支持牛顿与莱布尼兹的一些人,为了谁先发明微积分而争论了很长时间．据目前的资料显示,可以公正地说,他们两人都独自发明了微积分．

牛顿临终时谦逊地说:"如果我所见的比笛卡尔远一点的话,那是因为我站在巨人们的肩上的缘故．"

2. 莱布尼兹(Gottfrid Wilkelm Leibniz)

莱布尼兹是德国数学家、物理学家和哲学家．他父亲是莱比锡大学道德哲学教授．莱布尼兹6岁时丧父,家中丰富的藏书引起他广泛的兴趣,童年时代便自学拉丁文、经院哲学、笛卡儿的机械论哲学．

1661年莱布尼兹15岁,进入莱比锡大学学习法律,后来到耶拿大学学习几何．1664年莱布尼兹取得哲学硕士学位,1666年取得法学博士学位并被推荐当了教授．当时写出的论文《论组合的技巧》以及后来的一系列工作使他成为数理逻辑的创始人．1672年受美国因兹侯爵委托,他出差到巴黎,在那里结识了许多杰出的学者,并得到惠更斯的指导,开始深入钻研卡瓦列利、笛卡尔、费尔马、帕斯卡等著名数学家的著作．1673年,27岁的他被选为英国皇家学会会员,从这时起一直到1676年,他主要从事微积分的研究工作．

莱布尼兹(公元1673—1676年创建微积分)与牛顿(公元1665—1666年创建微积分)同称为微积分学的创建人(莱布尼兹创建微积分晚于牛顿若干年,发表成文章却早于牛顿若干年)．前者是从几何学(曲线的切线和面积计算问题)角度,后者从运动学(速度的变化)角度来建立一套微积分运算法则和基本公式,揭示微分和积分之间的互逆关系．他们虽然研究的角度不同,但所得的运算结果是相同的,方法的本质是一样的．他们都是以前人的研究成果为基础,把前人解决问题的数学方法,从特殊上升到一般,把方法普遍化、代数化．

莱布尼兹创造了微分和积分的符号,当时叫作求差和求和的符号,分别以 d 和 $\int$ 表示．后来伯努利在著作中引用莱布尼兹运用的符号 $\int$ 时,才命名这个符号为积分．微积分学的建立为近代数学的发展奠定了基础,在数学史上具有划时代的意义．莱布尼兹的科研成果,如微积分的创立以及其他科学成就,大部分出自青年时代．他勤奋好学,刻苦钻研,勇于实践,具有宝贵的创新精神,一旦认准了方向就一往无前地探索,对数学和其他科学的发展作出了重大贡献．

第17章单元自测

1. 填空题

(1) $\int \tan^2 x \, dx =$ _____ ;

(2) $\int \sin(\omega x + \varphi) \, dx =$ _____ ;

(3) $\int x \sqrt{1-3x^2} \, dx =$ _____ ;

(4) $\int \dfrac{1}{2+2x+x^2} \, dx =$ _____ ;

(5) $\int_a^a dx =$ _____ ;

(6) $\int_1^e \ln x \, dx =$ _____ ;

(7) 已知 $f(x) = \sin x + 1$，函数在区间 $\left[0, \dfrac{\pi}{2}\right]$ 上的平均值 $\bar{y} =$ _____ ;

(8) 已知速度 $v(t) = 3t^2 + 2t + 1$，在时间间隔 $[1,4]$ 上的路程元素 $ds =$ _____ ，$s =$ _____ .

2. 计算题

(1) $\int \dfrac{x}{x - \sqrt{x^2-1}} \, dx$;

(2) $\int \dfrac{\sin x \cdot \cos x}{\sqrt{1+\cos 2x}} \, dx$;

(3) $\int \dfrac{1}{x^4 + x^2} \, dx$;

(4) $\int_1^2 \left(x + \dfrac{1}{x}\right)^2 dx$;

(5) $\int_0^1 x^2 e^x \, dx$;

(6) $\int_0^{+\infty} \dfrac{2}{x^2+1} \, dx$.

3. 求曲线 $y = \ln x$，y 轴和直线 $y = \ln a$，$y = \ln b$ $(b > a > 0)$ 围成的平面图形的面积.

4. 计算由抛物线 $y^2 = 4x$ 及直线 $x = 4$ 所围图形绕 x 轴旋转一周所得旋转体的体积.

扫一扫，获取参考答案

*简单的微分方程

函数是客观事物内部联系的反映,利用函数关系又可以对客观事物的规律性进行研究.因此如何寻求函数关系,在实践中具有重要意义.实际问题中往往不能找出所需要的函数关系,但可以列出未知函数及其导数(或微分)的关系式,这样的关系式就是微分方程.本章主要介绍微分方程的基本概念及几种常用的简单的微分方程的解法.

18.1 微分方程的概念

先看我们熟悉的两个例子.

例 1 一曲线通过点 $(1,2)$,且在该曲线上任意点 (x,y) 处的切线斜率为 $2x$,求此曲线方程.

解 设所求曲线方程为 $y=y(x)$.根据导数的几何意义,$y=y(x)$ 应满足方程

$$y'=2x, \tag{1}$$

及条件

$$y\big|_{x=1}=2. \tag{2}$$

对方程(1)两端积分,得

$$y=x^2+C, \tag{3}$$

其中 C 为任意常数.把条件式(2)代入(3)式,解得 $C=1$.于是所求曲线方程为

$$y=x^2+1. \tag{4}$$

例 2 列车在水平直轨上以 $20\ \text{m/s}$ 的速度行驶,当制动时列车获得加速度 $-0.4\ \text{m/s}^2$,问开始制动后多长时间列车才能停住,列车在这段时间里行驶了多少路程?

解 设列车制动后的运动规律为 $s = f(t)$. 根据导数的物理意义，$s = f(t)$ 应满足方程

$$\frac{\mathrm{d}^2 s}{\mathrm{d}t^2} = -0.4, \tag{5}$$

同时 $s(t)$ 还应满足下列条件

$$\begin{cases} s\big|_{t=0} = 0, \\ v_0 = s'\big|_{t=0} = 20. \end{cases} \tag{6}$$

对方程(5)两端积分一次，得

$$s' = -0.4t + C_1, \tag{7}$$

再积分一次，得

$$s = -0.2t^2 + C_1 t + C_2, \tag{8}$$

其中 C_1, C_2 为任意常数.

把条件式(6)分别代入(7)式及(8)式，解得 $C_1 = 20, C_2 = 0$. 于是

$$v = s' = -0.4t + 20, \tag{9}$$

$$s = -0.2t^2 + 20t. \tag{10}$$

在(9)式中令 $v = 0$，得到列车从开始制动到完全停住所需时间 $t = 50$ s，再把 $t = 50$ 代入(10)式，得到列车在制动阶段行驶的路程 $s = 500$ m.

上述两例都归结到求解一个含有未知函数的导数的方程的问题. 一般地，有下列定义：

定义 1 凡含有未知函数的导数（或微分）的方程称为**微分方程**.

未知函数为一元函数的微分方程称为**常微分方程**. 如方程(1)和方程(5)都是常微分方程.

本教材只讨论常微分方程，为方便起见，简称为微分方程或方程.

微分方程中所出现的未知函数最高阶导数的阶数，称为微分方程的**阶**. 例如方程(1)是一阶微分方程，方程(5)是二阶微分方程，又如方程

$$x^3 y''' + x^2 y'' - 4xy' = 3x^2$$

是三阶微分方程.

定义 2 如果一个函数代入微分方程后，方程两端恒等，则称此函数为该微分方程的**解**.

如果微分方程的解中所含独立的任意常数的个数等于微分方程的阶数，这样的解称为**通解**. 在通解中给予任意常数以确定的值而得到的解，称为**特解**. 用来确定任意常数的条件称为**初始条件**.

例如函数(3)和函数(4)是方程(1)的解，其中函数(3)是通解，函数(4)是

特解,条件(2)是方程(1)的初始条件.

通常一阶微分方程的初始条件为

$$y(x_0)=y_0 \text{ 或 } y\big|_{x=x_0}=y_0.$$

二阶微分方程的初始条件为

$$\begin{cases} y(x_0)=y_0 \\ y'(x_0)=y_1 \end{cases} \text{ 或 } \begin{cases} y\big|_{x=x_0}=y_0. \\ y'\big|_{x=x_0}=y_1. \end{cases}$$

其中 x_0,y_0,y_1 为已知数.

例3 验证函数 $y=C_1\cos kx+C_2\sin kx$(C_1,C_2 为任意常数,常数 $k>0$)是微分方程 $y''+k^2y=0$ 的通解,并求满足初始条件 $y(0)=A$,$y'(0)=0$ 的特解.

解
$$y'=-kC_1\sin kx+kC_2\cos kx,$$
$$y''=-k^2C_1\cos kx-k^2C_2\sin kx.$$

将 y,y'' 代入原方程,得

$$左式=(-k^2C_1\cos kx-k^2C_2\sin kx)+k^2(C_1\cos kx+C_2\sin kx)=0.$$

所以函数 $y=C_1\cos kx+C_2\sin kx$ 是微分方程 $y''+k^2y=0$ 的解.又因为解中含有两个独立的任意常数,即独立的任意常数的个数与方程的阶数相同,所以它是微分方程的通解.

将初始条件 $y(0)=A$,$y'(0)=0$ 代入通解中,得

$$C_1=A,\quad C_2=0.$$

因此所求特解为

$$y=A\cos kx.$$

例4 求微分方程 $y''=e^x$ 满足初始条件 $y\big|_{x=0}=0$,$y'\big|_{x=0}=-2$ 的特解.

解 将 $y''=e^x$ 两边积分得

$$y'=\int e^x \mathrm{d}x=e^x+C_1,$$

再两边积分,得通解

$$y=\int(e^x+C_1)\mathrm{d}x=e^x+C_1x+C_2.$$

由初始条件 $\begin{cases} y\big|_{x=0}=0, \\ y'\big|_{x=0}=-2, \end{cases}$ 知 $\begin{cases} C_2+e^0=0, \\ e^0+C_1=-2. \end{cases}$

解得 $\begin{cases} C_1=-3, \\ C_2=-1. \end{cases}$

故所要求的特解为 $y=e^x-3x-1$.

习题 18-1（A 组）

1. 指出下列方程中哪些是微分方程，并说明微分方程的阶数.

(1) $y''-3y'+2y=0$；　　　　(2) $y^2-3y+2=0$；

(3) $y'=2x+1$；　　　　　　(4) $(y')^2=2x+1$；

(5) $\mathrm{d}y=(4x-1)\mathrm{d}x$；　　　(6) $y''=\cos x$.

2. 验证下列函数是否是对应微分方程的通解.

(1) $y''-\dfrac{2}{x}y'+\dfrac{2}{x^2}y=0,\ y=C_1x+C_2x^2$；

(2) $y''-8y'+12y=0,\ y=C_1\mathrm{e}^{3x}+C_2\mathrm{e}^{4x}$.

3. 在下列所给微分方程的解中，按给定的初始条件求其特解（其中 C,C_1,C_2 为任意常数）.

(1) $x^2-y^2=C,\ y(0)=5$；

(2) $y=(C_1+C_2x)\mathrm{e}^{2x},\ y(0)=0,\ y'(0)=1$.

4. 已知曲线过点 $(0,0)$，且该曲线上任意点 $P(x,y)$ 处的切线的斜率为 $\sin x$，求该曲线的方程.

扫一扫，获取参考答案

5. 一物体做直线运动，其运动速度为 $v=2\cos t$（m/s），当 $t=\dfrac{\pi}{4}$ s 时，物体与原点 O 相距 10 m，求物体在时刻 t 与原点 O 的距离 $s(t)$.

习题 18-1（B 组）

1. 验证 $y=C_1\cos 3x+C_2\sin 3x$（C_1,C_2 为任意常数）是微分方程

$$y''+9y=0$$

的通解，并求满足初始条件 $y|_{x=0}=2,\ y'|_{x=0}=-3$ 的特解.

2. 求微分方程 $y''=-2$ 满足初始条件 $y|_{x=0}=0$，$y'|_{x=0}=1$ 的特解.

扫一扫，获取参考答案

18.2　一阶微分方程

如果微分方程中所出现的未知函数 $y(x)$ 的最高阶导数为一阶，这样的微分方程称为**一阶微分方程**，它的一般形式通常记作 $F(x,y,y')=0$.下面仅讨论几种特殊类型的一阶微分方程及其解法.

一、可分离变量的微分方程

先看下面的例子.

例1 一曲线通过点$(1,1)$,且曲线上任意点$M(x,y)$的切线与直线OM垂直,求此曲线的方程.

解 设所求曲线方程为$y=f(x)$,α为曲线在点M处的切线的倾斜角,β为直线OM的倾斜角,如图18-1所示.根据导数的几何意义,得切线的斜率为

$$\tan\alpha=\frac{\mathrm{d}y}{\mathrm{d}x}.$$

直线OM的斜率为

$$\tan\beta=\frac{y}{x},$$

因为切线与直线OM垂直,所以

$$\frac{\mathrm{d}y}{\mathrm{d}x}\cdot\frac{y}{x}=-1.$$

或

$$\frac{\mathrm{d}y}{\mathrm{d}x}=-\frac{x}{y}.$$

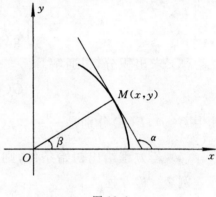

图 18-1

这就是曲线$y=f(x)$应满足的微分方程.

这个方程不能用对两边进行直接积分的方法求解,但是如果将方程适当地变形,可写成下面的形式

$$y\mathrm{d}y=-x\mathrm{d}x, \tag{1}$$

方程的左边只含有未知函数y及其微分,右边只含有自变量x及其微分,也就是变量y和x已经分离在等式的两边.这时将(1)式两边同时积分,即

$$\int y\mathrm{d}y=\int -x\mathrm{d}x.$$

因此有

$$\frac{1}{2}y^2=-\frac{1}{2}x^2+C,$$

或

$$x^2+y^2=2C. \tag{2}$$

(2)式所确定的隐函数即为方程(1)的通解.

把初始条件$y\Big|_{x=1}=1$代入(2)式,求得$C=1$,于是所求曲线的方程为

$$x^2+y^2=2.$$

分析上述求解过程可知,只要直接对(1)式两边积分就可求得微分方程的解.一般来说,如果某一微分方程,它的变量是可以分离的,那么就可依照例1的方法求出微分方程的解.这种求解方法称为**分离变量法**,变量能分离的微分

方程称为**可分离变量的微分方程**. 它的一般形式为

$$\frac{\mathrm{d}y}{\mathrm{d}x} = f(x)g(y).$$

其求解步骤为

（1）分离变量

$$\frac{\mathrm{d}y}{g(y)} = f(x)\mathrm{d}x;$$

（2）两边积分

$$\int \frac{\mathrm{d}y}{g(y)} = \int f(x)\mathrm{d}x;$$

（3）求出积分，得通解

$$G(y) = F(x) + C,$$

其中 $G(y)$, $F(x)$ 分别是 $\dfrac{1}{g(y)}$, $f(x)$ 的一个原函数；

（4）若方程给出初始条件，则根据初始条件确定常数 C，得方程的特解.

例 2 解方程

$$xy^2\mathrm{d}x + (1+x^2)\mathrm{d}y = 0.$$

解 原方程可改写为

$$(1+x^2)\mathrm{d}y = -xy^2\mathrm{d}x.$$

分离变量，得

$$-\frac{\mathrm{d}y}{y^2} = \frac{x}{1+x^2}\mathrm{d}x.$$

两边积分，得

$$-\int \frac{\mathrm{d}y}{y^2} = \int \frac{x}{1+x^2}\mathrm{d}x,$$

即

$$\frac{1}{y} = \frac{1}{2}\ln(1+x^2) + C_1.$$

令 $C_1 = \ln C\ (C>0)$，于是有

$$\frac{1}{y} = \ln(C\sqrt{1+x^2}),$$

或

$$y = \frac{1}{\ln(C\sqrt{1+x^2})}.$$

这就是所求微分方程的通解.

例 3 求微分方程 $\dfrac{\mathrm{d}y}{\mathrm{d}x}-2xy=0$ 的通解.

解 将所给方程分离变量,得

$$\frac{\mathrm{d}y}{y}=2x\mathrm{d}x.$$

两边积分,得

$$\int\frac{\mathrm{d}y}{y}=\int 2x\mathrm{d}x,$$

即

$$\ln|y|=x^2+C_1. \tag{3}$$

于是

$$|y|=\mathrm{e}^{x^2+C_1}=\mathrm{e}^{C_1}\cdot\mathrm{e}^{x^2}$$

即

$$y=\pm\mathrm{e}^{C_1}\mathrm{e}^{x^2}.$$

因为 $\pm\mathrm{e}^{C_1}$ 仍是任意常数,令 $C=\pm\mathrm{e}^{C_1}\neq 0$,得方程的通解为

$$y=C\mathrm{e}^{x^2} \quad (C\neq 0).$$

为方便起见,在以后的运算中可把(3)式中的 $\ln|y|$ 写成 $\ln y$,只要最后得到的 C 是可正可负的任意常数即可.

二、一阶线性微分方程

形如

$$\frac{\mathrm{d}y}{\mathrm{d}x}+P(x)y=Q(x) \tag{4}$$

的微分方程称为**一阶线性微分方程**. 其中 $P(x),Q(x)$ 都是连续函数. 当 $Q(x)\equiv 0$ 时,方程(4)为

$$\frac{\mathrm{d}y}{\mathrm{d}x}+P(x)y=0,$$

称为**一阶线性齐次微分方程**. 当 $Q(x)\not\equiv 0$,方程(4)称为**一阶线性非齐次微分方程**.

下面依次讨论一阶线性齐次方程与一阶线性非齐次方程的求解方法.

1. 一阶线性齐次方程

$$\frac{\mathrm{d}y}{\mathrm{d}x}+P(x)y=0$$

容易看出,一阶线性齐次方程是可分离变量方程,分离变量,得

$$\frac{\mathrm{d}y}{y}=-P(x)\mathrm{d}x.$$

两边积分,得

$$\ln y=-\int P(x)\mathrm{d}x+\ln C.$$

所以，方程的通解公式为

$$y = e^{-\int P(x)dx + \ln C} = Ce^{-\int P(x)dx} \qquad (18\text{-}1)$$

其中积分 $\int P(x)dx$ 中不再含任意常数，只取一个确定的原函数.

例 4 求方程 $y' + \dfrac{1}{1+x}y = 0$ 满足初始条件 $y\big|_{x=1} = 1$ 的特解.

解 这是一阶线性齐次方程，其中 $P(x) = \dfrac{1}{1+x}$.

由于
$$\int P(x)dx = \int \frac{1}{1+x}dx = \ln(1+x) + C_1,$$

代入公式(18-1)，得通解

$$y = Ce^{-\ln(1+x)} = \frac{C}{1+x}.$$

把初始条件 $y\big|_{x=1} = 1$ 代入上式，得 $C=2$，故所求方程的特解为

$$y = \frac{2}{1+x}.$$

2. 一阶线性非齐次方程

$$\frac{dy}{dx} + P(x)y = Q(x)$$

由于一阶线性非齐次方程的左端与一阶线性齐次方程的左端完全一样，仅仅是方程右端多了一个函数 $Q(x)$，故可设一阶线性非齐次方程的通解为

$$y = u(x)e^{-\int P(x)dx}. \qquad (5)$$

其中 $u(x)$ 为待定的可导函数，于是有

$$y' = u'(x)e^{-\int P(x)dx} - P(x)u(x)e^{-\int P(x)dx}. \qquad (6)$$

将(5)式和(6)式代入方程，得

$$u'(x) = Q(x)e^{\int P(x)dx}.$$

两边积分，得

$$u(x) = \int Q(x)e^{\int P(x)dx}dx + C. \qquad (7)$$

将(7)式代入(5)式即得一阶线性非齐次方程的通解

$$y = \left[\int Q(x)e^{\int P(x)dx}dx + C\right]e^{-\int P(x)dx} \qquad (18\text{-}2)$$

上述一阶线性非齐次微分方程的求解方法称为**常数变易法**. 在实际求解时既可以直接利用常数变易法求解，也可利用公式(18-2)求解.

例 5　求方程 $y'-y=x$ 满足初始条件 $y\big|_{x=0}=0$ 的特解.

解法一（常数变易法）　先求对应一阶线性齐次方程

$$y'-y=0$$

的通解,分离变量并积分得

$$y=C_1\mathrm{e}^x.$$

令 $y=u(x)\mathrm{e}^x$ 为原方程的通解,则

$$y'=u'(x)\mathrm{e}^x+u(x)\mathrm{e}^x.$$

将 y,y' 代入原方程,得

$$u'(x)=x\mathrm{e}^{-x}.$$

两边积分,得

$$u(x)=-(x+1)\mathrm{e}^{-x}+C.$$

于是原方程的通解为

$$y=C\mathrm{e}^x-(x+1).$$

再把初始条件 $y\big|_{x=0}=0$ 代入上式,得 $C=1$. 因此,所求特解为

$$y=\mathrm{e}^x-x-1.$$

解法二（公式法）　由于 $P(x)=-1,Q(x)=x$,将它们代入公式(18-2),得

$$\begin{aligned}
y &=\left(\int x\mathrm{e}^{\int(-1)\mathrm{d}x}\,\mathrm{d}x+C\right)\mathrm{e}^{-\int(-1)\mathrm{d}x}\\
&=\left(\int x\mathrm{e}^{-x}\,\mathrm{d}x+C\right)\mathrm{e}^x\\
&=C\mathrm{e}^x-x-1.
\end{aligned}$$

把初始条件 $y\big|_{x=0}=0$ 代入上式,得 $C=1$,于是所求特解为

$$y=\mathrm{e}^x-x-1.$$

习题 18-2(A 组)

1. 求解下列微分方程.

   (1) $(1+x^2)y'-y\ln y=0$;

   (2) $(\mathrm{e}^{x+y}-\mathrm{e}^x)\mathrm{d}x+(\mathrm{e}^{x+y}+\mathrm{e}^y)\mathrm{d}y=0$;

   (3) $xy\mathrm{d}x+\sqrt{4-x^2}\,\mathrm{d}y=0$;

   (4) $x(1+y^2)\mathrm{d}x=y(1+x^2)\mathrm{d}y$,　$y\big|_{x=0}=1$.

2. 求解下列微分方程.

   (1) $y'+y=\mathrm{e}^{-x}$;　　　　　　　　(2) $(x+1)y'=y$.

3. 求微分方程 $xy'+y=\sin x$ 的通解及满足初始条件 $y|_{x=\frac{\pi}{2}}=0$ 的特解.

4. 已知曲线在任意点处的切线斜率等于这个点的纵坐标,且曲线通过点 $(0,1)$,求该曲线的方程.

扫一扫,获取参考答案

5. 设曲线上任意一点处的切线斜率等于 $-\dfrac{x}{y}$,且此曲线通过点 $Q(1,-2)$,求此曲线的方程.

习题 18-2(B 组)

1. 求解下列各微分方程.

   (1) $(1+y^2)dx-(xy+x^3y)dy=0$;

   (2) $(y-2xy-x^2)dx+x^2dy=0$;

   (3) $y'+y=\cos x,\ y|_{x=0}=1$.

扫一扫,获取参考答案

2. 设某曲线上任意点的切线与纵轴交点的纵坐标等于切点的横坐标的 2 倍,且曲线过点 $(1,2)$,求该曲线方程.

复习题 18

1. 填空题:

   (1) $y''-y'-y=0$ 是_____阶微分方程;

   (2) 一个二阶微分方程的通解应含有_____个任意常数;

   (3) 由初始条件确定出微分方程通解中的任意常数得到的解,称为微分方程的_____;

   (4) 一阶线性非齐次方程的形式是_____,通解是_____;

   (5) $ydx+xdy=0$ 是一个_____方程,通解是_____;

   (6) $\dfrac{dy}{dx}-\dfrac{y}{x}=x^2$ 是一个_____方程,通解是_____.

2. 选择题:

   (1) 方程(　　)是可分离变量的微分方程;

     A. $(xy^2+x)dx+(x^2y-y)dy=0$ B. $xdx+ydy+1=0$

     C. $\dfrac{dy}{dx}=x^2+y^2$ D. $\dfrac{dy}{dx}=x^2-y^2$

   (2) 方程(　　)是一阶非齐次线性微分方程;

     A. $yy'=x$ B. $dy=(y+e^x)dx$

     C. $\tan x\sin^2 ydx+\cos^2 x\cot ydy=0$ D. $y'+\cos(x+y)=0$

(3) 方程( )是一阶齐次线性微分方程;

A. $(1+x^2)y'-y\sin y=0$ B. $2y\mathrm{d}x+(y^2-6x)\mathrm{d}y=0$

C. $x^2y'+\ln\dfrac{y}{x}=0$ D. $y'+\mathrm{e}^x y=0$

(4) 方程 $y'-2y=0$ 的通解是( ).

A. $y=C\sin 2x$ B. $y=4\mathrm{e}^{2x}$

C. $y=C\mathrm{e}^{2x}$ D. $y=\mathrm{e}^x$

3. 求下列各微分方程的通解或特解.

(1) $y''=\cos x+\mathrm{e}^{2x}$;

(2) $\dfrac{\mathrm{d}y}{\mathrm{d}x}=\mathrm{e}^{x+y}$;

(3) $\sin y\cos x\mathrm{d}y=\cos y\sin x\mathrm{d}x,\ y\big|_{x=0}=\dfrac{\pi}{4}$;

(4) $\dfrac{x}{1+y}\mathrm{d}x-\dfrac{y\mathrm{d}y}{1+x}=0,\ y\big|_{x=0}=1$;

(5) $y'+\dfrac{y}{x}=\sin x$;

(6) $y'\cos x+y\sin x=1$;

(7) $y'+\dfrac{1-2x}{x^2}y=1,\ y\big|_{x=1}=0$;

(8) $xy'+y-\mathrm{e}^x=0,\ y\big|_{x=a}=b$.

扫一扫,获取参考答案

[阅读材料 18]

Maple 在微积分中的应用

    Maple 是目前世界上最为通用的数学和工程计算软件之一,在数学和科学领域享有盛誉,有"数学家的软件"之称.Maple 系统内置的高级技术可解决建模和仿真中的数学问题,包括世界上最强大的符号计算、无限精度数值计算、创新的互联网连接、强大的 4GL 语言等,内置超过 5000 个计算命令,数学和分析功能覆盖几乎所有的数学分支,如微积分、微分方程、特殊函数、线性代数、图像声音处理、统计、动力系统等.Maple 不仅仅提供编程工具,更重要的是提供数学知识.Maple 是教授、研究员、科学家、工程师和学生们必备的科学计算工具,从简单的数字计算到高度复杂的非线性问题,Maple 都可以帮助您快速、高效地解决.下面以 Maple 15(版本越高越好)为例,举例说明用 Maple 15 求极限、导数、积分及解微分方程的方法.

例1 求下列极限.

(1) $\lim\limits_{x\to 0}\dfrac{\sin x}{x}$；(2) $\lim\limits_{x\to\infty}\dfrac{3x^2-2x-1}{2x^2-3x+1}$.

操作 (1) 输入（可用表达式面板中的"$\lim\limits_{x\to a}f$"模板）$\lim\limits_{x\to 0}\dfrac{\sin(x)}{x}$，并回车.

显示结果：1（如图 18-2 所示）.

(2) 输入（可用常用符号面板中的"∞"符号）$\lim\limits_{x\to\infty}\dfrac{3x^2-2x-1}{2x^2-3x+1}$，并回车.

显示结果：$\dfrac{3}{2}$（如图 18-2 所示）.

图 18-2

例2 求下列导数.

(1) $y=(2x^2+4)^4-3x+2$，求 y'； (2) $y=x\sin x$，求 y''.

操作 (1) 输入（用表达式面板中的"$\dfrac{\mathrm{d}}{\mathrm{d}x}f$"模板）$\dfrac{\mathrm{d}}{\mathrm{d}x}((2x^2+4)^4-3x+2)$，并回车.

显示结果：$16(2x^2+4)^3x-3$（如图 18-3 所示）.

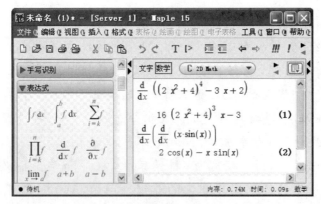

图 18-3

(2) 输入(可用表达式面板中的"$a \cdot b$"和"$\sin(a)$")$\dfrac{\mathrm{d}}{\mathrm{d}x}\left(\dfrac{\mathrm{d}}{\mathrm{d}x}(x \cdot \sin(x))\right)$,并回车.

显示结果:$2\cos(x) - x\sin(x)$.(如图 18-3 所示)

例3 求下列积分.

(1) $\displaystyle\int \sin(3x + 2)\mathrm{d}x$;(2) $\displaystyle\int_{-1}^{1} \sqrt{1 - x^2}\,\mathrm{d}x$;(3) $\displaystyle\int_{-\infty}^{2} \dfrac{2}{1 + x^2}\mathrm{d}x$.

操作 (1) 输入(可用表达式面板中的"$\int f\mathrm{d}x$"模板)$\displaystyle\int \sin(3x + 2)\mathrm{d}x$,并回车.

显示结果:$-\dfrac{1}{3}\cos(3x + 2)$(如图 18-4 所示).

(2) 输入(可用表达式面板中的"$\int_a^b f\mathrm{d}x$"模板)$\displaystyle\int_{-1}^{1} \sqrt{1 - x^2}\,\mathrm{d}x$,并回车.

显示结果:$\dfrac{1}{2}\pi$(如图 18-4 所示).

(3) 输入 $\displaystyle\int_{-\infty}^{2} \dfrac{2}{1 + x^2}\mathrm{d}x$,并回车.显示结果:$\pi$(如图 18-4 所示).

注意:Maple 显示不定积分的结果时,后面不带任意常数 C.

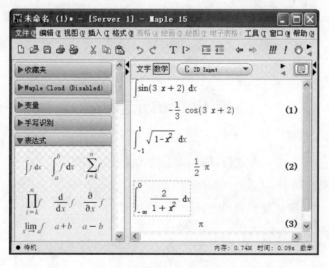

图 18-4

例4 求下列微分方程的通解.

(1) $y' - y = x$;(2) $xy^2\mathrm{d}x + (1 + x^2)\mathrm{d}y = 0$.

操作 (1) 输入 $\dfrac{\mathrm{d}}{\mathrm{d}x}y(x) - y(x) = x$,将鼠标移到该表达式上,点击右键,

在出现的菜单上移动鼠标到 Solve DE 后出现 $y(x)$，在 $y(x)$ 上点击左键.

显示结果：$y(x)=-1-x+\mathrm{e}^x\_C1$.（如图 18-11 所示）.

（2）先将 $xy^2\,\mathrm{d}x+(1+x^2)\,\mathrm{d}y=0$ 变形为 $y'=-\dfrac{xy^2}{1+x^2}$，再输入 $\dfrac{\mathrm{d}}{\mathrm{d}x}y(x)$

$=-\dfrac{x\cdot(y(x))^2}{1+x^2}$，将鼠标移到该表达式上，点击右键，在出现的菜单上移动鼠标到 Solve DE 后出现 $y(x)$，在 $y(x)$ 上点击左键.

显示结果：$y(x)=\dfrac{2}{\ln(1+x^2)+2\_C1}$（如图 18-5 所示）.

注意：（1）因 y 是 x 的函数，在输入微分方程式时，y 一定要用 $y(x)$ 代替；

（2）_C1 表示任意常数 C_1，e^x_C1 表示 $C_1\mathrm{e}^x$，2_C1 表示 $2C_1$.

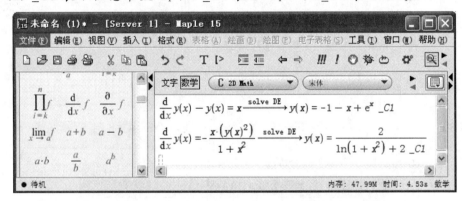

图 18-5

第 18 章单元自测

1. 填空题

   （1）含有＿＿＿＿＿＿＿＿的方程，称为微分方程；未知函数是＿＿＿＿＿＿＿＿的微分方程称为常微分方程；

   （2）方程 $y'=\mathrm{e}^{2x-y}$ 满足初始条件 $y|_{x=0}=0$ 的特解为＿＿＿＿＿＿＿＿；

   （3）微分方程 $\dfrac{\mathrm{d}y}{\mathrm{d}x}=xy$ 的通解是＿＿＿＿＿＿＿＿.

2. 选择题

   （1）微分方程 $y'\sin x+y\cos x=x^2$ 的类型为（　　　）；

       A. 可分离变量　　　　　　　　B. 一阶线性齐次

       C. 一阶线性非齐次　　　　　　D. 一阶常系数线性

   （2）微分方程 $(y')^2+3xy=4\sin x$ 的阶数为（　　　）；

       A. 2　　　　　　　B. 3　　　　　　　C. 1　　　　　　　D. 0

（3）下列不是微分方程的是（　　）；

A. $y'+3y=0$

B. $\dfrac{\mathrm{d}y}{\mathrm{d}x}=3x+\sin x$

C. $3y^2-2x+y=0$

D. $(x^2+y^2)\mathrm{d}x+(x^2-y^2)\mathrm{d}y=0$

（4）$\dfrac{\mathrm{d}y}{y^2}+\dfrac{\mathrm{d}x}{x^2}=0$，$y(1)=\dfrac{1}{2}$ 的特解是（　　）.

A. $x^2+y^2=2$

B. $x^{-1}+y^{-1}=3$

C. $x^3+y^3=1$

D. $\dfrac{x^3}{3}+\dfrac{y^3}{3}=0$

3. 求解下列方程

（1）$y'-y=2$；

（2）$xy'+2y=3x$；

（3）$xy\mathrm{d}x+\mathrm{d}y=0$；

（4）$x\dfrac{\mathrm{d}y}{\mathrm{d}x}=y+x^3+3x^2-2x$.

扫一扫，获取参考答案

4. 设曲线上任一点处切线的斜率恰为该点两坐标之和 $x+y$，并且曲线过 $(0,1)$ 点，求此曲线方程.